大学计算机应用基础

主　编：田崇瑞　李　萌
副主编：崔　然　高婷婷
主　审：黄凤岗
参　编：王　强　兰文宝　吴琼

ZHEJIANG UNIVERSITY PRESS
浙江大学出版社

图书在版编目（CIP）数据

大学计算机应用基础 / 田崇瑞，李萌主编 . —杭州 : 浙江大学出版社，2014.8（2018.7 重印）
ISBN 978-7-308-13619-8

Ⅰ . ①大… Ⅱ . ①田… ②李… Ⅲ . ①电子计算机 — 高等学校 — 教材 Ⅳ . ① TP3

中国版本图书馆 CIP 数据核字 (2014) 第 170763 号

大学计算机应用基础

主编　田崇瑞　李　萌

责任编辑	吴昌雷
封面设计	续设计
出版发行	浙江大学出版社
	（杭州市天目山路 148 号　邮政编码 310007）
	（网址：http://www.zjupress.com）
排　　版	杭州立飞图文制作有限公司
印　　刷	嘉兴华源印刷厂
开　　本	787mm×1092mm　1/16
印　　张	26
字　　数	589 千
版 印 次	2014 年 8 月第 1 版　2018 年 7 月第 5 次印刷
书　　号	ISBN 978-7-308-13619-8
定　　价	44.80 元

前　言

　　高校的计算机基础课应以提高对计算机操作和常用办公软件的实际使用技能为目标，首先应解决技能训练问题，然后在此基础上，让学生理解和掌握必备的计算机知识。

　　本书的编写打破了过去大多数教材按部就班地介绍知识、方法的组织形式，全书按照以案例和任务驱动教学法的思想结合国家一级和二级的教学目标，讲究实用性，特别是Office 2010 的三个基本软件 Word、Excel、PowerPoint 部分内容编写时，采用"设定任务→案例分析→具体实现→总结提高"的编写方式，通过案例的练习使得学生掌握软件的使用。本书即可作为大学教科书和参考书，也适合计算机爱好者的学习和使用。

　　全书分为 6 章。第 1 章计算机基础知识，介绍计算机的基本概念、计算机系统组成及信息处理原理与编码等基本知识，特别对配置计算机时的一些硬件设备及其特点进行介绍，本章还介绍多媒体的一些相关知识和病毒的防治办法，让学生从开始就树立计算机安全的概念。第 2 章 Windows 7 操作系统，介绍操作系统的基本概念和分类、Windows 7 的安装和使用、文件和文件夹管理、控制面板使用、磁盘管理、输入法和 Windows 7 常用软件使用等。第 3 章 Word 2010，首先是 Word 2010 的新特性和界面介绍，然后通过实例的实施介绍 Word 2010 的基本操作、文档编辑与格式化、表格处理、图形处理、邮件合并、排版与输出。第 4 章 Excel 2010，介绍 Excel2010 的基本操作、数据的输入与编辑、公式函数和引用、工作表的格式化和管理、数据的排序筛选、图表的使用、数据透视图和透视表、宏的初级使用以及工作表的打印等。第 5 章 PowerPoint 2010，介绍 PowerPoint 2010 概述、幻灯片制作与编辑、幻灯片内容充实及美化、设置幻灯片动画效果、制作交互式幻灯片、幻灯片的放映以及演示文稿的打印输出和打包。第 6 章网络与多媒体基础及应用，介绍计算机网络基础知识、局域网的建立、IP 地址与域名系统、常见的杀毒和防护软件、常见的工具使用。

　　本书由田崇瑞担任第一主编、统稿，并编写了第 4 章的内容；李萌担任第二主编，编写了第 3 章 3.1 节 ~3.6 节；崔然担任第一副主编，编写了第 5 章；高婷婷担任第二副主编，编写了第 3 章的 3.7 节；王强编写了第 6 章；兰文宝编写了第 2 章；吴琼编写了第 1 章；哈尔滨工程大学黄凤岗教授担任本书的主审，对本书的体系结构和内容提出了重要的修改意见。

　　由于编者水平有限，书中难免有疏漏之处，敬请读者提出宝贵意见和建议。来信请发到 dfbys@vip.qq.com。

编　者
2014 年 7 月

目 录

第1章 计算机基础知识

随着微型计算机的出现以及计算机网络的发展，计算机的应用已经渗透到社会的各个领域，它不仅改变了人类社会的面貌，而且还改变着人们的生活方式。在短短的半个多世纪中，计算机从最初的军事应用扩展到社会的各个领域。计算机有力地推动了信息化社会的发展，成为信息化社会中必不可少的工具。因此，在21世纪的今天，掌握和使用计算机逐渐成为人们必不可少的技能。

1.1 计算机的发展概述

计算机是信息社会中必不可少的工具。在人类文明发展的历史长河中，计算工具经历了从简单到复杂、从低级到高级的发展过程，并逐步从尖端科学领域进入人们的家庭生活中，用于数值计算以及信息的处理等。本节，将主要介绍计算机的发展史、发展趋势、分类应用以及计算机主要特点等内容。计算机的自动、高速、便捷的特征，能对各种信息进行存储、处理加工，使得以往的任何计算工具都望尘莫及。计算机科学与技术的普及与应用之广泛是任何科学都无法比拟的。

1.1.1 计算机的发展历史

第二次世界大战的爆发带来了强大的计算需求。1946年2月15日，世界上第一台计算机 ENIAC（Electronic Numerical Integrator and Calculator，电子数字积分器与计算器）诞生在美国宾夕法尼亚大学。该机器占地面积达170平方米，重达30多吨，耗电150千瓦，使用了1500个继电器、18800个电子管、7000个电阻、10000只电容器，速度达到了每秒钟5000次加法运算、300多次乘法运算。它已经大大超越了人脑的计算速度，这比当时最快的继电器计算机的运算速度要快1000多倍。ENIAC的出现具有划时代的伟大意义，为计算机的发展奠定了基础。

从第一台计算机 ENIAC 诞生以来，根据所使用元器件的发展，人们把计算机划分为以下几个阶段。

1. 第一代电子管计算机

电子管计算机主要用于科学研究和工程计算，主要指在1946~1958年的计算机。通常称之为电子管计算机。其主要特点是：

（1）采用电子管作为基本逻辑元件。

（2）主存储器采用汞延迟线、磁鼓、磁芯等。

（3）外存储器采用磁带、纸带、卡片等。

（4）使用机器语言和汇编语言编程。此时还没有操作系统。

这一代计算机运算速度低，一般是几千至几万次/秒。体积庞大、内存容量小、成本高、可靠性差、维护复杂。主要应用领域为军事和科学计算。ENIAC就是第一代计算机的代表，标志着计算工具的历史性变革。

2. 第二代晶体管计算机

晶体管计算机主要用于商业、大学教学和政府机关，应用领域扩展到了事务管理、工业控制等。其主要特点为：

（1）采用晶体管作为基本逻辑元件。

（2）主存储器采用磁芯和磁鼓等。

（3）辅助存储器采用磁鼓、磁带和磁盘等。

（4）使用高级语言编程，如FORTRAN和COBOL等，出现监控程序并发展为后来的操作系统。

计算机的运算速度为几万至几十万次/秒，体积较小，不需要暖机时间，消耗能量较少，处理更迅速、更可靠。因此，使用的人也越来越多，计算机工业在此时得以迅速发展。

3. 第三代集成电路计算机

集成电路计算机开始广泛应用于工业控制、数据处理、科学计算等各个领域。它的代表是IBM公司花了50亿美元开发的IBM360系列。其主要特点为：

（1）采用中小规模集成电路作为基本逻辑元件。

（2）主存储器采用半导体存储器，辅助存储器采用磁鼓、磁带和磁盘。

（3）外部设备种类和品种增加。

（4）使用高级语言编程。高级语言数量增多，操作系统进一步完善。

（5）开始走向系列化、通用化和标准化。

此时，计算机的运算速度为几十万至几百万次/秒，程序语言也有了较大的发展，可靠性和存储容量有了进一步的提高，并与通信技术相结合，出现了计算机网络。

4. 第四代大规模和超大规模集成电路计算机

该时代的计算机是从1971开始，元件依然是集成电路，不过，这种集成电路已经大大改善。其主要特点为：

（1）采用大规模和超大规模集成电路作为基本逻辑元件。

（2）主存储器采用半导体存储器，辅助存储器采用磁带、磁盘和光盘等。

（3）外部设备发展迅速，采用光字符阅读器（OCR）、扫描仪、激光打印机和绘图仪等。

（4）操作系统不断发展和完善，数据库管理系统进一步发展。

计算机的可靠性和存储容量有了很大的提高。运算速度为几百万至几亿次/秒。应用领域扩大到信息处理、办公自动化等，特别是网络的应用，使计算机应用领域已扩大到社会的各个方面。

1.1.2　计算机的发展趋势

随着时代的进步，计算机的发展必然要经历很多新的突破。从目前的发展趋势来看，未来的计算机是微电子技术、光学技术、超导技术和电子仿生技术相互结合的产物。从以上历史的发展进程中我们可以看出，计算机在强大应用需求的驱动下，并随着网络的迅速发展，其未来发展呈现以下趋势：

（1）计算机性能不断提高。

（2）计算机的价值不断缩小。

（3）计算机的价格将持续下降。

（4）计算机的信息处理功能走向多媒体化。

（5）计算机应用走进"网络计算机时代"。总的来说，就是其发展趋势向巨型化、微型化、网络化和智能化方向发展。

巨型化主要是指功能巨型化。它是指高速运算、大存储容量和强功能的巨型计算机。其运算能力一般在每秒百亿次以上、内存容量在几百兆字节以上。巨型计算机主要用于尖端科学技术和军事国防系统的研究开发。

微型化主要指计算机体积微型化。20世纪70年代以来，由于大规模和超大规模集成电路的飞速发展，微处理器芯片连续更新换代，微型计算机连年降价，加上丰富的软件和外部设备，操作简单，使微型计算机很快普及到社会各个领域，并走进了千家万户。随着微电子技术的进一步发展，微型计算机将发展得更加迅速，其中笔记本型、掌上型等微型计算机必将以更高的性价比受到人们的欢迎。

网络化主要指计算机资源网络化。网络化是指利用通信技术和计算机技术，把分布在不同地点的计算机互联起来，按照网络协议相互通信，以达到所有用户都可共享软件、硬件和数据资源的目的。

智能化主要指的是计算机处理智能化。智能化就是要求计算机能模拟人的感觉和思维能力，也是第五代计算机要实现的目标。智能化的研究领域很多，其中最有代表性的领域是专家系统和机器人。

1.1.3　计算机的分类

随着计算机技术的发展，各种计算机的性能均会有不同程度的提高，分类标准不是一成不变的。根据对计算机性能的侧重面不同，一般采用 3 种分类方式。

1. 按处理数据方式分类

可分为数字计算机、模拟计算机和数字模拟混合计算机。

（1）数字计算机

数字计算机就是现在普及应用最为广泛的计算机，它的输入与输出的数据是离散的数据，通用性强、运算精度高。

（2）模拟计算机

模拟计算机主要应用于过程控制和模拟仿真，它的输入与输出的数据都是连续的模拟信号。如电压、电流、信号等。

（3）数字模拟混合计算机

数字模拟混合计算机的输入与输出的数据既可以是离散的数据，也可以是连续的数据（即模拟信号）。它的功能很强，但造价很高。

2. 按用途分类

可分为通用式计算机和专用式计算机。

（1）通用式计算机

通用式计算机功能齐全，适合于科学计算、数据处理、过程控制等方面应用，为各行业、各种工作环境都能使用的计算机，如学校、家庭、工厂、医院、公司等用户都能使用的就是通用计算机；平时我们购买的品牌机、兼容机也是通用计算机。通用计算机不但能办公，还能做图形设计、制作网页动画、上网查询资料等。具有较高的运算速度、较大的存储容量、配备较齐全的外部设备及软件。但与专用计算机相比，其结构复杂、价格昂贵。

（2）专用式计算机

专用式计算机针对某类问题能显示出最有效、最快速和最经济的特性，但它的适应性较差，不适于其他方面的应用。如网络中使用的路由器，银行的取款机等。

3. 按综合指标分类

可分为巨型机、大型机、小型机、微型机、工作站和服务器。

（1）巨型机

巨型机也称超级计算机，主机非常庞大，通常由许多中央处理器协同工作，超大的内存，海量的存储器，运算速度速度可达 1000 万亿次 / 秒以上的浮点运算，使用专用的操作系统和应用软件。它是目前运算速度最快的计算机种类。处理能力最强，造价最高。主要应用于尖端科学技术研究、国防科技研究、军事系统研究等。如我国的银河、曙光系列计算机等。

（2）大型机

大型机是指性能指标仅次于巨型机的计算机。它的通用性好，具有较强综合处理能力和较快的速度。一般将大型机作为大型"客户机/服务器"系统的服务器，或用于尖端的科研领域。

（3）小型机

小型机是指结构简单、成本低、规模较小、易操作、便于维护、推广、普及和应用。一般将小型机应用于工业自动化控制和事务处理等。小型机也可作为巨型机、大型机的辅助机。

（4）微型机

微型机也称 PC 机，即个人计算机（Personal Computer），或称为电脑。它体积小、性能好、价格低，是大规模、超大规模集成电路的产品。它是普及应用最广泛的计算机，也是整个计算机家族成员中销售量最高的。它已成为 21 世纪信息社会中不可缺少的有效工具。

（5）工作站

工作站是指介于小型机和微型机之间的计算机。它具有较高的数据处理功能和具有高性能的图形处理功能，具有大存储容量、大屏幕显示器。它适合于计算机辅助工程，如图形工作站，一般包括主机、数字化仪、扫描仪、图形显示器、绘图仪、鼠标器和图形处理软件等。它可以完成各种图形的输入、输出、存储、处理等操作。

（6）服务器

服务器是指在网络环境中，为多个用户提供服务的共享设备。它具有处理能力强、容量大、快速的输入输出通道和联网能力。依据服务器所提供的服务，可将服务器分为文件服务器、打印服务器、通信服务器等。

1.1.4　计算机的应用领域

随着计算机的发展，计算机在越来越多的领域中被广泛应用，这样不仅提高工作效率和社会生产率，而且还改善人们的生活质量。特别是网络的发展，使得计算机的应用人群已从科技人员转到大众。现在，计算机网络在交通、金融、企业管理、教育、邮电、商业等各行各业中起着越来越重要的作用。

1. 科学计算

早期的计算机主要用于科学计算。目前，科学计算仍然是计算机应用的一个重要领域。如高能物理、工程设计、地震预测、气象预报、航天技术等。由于计算机具有高运算速度和精度以及逻辑判断能力，因此出现了计算力学、计算物理、计算化学、生物控制论等新的学科。

2. 过程检测与控制

利用计算机对工业生产过程中的某些信号自动进行检测，并把检测到的数据存入计算机，再根据需要对这些数据进行处理，这样的系统称为计算机检测系统。特别是仪器仪表引进计算机技术后所构成的智能化仪器仪表，将工业自动化推向了一个更高的水平。

3. 信息管理

信息管理是目前计算机应用最广泛的一个领域。利用计算机来加工、管理与操作任何形式的数据资料，如企业管理、物资管理、报表统计、账目计算、信息情报检索等。近年来，国内许多机构纷纷建设自己的管理信息系统（MIS）；生产企业也开始采用制造资源规划软件（MRP）；商业流通领域则逐步使用电子信息交换系统（EDI），即所谓的无纸贸易。

4. 计算机辅助系统

计算机辅助系统是指将计算机作为工具，并配有专用软件帮助人们完成特定任务的工作。计算机辅助系统一般包括计算机辅助设计（Computer-Aided Design，CAD）、计算机辅助制造（Computer-Aided Manufacturing，CAM）、计算机辅助教学（Computer-Aided Instruction，CAI）、计算机辅助测试（Computer-Aided Testing，CAT）等。

5. 人工智能

人工智能（Artificial Intelligence，AI）技术是指利用计算机来模拟人类的某些智能行为。利用计算机可以进行图像和物体的识别，模拟人类的学习过程和探索过程。主要应用在机器人、机器人翻译、模式识别等。

6. 多媒体技术

多媒体技术具有交互性、集成性、多样化的特点。它是一种以交互方式将文本、图形、图像、音频、视频等多种媒体信息，经过计算机的获取、操作、存储和加工等处理以后，以单独或合成的状态表现出来的技术方法。多媒体技术的出现拓宽了计算机的应用领域。

7. 虚拟现实

虚拟现实是指用计算机生成一种模拟环境，实现用户与环境直接交互的目的。虚拟现实可以是某一特定现实的真实再现，也可以完全是构想出的虚幻世界。如虚拟工厂、虚拟主持人、虚拟商场等。

8. 网络通信

网络通信是指将分布在不同物理地址上的计算机，用计算机和通信技术互联起来，实现网上用户资源共享和相互通信。Internet 的出现使网络应用极为广泛、改变了人们学习、工作、生活方式，使计算机走进了社会的各个方面，人类社会已离不开网络。如无纸化办公、远程教育、电子商务、收发邮件等。

1.1.5　计算机的特点与主要技术指标

计算机获得了空前广泛的应用，这与计算机本身所具有的特点是息息相关的。作为人类智力劳动的工具，计算机具有以下特点和主要技术指标：

1. 计算机的特点

（1）运算速度快

目前最快的运行速度已达每秒 100 多亿次，这个运算速度是以往任何计算工具都无可与之相比的。随着技术的进步，计算机的运算速度还在迅速提高。

（2）计算精度高

计算精度主要是指计算机精确的表示数的有效位数。现代计算机一般有效位数可达十几位数以上。

（3）具有记忆功能

计算机可以将信息存储起来以备使用者使用，这是计算机与其他计算工具的区别。能存多少信息这由存储设备的容量大小来确定。

（4）逻辑判断功能

计算机除可以进行运算外，还可以进行各种逻辑判断、并能根据判断的结果自动决定执行下一步的命令。计算机的逻辑判断能力是计算机智能化的前提。

（5）自动控制能力

由于计算机有记忆、逻辑判断、运算等能力，人们可以将事先编制好的程序输入到计算机中，由计算机自动控制执行，不需外界的干预，并得出所要的结果。

2. 计算机的主要技术指标

计算机的主要技术指标一般是由主频、字长、内存容量、外存容量、存取周期、运算速度等来确定。具体内容见本章 1.4 节。

1.2　计算机中数制与编码

1.2.1　计算机中的数制

1. 数制

数制是以表示数值所用的数字符号的个数来命名的，按一定进位规则进行计数的方法叫作进位计数制。每一种数制都有它的基数和各数位的位权。人们通常采用的数制有十进

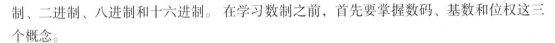

制、二进制、八进制和十六进制。在学习数制之前，首先要掌握数码、基数和位权这三个概念。

（1）数码

数制中表示基本数值大小的不同数字符号。例如，十进制有 10 个数码：0、1、2、3、4、5、6、7、8、9。

（2）基数

数制所使用数码的个数称为基数。例如，二进制的基数为 2（0、1）；十进制的基数为 10（0~9）。

（3）位权

位权就是指不同进位计数制的数值在不同位置上权值的大小。在进位计数制中，处于不同数位的数码代表的数值不同，例如，十进制的 123，1 的位权是 100，2 的位权是 10，3 的位权是 1。

2. 常用进位计数制

（1）二进制（Binary）

二进制由 0 和 1 两个数码组成，即基数为 2。其特点为"逢二进位，借 1 当二"。一个二进制数各位的权是以 2 为底的幂，如 2^i，i 为小数点前后的位序号。以下的式子为二进制的加法规则。

$$0 + 0 = 0 \qquad 0 + 1 = 1 \qquad 1 + 0 = 1 \qquad 1 + 1 = 10$$

💻 小知识

计算机中的信息使用二进制表示是因为二进制中只有两个数，即 0 和 1。在电气元件中容易实现、容易运算，在电子学中具有两种稳定状态以代表 0 和 1。而可以由 0 和 1 来代表的量很多。如：电压的高和低，电容的充电和放电，脉冲的有和无，晶体管的导通和截止等。总之，电脑内部使用二进制，主要是为了方便设计和制造计算机。

（2）八进制（Octal）

八进制由 8 个数码组成，即 0、1、2、3、4、5、6、7，八进制的基数就是 8，特点为"逢八进一，借一当八"。

（3）十六进制（Hexadecimal）

十六进制由 16 个数码组成，即 0、1、2、3、4、5、6、7、8、9、A、B、C、D、E、F。表 1.1 列出了十进制、二进制、八进制和十六进制的对照关系。

表 1.1 十进制、二进制、八进制、十六进制之间对应关系

十进制	二进制	八进制	十六进制
0	0000	0	0
1	0001	1	1
2	0010	2	2
3	0011	3	3
4	0100	4	4
5	0101	5	5
6	0110	6	6
7	0111	7	7
8	1000	10	8
9	1001	11	9
10	1010	12	A
11	1011	13	B
12	1100	14	C
13	1101	15	D
14	1110	16	E
15	1111	17	F
16	10000	20	10

1.2.2 数制的转换

日常生活中，人们使用的数据一般用十进制表示，而计算机中所有的数据都是使用二进制。二进制不易读写，故引入了八进制、十六进制。而输入输出时通常使用十进制，因此就需要进行数制间的转换。

二进制、八进制、十进制、十六进制依次用 B、O、D、H 表示。

1. 非十进制与十进制之间的转换

非十进制指的是二进制、八进制、十六进制。这类转换的方法为"按权展开"，即以基数和相应的权值展开，所得的结果即为十进制数。

（1）二进制数转为十进制数

【例 1.1】将二进制数（1101.01）$_B$ 转为十进制数。

$$（1101.01）_B = （1\times2^3 + 1\times2^2 + 0\times2^1 + 1\times2^0 + 0\times2^{-1} + 1\times2^{-2}$$
$$= 8 + 4 + 0 + 1 + 0 + 0.25）=（13.25）_D$$

（2）八进制数转为十进制数

【例 1.2】将八进制数（137.2）$_O$ 转为十进制数。

（137.2）$_O$ $= 1\times8^2 + 3\times8^1 + 7\times8^0 + 2\times8^{-1} + 5\times8^{-2}$

$\qquad\qquad = 64 + 24 + 7 + 0.25 = （95.25）_D$

【例 1.3】将十六进制数（A3F）$_H$ 转换为十进制数。

（A3F）$_H = 10\times16^2 + 3\times16^1 + 15\times16^0$

$\qquad\qquad = 2560 + 48 + 15 = （2623）_D$

2. 十进制数转为非十进制数

十进制数转为非十进制数时，由于整数部分与小数部分转换的方法不同，因此整数部分和小数部分必须分别转换，然后再把转换后的整数部分与小数部分组合为一体。

（1）整数部分转换时，采用的方法是除基数（2、8 或 16）取余法，直到商为 0 时为止。余数倒排序，称为基数除法。

（2）小数部分转换时，采用的方法是乘基数（2、8 或 16）取整数，整数正排序，直到满足要求的精度或乘基数（2、8 或 16）后小数部分为 0 时为止。

【例 1.4】将十进制数（97.25）$_D$ 转为二进制数和八进制数。

1. 将（97.25）$_D$ 转为二进制数。

（1）整数部分的转换

```
2 | 97        ……  余 1
   2 | 48      ……  余 0
      2 | 24   ……  余 0
         2 | 12 …… 余 0
            2 | 6 …… 余 0
               2 | 3 …… 余 1
                  2 | 1 …… 余 1（最高位）
                     0
```

（97）$_D$ =（1100001）$_B$

（2）小数部分的转换

$$
\begin{array}{r}
0.25 \\
\times\quad 2 \\
\hline
0.50
\end{array}
$$

整数部分为 0　………

0.50　……　纯小数部分

$$
\begin{array}{r}
0.50 \\
\times\quad 2 \\
\hline
1.0
\end{array}
$$

整数部分为 1　………

（0.25）$_D$ =（0.10）$_B$　　（97.25）$_D$ =（1100001.10）$_B$

2. 将（97.25）$_D$ 转为八进制数。

（1）整数部分的转换

8 ｜ 97 …… 余 1

8 ｜ 12 …… 余 4

8 ｜ 1 …… 余 1（最高位）

0

（97）$_D$ =（141）$_O$

（2）小数部分的转换

$$0.25$$
$$\times \quad 8$$

整数部分为 2 ……… 2.00

（0.25）$_D$ =（0.2）$_O$

（97.25）$_D$ =（141.2）$_O$

【例 1.5】将（107.125）$_D$ 转为十六进制。

（1）整数部分的转换

16 ｜ 107 …… 余 B（11）

16 ｜ 6 …… 余 6（最高位）

0

（107）$_D$ =（6B）$_H$

（2）小数部分的转换

$$0.125$$
$$\times \quad 16$$
$$750$$
$$125$$
$$2.000$$ ……整数为 2

（0.125）$_D$ =（0.2）$_H$

（107.125）$_D$ =（6B.2）$_H$

3. 非十进制数之间的转换

两个非十进制数之间的转换通常采用两种方法，即先将被转换数转换为相应的十进制数，然后再将十进制数转换为其他进制数。由于二进制、八进制和十六进制之间存在特殊关系，即 $8^1 = 2^3$，$16^1 = 2^4$，因此转换方法就比较容易。如表 1.2 所示。

表 1.2　二进制、八进制和十六进制之间对应关系

二进制	八进制	二进制	十六进制	二进制	十六进制
000	0	0000	0	1000	8
001	1	0001	1	1001	9
010	2	0010	2	1010	A
011	3	0011	3	1011	B
100	4	0100	4	1100	C
101	5	0101	5	1101	D
110	6	0110	6	1110	E
111	7	0111	7	1111	F

（1）二进制数转为八进制数

二进制数转为八进制数的方法是以小数点为界每三位二进制数转为一位八进制数，不足三位时可用 0 补。注意：整数部分补 0 在整数首部，小数部分补 0 在小数部分尾部。

【例 1.6】将二进制数（1110101001.010001）$_B$ 转为八进制数。

（111　010　100.101　100）$_B$ =（724.54）$_O$

（2）八进制数转为二进制数

八进制数转为二进制数的方法是将一位八进制数转为三位二进制数。

【例 1.7】将八进制数（375.42）$_O$ 转为二进制数。

（375.42）$_O$ =（010 111 101.100 010）$_B$

（3）二进制数转为十六进制数

二进制数转为十六进制数的方法是以小数点为界每四位二进制数转为一位十六进制数，不足四位的用 0 补，注意：整数部分补 0 在整数首部，小数部分补 0 在小数部分尾部。

【例 1.8】将二进制数（1110011.10111）$_B$ 转为十六进制数。

（0111　0011.1011　1000）$_B$ =（73.B8）$_H$

（4）将十进制数转为二进制数

十进制数转为二进制数的方法是将一位十六进制数转为四位二进制数。

【例 1.9】将十六进制数 AFB2.1AF H 转为二进制数。

（AFB2.1AF）$_H$ =（1010　1111　1011　0010.0001　1010　1111）$_B$

1.2.3　信息编码

计算机存储信息都是采用二进制形式的，但人们都习惯用信息本身的形式输入输出。如数值 123、字符、汉字等，而不是用二进制形式输入输出。因此在输入数值、字符、汉字时，就需要将它们转为二进制形式存储在计算机中，而输出时，又需要将它们由二进制形式转为

它们本身输出。这样就需要将各种类型的数据编成用二进制形式表示的代码，这就是人们常说的信息编码。信息编码一般按其编码的对象分为数值编码、字符编码、汉字编码三种。

1. 数值编码

数值编码是指对能够进行运算的十进制数值进行编码。将十进制数值用二进制编码表示，一般简称为 BCD 码（Binary Code Decimal）。

2. 字符编码

字符编码是指不能进行运算的非数值字符的编码。一般常用的是 ASCII 码（American Standard Code for Information Interchange，美国信息交换标准码）。ASCII 码是七位二进制码，它能表示的字符数是 2^7，即 128 个，它的码是从 0~127。

3、汉字编码

汉字编码是指将汉字转换为二进制形式表示的编码。由于汉字的数量大、字形复杂、同音字多等特点，它的编码不会像数值编码、字符编码那样简单，汉字的编码需要有一个汉字信息处理系统的支持，

（1）输入码

输入码也称外码。如拼音码、区位码、五笔字型码等有很多种。

（2）国标码

1980 年我国颁布了国家标准 GB2312－80《信息交换用汉字编码字符集——基本集》作为我国汉字编码的标准，简称国标码。在国标码中共有汉字和图形符号 7445 个，其中图形符号 682 个，一级汉字 3755 个，二级汉字 3008 个。

1.3 计算机的系统组成

计算机系统的组成包括硬件和软件两大部分，硬件是指计算机本身和各种外部设备，软件是指系统软件和一些应用软件。硬件是计算机的物质基础，软件在硬件的基础上发挥作用，两者相辅相成、协调工作，共同构成一个完整的计算机系统。其具体结构如图 1.1 所示。

1.3.1 计算机的软件系统

计算机软件系统是指在计算机硬件上运行的所有程序和相关的文档资料。它由系统软件和应用软件组成。

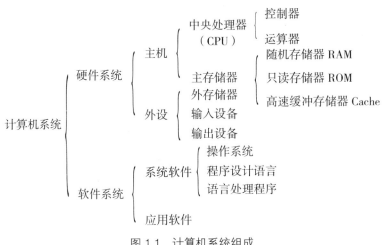

图 1.1　计算机系统组成

1. 系统软件

系统软件是生成、准备和执行其他软件所需要的一组程序，是计算机必备的软件。系统软件通常负责管理、监督和维护计算机各种软件和硬件资源。系统软件一般由操作系统、程序设计语言、语言处理程序、支撑服务程序、数据库管理系统组成。

（1）操作系统 OS（Operating System）

操作系统是控制和管理计算机硬件和软件资源，合理地组织计算机工作流程，以及方便用户使用计算机的一个大型程序。它是用户与计算机之间的接口。

（2）程序设计语言

程序设计语言分为机器语言、汇编语言、高级语言三种。

① 机器语言是由 0、1 代码组成的，计算机能直接识别的，并能执行的指令集合。

② 汇编语言是符号化的机器语言。机器语言和汇编语言属于低级语言。

③ 高级语言是接近自然语言的一类计算机语言，它便于人们学习掌握，通用性好。如 C 语言、C＋＋语言、FORTRAN 语言、Visual C＋＋语言、Visual Foxpro 语言、Visual Basic 语言等。

2. 应用软件

应用软件是为了解决某些实际问题而编写的应用程序。如学籍管理、财务管理软件、计算机辅助设计软件包等。

1.3.2　计算机的硬件系统

计算机的硬件系统是指构成计算机的各种物理设备的总称。它是由运算器、控制器、存储器、输入和输出设备这五大部分组成，如图 1.2 所示。

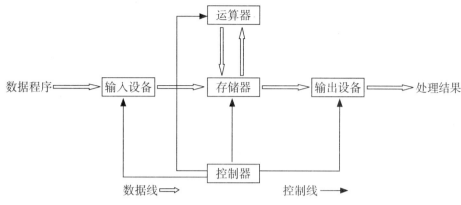

图 1.2 计算机硬件系统的组成

1. 运算器

运算器是计算机中执行各种算术和逻辑运算操作的部件。运算器由算术逻辑单元（ALU）、累加器、状态寄存器、通用寄存器组等组成。

2. 控制器

控制器是计算机的指挥中心，它指挥计算机的各部件协调一致、有条不紊的工作。它主要完成从存储器中取指令，然后分析指令、确定指令类型，并对指令进行译码，按照先后顺序负责向其他部件发出命令（控制信号），以确保各部件协调工作。它主要是由程序计数器、指令译码器、操作控制部件等组成。运算器和控制器一起被称为中央处理器（CPU）。

3. 存储器

存储器是计算机的记忆部件，它是用来存储程序和数据。对存储器的操作分为读和写操作。存储器是由许多存储单元组成，每个单元有一个编号，这个编号称为地址，存储单元地址是唯一的。读操作是指从存储器某单元中将原有信息读出来而不破坏该存储单元中的原有信息的操作。写操作是指将信息写入存储器中指定的地址单元。

存储器又分为主存储器和辅助存储器。

（1）主存储器

主存储器也称内存储器，它用来与 CPU、输入与输出设备交换信息。根据读写的功能，主存储器分为随机存储器 RAM、只读存储器 ROM 和高速缓冲存储器 Cache。

① 随机存储器。是指可以随机向存储器读写信息，关机断电后存储器中的信息全部消失的存储器。

② 只读存储器。是指只能读存储器中的信息，不能往存储器中写信息，关机断电后存储器中的信息不会消失的存储器。它的内容是厂家写入的，一般存放的是监控程序等。

③ 高速缓冲存储器。是用来提高 CPU 与内存之间传输信息的速度。

（2）辅助存储器

辅助存储器也称为外存储器，是用来存放用户的大量信息，它容量大，但存取速度比内存储器要慢。常用的外存储器有硬盘、移动硬盘、U盘、光盘、磁带等。

4. 输入设备

输入设备是计算机从外部获取信息的设备。如键盘、鼠标、扫描仪、数码摄像机等。

5. 输出设备

输出设备是计算机将其内部（内存）的信息，显示、打印输出的设备。如显示器、打印机、绘图仪等。

6. 总线

除以上介绍的五大部分之外，还有连接计算机各部件的通信线路，这个通信线路称为总线。总线分数据总线、地址总线、控制总线三种。

1.4　计算机硬件知识

一台计算机的硬件从外观上可以分为主机箱和输入/输出设备两大部分。如图1.3所示。

图 1.3　个人计算机（PC）的外观

1.4.1　主机

主机指主机箱及其内部各部件。通常包括主板、电源、硬盘驱动器、光盘驱动器、各种专门的适配器，如显示卡、声卡、网卡等。

1. 主板

主板，又叫主机板（main board）、母板（mother board）。它安装在机箱内，是微机最基本的、也是最重要的部件之一。上面安装了组成计算机的主要电路系统，一般有BIOS

芯片、I/O 控制芯片、键盘和面板控制开关接口、指示灯插接件、扩充插槽、直流电源供电接插件等元件。主板的一个特点是采用了开放式结构。主板上大都有 6 ～ 8 个扩展插槽，供 PC 机外围设备的控制卡（适配器）插接。总之，主板在整个微机系统中扮演着举足轻重的角色。主板的类型和档次决定着整个微机系统的性能。如图 1.4 所示。

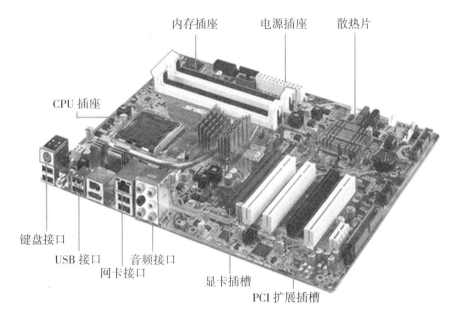

图 1.4　主板

2.CPU

CPU 是中央处理单元（Central Process Unit）的缩写，它可以被简称做微处理器（Micro-processor），不过经常被人们直接称为处理器（processor）。CPU 是计算机的核心，它的作用和大脑相似，负责处理、运算计算机内部的所有数据。 CPU 主要由运算器、控制器、寄存器组和内部总线等构成。如图 1.5、图 1.6 所示。

图 1.5　Intel CPU

图 1.6　AMD CPU

CPU 主要的性能指标有：

（1）主频

主频也叫时钟频率，单位是 MHz、GHz。用来表示在 CPU 内数字脉冲信号震荡的速度。CPU 的主频＝外频×倍频系数。很多人认为主频就决定着 CPU 的运行速度，这是个片面的。当然，主频和实际的运算速度是有关的，只能说主频仅仅是 CPU 性能表现的一个方面，而不代表 CPU 的整体性能。

（2）外频

外频是 CPU 的基准频率，单位也是 MHz、GHz。CPU 的外频决定着整块主板的运行速度。

（3）CPU 的位和字长

位：在数字电路和电脑技术中采用二进制，代码只有"0"和"1"，其中无论是"0"或是"1"在 CPU 中都是一"位"。

字长：电脑技术中对 CPU 在单位时间内（同一时间）能一次处理的二进制数的位数叫字长。所以能处理字长为 8 位数据的 CPU 通常就叫 8 位的 CPU。同理 64 位的 CPU 就能在单位时间内处理字长为 64 位的二进制数据。

（4）缓存

缓存大小也是 CPU 的重要指标之一，而且缓存的结构和大小对 CPU 速度的影响非常大，CPU 内缓存的运行频率极高，一般是和处理器同频运作，工作效率远远大于系统内存和硬盘。实际工作时，CPU 往往需要重复读取同样的数据块，而缓存容量的增大，可以大幅度提升 CPU 内部读取数据的命中率，以此提高系统性能。但是由于从 CPU 芯片面积和成本的因素来考虑，缓存都很小。

（5）多核心

多核心，也指单芯片多处理器（Chip multiprocessors，简称 CMP）。CMP 是由美国斯坦福大学提出的，其思想是将大规模并行处理器中的 SMP（对称多处理器）集成到同一芯片内，各个处理器并行执行不同的进程。与 CMP 比较，SMT 处理器结构的灵活性比较突出。

（6）CPU 的厂商

主要有两家规模较大的 CPU 厂商，处于垄断地位，分别是 Intel 和 AMD。

① Intel 公司。Intel 是生产 CPU 的老大哥，它占有 80% 以上的市场份额，因此 Intel 生产的 CPU 就成了事实上的 x86CPU 技术规范和标准。最新的酷睿 2 成为 CPU 的首选。

② AMD 公司。是除了 Intel 公司外，最有挑战力的 CPU 厂商，其最新的 Athlon64×2 和闪龙具有很高的性价比，尤其采用了 3DNOW ＋技术，使其在 3D 上有很好的表现。

③ 国产龙芯。是国有自主知识产权的通用处理器，目前已经有 2 代产品。

3. 存储器

在计算机的组成结构中，有一个很重要的部分，就是存储器。存储器是用来存储程序和数据的部件。存储器按其用途可分为主存储器和辅助存储器，主存储器又称内存储器（简称内存）。

存储器容量的量度单位有字节（byte，B）、千字节 KB、兆字节 MB、千兆字节 GB、百万兆字节 TB。一个字节等于 8 个二进制位（bit），现将上述提到的各量度单位的关系表示如下：

1B ＝ 8bit

1KB ＝ 1024B ＝ 2^{10}B

1MB ＝ 1024KB ＝ 2^{20}B

1GB ＝ 1024MB ＝ 2^{30}B

1TG ＝ 1024GB ＝ 2^{40}B

（1）主存储器（内存储器）

内存是电脑中的主要部件，它是相对于外存而言的。我们平常使用的程序，如操作系统、应用软件等必须调入内存中运行，才能真正使用其功能。通常将一些临时的或少量的数据和程序放在内存上，内存的性能会直接影响电脑的运行速度。

一些较高级内存会在外表面包裹屏蔽层，以加强运行的稳定性。如图 1.7、图 1.8 所示为两种内存，可见笔记本内存较之台式机内存短小。

图 1.7　台式机内存

图 1.8　笔记本内存

（2）辅助存储器（外存储器）

辅助存储器的特点是容量大、成本低、通常在断电后仍能保存信息，是"非易失性"存储器。其中大部分存储介质还能脱机保存信息。它的主要技术指标是存储密度、存储容量、寻址时间。辅助存储器可分为磁表面存储器和光存储器。磁表面存储器主要为磁带和硬盘。而光存储器就是常见的光盘驱动器。

① 硬盘。是电脑主要的存储媒介之一，由一个或者多个铝制或者玻璃制的碟片组成。这些碟片外覆盖有铁磁性材料。绝大多数硬盘都是固定硬盘，被永久性地密封固定在硬盘驱动器中。硬盘的存储空间越来越大，从早期的几 MB 到如今的几千 GB，每个 GB 的价格也越来越低。目前固态硬盘已进入实用阶段，这将大大改善硬盘的性能，寻址更快、外形更小，而且防震能力大大增强。如图 1.9、图 1.10 所示。

图 1.9　硬盘内部结构

图 1.10　固态硬盘

② 光盘驱动器。就是我们平常所说的光驱（DVD-ROM），是读取光盘信息的设备，是多媒体电脑不可缺少的硬件配置。光盘存储容量大、价格便宜、保存时间长，适宜保存大量的数据，如声音、图像、视频等多媒体信息。普通光盘有三种：DVD-ROM、DVD-R 和 DVD-RW。DVD-ROM 是只读光盘；DVD-R 只能写入一次；DVD-RW 是可重复擦、写光盘。

衡量光驱的最基本指标是数据传输率（Data Transfer Rate），即倍速。另一个需要考虑的是光驱采用何种接口，使用高速接口可大大提高数据传输率。当然，成本也会提高。如使用 SATAII，1394 接口等。如图 1.11、图 1.12 所示。

图 1.11　DVD 光驱

图 1.12　吸入式光驱

4. 适配器

（1）显示卡

显示卡的基本作用就是控制计算机的图形输出，由显示卡连接显示器，我们才能够在显示屏幕上看到图像，显示卡由显示芯片、显示内存等组成，这些组件决定了计算机屏幕上的输出，包括屏幕画面显示的速度、颜色以及显示分辨率。目前民用显卡图形芯片供应商主要包括 ATI 和 nVIDIA 两家。如图 1.13、图 1.14 所示。

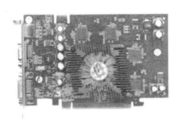

图 1.13 显示卡

图 1.14 显卡的 DVI 和 VGA 接口

（2）声卡

声卡也叫音频卡，它是计算机进行声音处理的适配器。声卡工作应有相应的软件支持，包括驱动程序、混频程序（mixer）和 CD 播放程序等。目前主板多集成声卡，可以满足大多数用户的需要。如图 1.15、图 1.16 所示。

图 1.15 声卡（一）

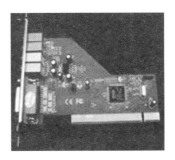

图 1.16 声卡（二）

（3）网络适配器（网卡）

网络适配器是网络系统中的一种关键硬件，俗称网卡。在局域网中，网卡起着重要的作用。网卡用于电脑之间信号的输入与输出。与声卡等类似，网卡一般配有自己的驱动程序。使用时，将网卡插在电脑的扩展槽中（或集成在主板上）。网卡上有指示灯，可表示其工作状态是否正常。

网卡按其速率可分为 100M 卡、1000M 卡。按连接方式可分为有线网卡和无线网卡。目前笔记本多配备无线网卡。如图 1.17、图 1.18 所示。

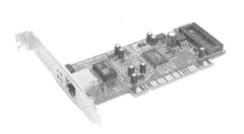

图 1.17 网卡，使用 RJ-45 接口

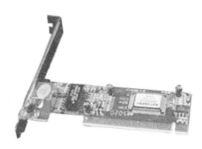

图 1.18 网卡

（4）其他

如果用户有特别的需要，如进行视频采集、观看有线电视等，也可使用相应功能的适配器，通过主板的通用接口连接在主机上。

1.4.2　外设

1. 输入设备

（1）键盘（KeyBoard）

键盘是最常用的、也是最主要的输入设备，通过键盘，可以将英文字母、数字、标点符号等输入到计算机中，从而向计算机发出命令、输入数据等。一般分为台式机键盘、笔记本键盘。外形上还可分为标准键盘和人体工学键盘等。如图1.19、图1.20所示。

图 1.19　紧凑式键盘

图 1.20　人体工程学键盘

 小知识

为什么26个字母是无规则的排列呢？这是因为早期机械工艺不够完善，一旦打字速度太快，就容易发生故障。为了解决这个问题，就把使用频率高的键放在较远的位置。原来键盘的设计是为了防止我们打字太快。

（2）鼠标（Mouse）

鼠标是使用图形化界面不可缺少的设备，因形似老鼠而得名"鼠标"。鼠标的使用是为了使计算机的操作更加简便，来代替键盘那烦琐的指令。

鼠标按接口类型可分为串行鼠标、PS/2鼠标、USB鼠标等。按其工作原理的不同可以分为机械鼠标和光电鼠标。按连接类型还可分为有线和无线鼠标。如图1.21、图1.22所示。

（3）扫描仪（Scanner）

扫描仪是一种高精度的光电一体化的高科技产品，它是将各种形式的图像信息输入计算机的重要工具。它通过捕获图像并将之转换成计算机可以显示、编辑、存储和输出的数字化输入设备。如图1.23所示。

图 1.21 USB 鼠标

图 1.22 无线鼠标

图 1.23 扫描仪

（4）麦克风（MircoPhone）

麦克风是音频输入设备，它可以将采集到的声音输入计算机。

2. 输出设备

（1）显示器（Display）

显示器是将一定的电子文件通过特定的传输设备显示到屏幕上再反射到人眼的一种显示工具。

常见的显示器一般为 CRT 显示器和液晶（LCD）显示器，近年来等离子显示器、LED 显示器发展迅速。如图 1.24、图 1.25 所示。

图 1.24 CRT 显示器

图 1.25 LCD 显示器

（2）打印机（Printer）

打印机是计算机的输出设备之一，用于将计算机处理结果打印在相关介质上。衡量打印机好坏的指标有三项：打印分辨率、打印速度和噪声。

按照打印机的工作原理，将打印机分为击打式和非击打式两大类。击打式打印机主要为针式打印机。而非击打式又分为喷墨打印机和激光打印机。非击打式具有打印速度快、精度高、颜色艳丽和噪音低的特点。目前仅在一些特殊场合使用针式打印，如票据的打印等。如图 1.26 所示。

图 1.26　打印机

图 1.27　笔记本电脑

（3）音箱

音箱用于音频信号的输出。目前的音箱多配有重低音单元。

小知识

　　笔记本电脑的主机和外设我们怎么去分辨呢？从外观上看，我们只能看到笔记本的显示器、键盘和接口。其实，笔记本的配置与台式机基本相同，笔记本的配件都在键盘下的机体内，只是在设计时更多的考虑了体积和散热的需要。所以笔记本相对于同样性能的台式机价格要高一些。如图 1.27 所示。

1.4.3　案例实训

经过上一节的学习，相信大家对计算机的硬件组成已经有了一定了解。本节我们将实际配置一台计算机。

在购买计算机之前，通常要根据自己用途和预算等制订合理的计划，做到物尽其用。配置计算机时，首先要考虑选择何种 CPU。目前一般可以选择 Intel 或者 AMD 公司的 CPU。它们生产的 CPU 各有所长，但总体上说，性能相差不大。表 1.3 是一款其于 Intel CPU 的机器配置。表 1.4 是一款基于 AMD CPU 的机器配置。

表 1.3　Intel CPU 配置单

配置	品牌型号
CPU	Intel 酷睿 2 双核 E8400（盒）
主板	华硕 P5Q SE
内存	金士顿 2GB DDR2 800（需两条）
硬盘	希捷 500GB 7200.12（16M 串口／散）

续表

配置	品牌型号
显卡	蓝宝石 HD4850 512M 白金版
光驱	先锋 DVD-130D
液晶显示器	LG2252TQ
机箱	金河田
电源	航嘉 多核 DH6
键鼠套装	雷柏键鼠套装

表 1.4　AMD CPU 配置

配置	品牌型号
CPU	AMD 羿龙 IIX3 710（盒）
主板	映泰 TA790GX A3+
内存	金士顿 2G DDR3 1333
硬盘	希捷 500GB 7200.12 32M（串口 / 散）
显卡	迪兰恒进 HD4850 北极星 DDR4
光驱	三星 TS-H652H
液晶显示器	优派 VX2235wm-5
机箱	酷冷至尊 仲裁者
电源	航嘉 多核 DH6
键鼠套装	罗技 G1 键鼠套装
音箱	麦博 M-200 十周年纪念版

1. 显示器选择

近年来，随着技术逐渐完善、价格日趋走低，液晶显示器已成为用户购机的首选。液晶显示器由于采用技术的不同，与传统的 CRT 显示器相比，其画面稳定、无闪烁感、没有辐射。即使长时间使用也不会对眼睛造成很大伤害，而且耗电量很低。一般我们需要关注它的亮度、对比度和响应时间。目前主流产品通常为 19~22 英寸，响应时间小于 2ms 的产品，其中大部分为宽屏。

2. 主板选择

选择了 CPU 之后，我们就需要选择与之相匹配的主板。AMD 的 CPU 需搭配支持 AMD 的芯片组，Intel 的 CPU 也只能使用支持 Intel 的芯片组。建议选择原厂的芯片，这样可以保证稳定性。主板是一个接口的总和，但并不是所有的接口一般用户都会用到。所以，根据自己的需要选择性价比高的产品才是上策。

3. 内存选择

在选购内存时，要注意与主板和 CPU 的外频相匹配。如表 1.3 使用了 800MHz 产品，

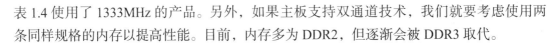

表 1.4 使用了 1333MHz 的产品。另外，如果主板支持双通道技术，我们就要考虑使用两条同样规格的内存以提高性能。目前，内存多为 DDR2，但逐渐会被 DDR3 取代。

4. 硬盘选择

硬盘的选择主要是看采用何种接口和缓存的大小，目前多使用 SATAII，16M 缓存。另外，固态硬盘以其体积小、散热低和不怕震动的优点，渐渐受到人们关注，只是其相对于传统硬盘价格较高、容量较小，优势尚不明显。

5. 显卡选择

显卡的选择比较多，但需要注意的也较多。如使用同一款芯片的显卡可能会有多种核心频率和显存搭配，字面的微小差异，也许会是性能上的巨大差距。所以，多查看资料是必要的。目前显卡基本是 ATI 和 nVIDIA 两家公司的芯片。

有些用户只注重 CPU、显卡、内存等的性能而忽略其他，其实是不科学的。一些细节直接影响到我们使用微机的感受，甚至影响健康。如不舒适的键盘和鼠标，效果不佳的显示器等。如将这两款配置考虑得很周到，可较好地满足使用需要。

在选择配件时，我们首要考虑各部件的均衡，充分发挥其性能。只是突出一部分的性能是不能够达到效果的。比如，用 1000 多元的 CPU，而只配备 300 元的主板和小容量的内存，性能是一定会打折扣的。正确的方法是，根据自身的应用需要和经济的负担能力确定配件。另外，电子产品的更新换代十分迅速，过于追求新奇，也是不理性的。

1.5　多媒体计算机的初步知识

1.5.1　多媒体的基本概念

"多媒体"一词译自英文"Multimedia"，而该词又是由 mutiple 和 media 复合而成的。媒体（medium）原有两重含义：一是指存储信息的实体，如磁盘、光盘、磁带、半导体存储器等，中文常译作媒质；二是指传递信息的载体，如数字、文字、声音、图形等，中文译作媒介。所以与多媒体对应的一词是单媒体（Monomedia），从字面上看，多媒体就是由单媒体复合而成的。多媒体技术从不同的角度有着不同的定义。比如有人定义"多媒体计算机是一组硬件和软件设备；结合了各种视觉和听觉媒体；能够产生令人印象深刻的视听效果。在视觉媒体上，包括图形、动画、图像和文字等媒体，在听觉媒体上，则包括语言、立体声响和音乐等媒体。用户可以从多媒体计算机同时接触到各种各样的媒体来源"。

多媒体技术强调的是交互式综合处理多种信息媒体（感觉媒体）的技术。从本质上来说，它具有三种最重要的特性：

1. 多样性

信息载体的多样性是多媒体的主要特性之一，也是多媒体研究需要解决的关键问题。信息载体的多样化是相对计算机而言的，在多媒体技术中，计算机所处理的信息空间范围拓展了，不再局限于数值、文本、图形和特殊对待的图像，并且强调计算机与声音、活动图像（或称为影像）相结合，以满足人的感官对多媒体信息的需求，这在计算机辅助教育以及产品广告、动画片制作等方面有很大的发展前途。

2. 集成性

多媒体的集成性主要体现在两个方面：

一是多媒体信息的集成，是指各种媒体信息应能按照一定的数据模型和组织结构集成为一个有机的整体，以便媒体的充分共享和操作使用。

二是操作这些媒体信息的工具和设备的集成，是指与多媒体相关的各种硬件设备的集成和软件的集成，为多媒体系统的开发和实现建立一个理想的集成环境，以提高多媒体的生产力。

3. 交互性

多媒体的另一个关键特性是交互性。多媒体系统采用人机对话方式，对计算机中存储的各种信息进行查找、编辑及同步播放，操作者可通过鼠标或菜单选择自己感兴趣的内容。

多媒体技术与计算机技术的发展密不可分，具有多种媒体处理能力的计算机被统称为多媒体计算机。

1.5.2　多媒体计算机系统的组成

多媒体计算机系统是指能够对文字、图像、视频等多种媒体进行处理的计算机系统，即具有多媒体功能的计算机系统。到目前为止，大部分的多媒体应用是在 PC 机上进行的。平时常见的多媒体计算机都是多媒体个人计算机（Multimedia Personal Computer，简称 MPC）。

MPC 是能够输入、输出并综合处理文字、声音、图形、图像和动画等多种媒体信息的计算机，它将计算机软、硬件技术及数字化声像技术和高速通信网络技术等结合起来构成一个整体，使多媒体信息的获取、加工、处理、传输、存储和展示集于一体。简单地说，MPC 就是一种具有多媒体信息处理功能的个人计算机。

1. 多媒体计算机硬件系统

与通用的 PC 机相比，多媒体计算机的主要硬件除了常规的硬件如主机、内存储器、软盘驱动器、硬盘驱动器、显示器和网卡之外，还要有光盘驱动器、音频信息处理硬件和视频信息处理硬件等部分。

（1）声卡的组成

声卡的类型众多，结构也不尽相同。一般来说，一块声卡至少应具有下列部件：

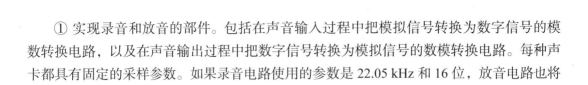

① 实现录音和放音的部件。包括在声音输入过程中把模拟信号转换为数字信号的模数转换电路，以及在声音输出过程中把数字信号转换为模拟信号的数模转换电路。每种声卡都具有固定的采样参数。如果录音电路使用的参数是 22.05 kHz 和 16 位，放音电路也将使用同样的参数。

② 支持乐器合成的 MIDI 合成器。这是决定声卡音质的关键部件。由于 MIDI 音乐对质量的要求较高，许多声卡制造商致力于提高合成器的质量，使音乐合成技术不断获得改进。早期的合成器采用 FM（频率调制）合成技术，通过用一个正弦波修正另一个正弦波的方法来模拟各种乐器的声音，带有较深的人工合成痕迹。

③ 连接声音设备的各种端口。声卡是音频输入／输出设备的公用接口，也是沟通主机和音频设备的通道。通常在声卡的后端设有许多端口。安装声卡后，这些端口便伸出机箱外，供用户连接音箱、麦克风等音频设备。

（2）声卡的功能

多媒体计算机中所安装的声卡的功能直接影响到多媒体系统的音频效果。一般声卡应具有以下功能：

① 录制和编辑音频文件。能以一定频率和精度采样声源的模拟波，并通过对其数字化，以 *.voc、*.wav 或 *.au 等声音文件格式存储。可以根据要求对音频文件做修改、编辑、文件类型转换等，如将 *.voc 文件转换成 *.wav 文件，还可以根据需要，将音频文件插入到其他应用程序中去。

② 合成和播放音频文件。通过声卡朗读文本信息，如读英语单词、读句子、说英语等，并进行语音合成处理，以及初步的语音识别将硬盘或激光盘压缩的数字化声音文件还原，重建高质量的声音信号，放大后，通过扬声器输出。

③ 压缩和解压缩音频文件。采集数据时，对数字化声音信号进行压缩，以便存储。播放时，对压缩的数字化声音文件进行解压。

④ 具有与 MIDI 设备和 CD 驱动器的连接功能。使计算机可以控制多台具有 MIDI 接口的电子乐器。同时，在驱动程序的控制下，声卡将以 MIDI 格式存放的文件输出到相应的电子乐器中，发出相应的声音。

2. 多媒体计算机软件系统

多媒体计算机的应用除了要具有一定的硬件设备外，更重要的是软件系统的开发和应用。多媒体计算机的软件系统由多媒体系统软件、多媒体工具和多媒体应用软件组成。

（1）多媒体系统软件

多媒体系统软件除了具有一般系统软件的特点外，还要反映多媒体技术的特点，如数据压缩、媒体硬件接口的驱动、新型交互方式等。

多媒体计算机系统的主要系统软件包括多媒体驱动软件、驱动器接口程序和多媒体操作系统。

多媒体操作系统实现多媒体环境下多任务调度，保证音频、视频同步控制及信息处理的实时性，提供多媒体信息的各种基本操作和管理。操作系统还独立于硬件设备和具有较强的可扩展性。

（2）多媒体工具

多媒体工具包括多媒体编辑工具和多媒体创作工具两大类：

① 多媒体编辑工具。为多媒体应用程序进行数据准备的程序，主要是多媒体数据采集软件，作为开发环境的工具库，供设计者调用。

② 多媒体创作工具。主要用于编辑生成特定领域的多媒体应用软件，是在多媒体操作系统上进行开发的软件工具。

1.5.3 多媒体技术的应用

对于多媒体的研究始于 20 世纪 80 年代，之后这项技术迅速崛起并飞速发展。有人把它称之为是继印刷术、电报电话、广播电视、计算机之后，人类处理信息手段的又一次大的飞跃。多媒体技术的出现改变了人类社会的生活方式、生产方式和交互方式，促进了各个学科的发展和融合。随着多媒体技术的深入发展，其应用也越来越广泛地渗透到国民经济和人类生活的各个方面，以下是多媒体技术诸多应用中的几个领域。

1. 教育与培训

以多媒体计算机为核心的现代教育技术使教学手段丰富多彩，打破了几千年来的传统教学模式。将多媒体技术应用与教育和培训，可以集成更多的教学信息，使教学内容日益丰富、形式多样。同时，各种媒体与计算机结合可以使人类的感官与想象力相互配合，产生前所未有的思维空间与创作资源。实践证明，多媒体教学系统有学习效果好、说服力强、学习效率高等特点。

2. 办公自动化

多媒体技术为办公室增加了控制信息的能力和充分表达思想的机会。许多应用程序专为提高工作人员的工作效率而设计，从而产生了许多新型办公自动化系统。采用先进的数字影像和多媒体技术，把文件扫描仪、图文传真机、文件资料微缩系统等现代化办公设备与通信网络综合管理起来，构成全新的办公自动化系统，成为多媒体技术应用新的发展方向。

3. 多媒体电子出版物

多媒体电子出版物是指以数字代码方式，将图、文、声、像等信息存储在磁、光、电介质上，通过计算机或类似设备阅读使用，并可复制发行的大众传播媒体。电子出版物具有集成性高和交互性强，信息的检索和使用方式灵活方便等特点。特别是在信息交互性方面，不仅能向读者提供信息，而且能接受读者的反馈意见。

4. 多媒体通信

多媒体通信是指在一次呼叫过程中能同时提供多种媒体信息的声音、图像、图形、数据、文本等的新型通信方式。它是通信技术和计算机技术相结合的产物。和电话、电报、传真、计算机通信等传统的单一媒体通信方式比较，利用多媒体通信，不仅能使相隔万里的用户进行声像图文并茂地交流信息，还能步调一致地作为一个完整的信息呈现在用户面前，而且用户对通信全过程具有完备的交互控制能力。这就是多媒体通信的分布性、同步性和交互性特点。

5. 多媒体家电

多媒体家电是计算机应用中的一个很大领域。常常听到人们议论计算机和电视的融合，即在计算机中插入"一块板"就可以利用计算机看电视了。数字电视已经进入市场，它是将电视信号进行数字化采样，经过压缩后再进行播放，从而保证电视图像的高晰度。其他家电，如电话、音响、传真机、录像机等也会随着计算机、电视的发展逐渐走向统一和融合。利用各种适配卡将多媒体计算机同电视、音响、电子琴、录像机、VCD、摄像机、数码相机等家用电器连接在一起，可以制作电子相册或个人 MTV、作曲、玩电子游戏、欣赏光盘节目等，给人们的业余生活带来新的体验。

1.6　计算机病毒

随着网络技术的不断发展，计算机虽然给人们的工作和生活带来了便利和效率，然而计算机系统并不安全，计算机病毒就是最不安全的因素之一，它会造成资源和财富的巨大浪费，人们称计算机病毒为"21 世纪最大的隐患"，目前由于计算机软件的脆弱性与互联网的开放性，我们将与病毒长期共存。因此，研究计算机病毒及防范措施技术具有重要意义。

1.6.1　计算机病毒的概念

计算机病毒（Computer Virus）在《中华人民共和国计算机信息系统安全保护条例》中被明确定义，"编制或在计算机程序中插入的破坏计算机功能或者破坏数据，影响计算机使用并且能够自我复制的一组计算机指令或者程序代码"。自 20 世纪 80 年代莫里斯编制的第一个"蠕虫"病毒程序至今，世界上已出现了多种不同类型的病毒。从最原始的单机磁盘病毒到现在逐步进入人们视野的手机病毒，计算机病毒主要经历了六个重要的发展阶段：

第一阶段为原始病毒阶段。产生年限一般认为为 1986-1989 年，由于当时计算机的应用软件少，而且大多是单机运行，因此病毒没有大量流行，种类也很有限，病毒的清除工作相对来说较容易。主要特点是：攻击目标较单一；主要通过截获系统中断向量的方式监视系统的运行状态，并在一定的条件下对目标进行传染；病毒程序不具有自我保护的措施，容易被人们分析和解剖。

第二阶段为混合型病毒阶段。其产生的年限为1989~1991年，是计算机病毒由简单发展到复杂的阶段。计算机局域网开始应用与普及，给计算机病毒带来了第一次流行高峰。这一阶段病毒的主要特点为：攻击目标趋于混合；采取更为隐蔽的方法驻留内存和传染目标；病毒传染目标后没有明显的特征；病毒程序往往采取了自我保护措施；出现许多病毒的变种等。

第三阶段为多态性病毒阶段。此类病毒的主要特点是，在每次传染目标时，放入宿主程序中的病毒程序大部分都是可变的。因此防病毒软件查杀非常困难。如1994年在国内出现的"幽灵"病毒就属于这种类型。这一阶段病毒技术开始向多维化方向发展。

第四阶段为网络病毒阶段。从20世纪90年代中后期开始，随着国际互联网的发展壮大，依赖互联网络传播的邮件病毒和宏病毒等大量涌现，病毒传播快、隐蔽性强、破坏性大。也就是从这一阶段开始，反病毒产业开始萌芽并逐步形成一个规模宏大的新兴产业。

第五阶段为主动攻击型病毒。典型代表为2003年出现的"冲击波"病毒和2004年流行的"震荡波"病毒。这些病毒利用操作系统的漏洞进行进攻型的扩散，并不需要任何媒介或操作，用户只要接入互联网络就有可能被感染。正因为如此，该病毒的危害性更大。

第六阶段为"手机病毒"阶段。随着移动通讯网络的发展以及移动终端——手机功能的不断强大，计算机病毒开始从传统的互联网络走进移动通讯网络世界。与互联网用户相比，手机用户覆盖面更广、数量更多，因而高性能的手机病毒一旦爆发，其危害和影响比"冲击波"和"震荡波"等互联网病毒还要大。

计算机病毒的危害性，对计算机资源的损失和破坏，不但会造成资源和财富的巨大浪费，而且有可能造成社会性的灾难，随着信息化社会的发展，计算机病毒的威胁日益严重，反病毒的任务也更加艰巨了。

🖥️ 小知识

1988年11月2日下午5时1分59秒，美国康奈尔大学的计算机科学系研究生，23岁的莫里斯（Morris）将其编写的蠕虫程序输入计算机网络，致使这个拥有数万台计算机的网络被堵塞。这件事就像是计算机界的一次大地震，引起了巨大反响，震惊全世界，引起了人们对计算机病毒的恐慌，也使更多的计算机专家重视和致力于计算机病毒研究。1988年下半年，我国在统计局系统首次发现了"小球"病毒，它对统计系统影响极大，此后由计算机病毒发作而引起的"病毒事件"接连不断，前一段时间发现的CIH、美丽莎等病毒更是给社会造成了很大损失。

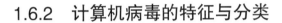

1.6.2　计算机病毒的特征与分类

1. 计算机病毒的特点

计算机病毒一般具有如下主要特点：

（1）寄生性

计算机病毒寄生在其他程序之中，当执行这个程序时，病毒就起破坏作用，而在未启动这个程序之前，它是不易被人发觉的。

（2）可执行性

计算机病毒与其他合法程序一样，是一段可执行程序，但它不是一个完整的程序，而是寄生在其他可执行程序上，因此它享有一切程序所能得到的权力。在病毒运行时，与合法程序争夺系统的控制权。计算机病毒只有当它在计算机内得以运行时，才具有传染性和破坏性等活性，也就是说计算机 CPU 的控制权是关键问题。若计算机在正常程序控制下运行，而不运行带病毒的程序，则这台计算机总是可靠的。

（3）传染性

传染性是病毒的基本特征。计算机病毒是一段人为编制的计算机程序代码，这段程序代码一旦进入计算机并得以执行，它会搜寻其他符合其传染条件的程序或存储介质，确定目标后再将自身代码插入其中，达到自我繁殖的目的。只要一台计算机染毒，如不及时处理，那么病毒会在这台机子上迅速扩散，其中的大量文件（一般是可执行文件）会被感染。而被感染的文件又成了新的传染源，再与其他机器进行数据交换或通过网络接触，病毒会继续进行传染。

（4）破坏性

所有的计算机病毒都是一种可执行程序，而这一可执行程序又必然要运行，所以对系统来讲，所有的计算机病毒都存在一个共同的危害，即降低计算机系统的工作效率、占用系统资源，其具体情况取决于入侵系统的病毒程序。同时计算机病毒的破坏性主要取决于计算机病毒设计者的目的，如果病毒设计者的目的在于彻底破坏系统的正常运行的话，那么这种病毒对于计算机系统进行攻击造成的后果是难以设想的，它可以毁掉系统的部分数据，也可以破坏全部数据并使之无法恢复。并非所有的病毒都对系统产生极其恶劣的破坏作用，但有时几种本没有多大破坏作用的病毒交叉感染，也会导致系统崩溃等重大恶果。

（5）潜伏性

一个编制精巧的计算机病毒程序，进入系统之后一般不会马上发作，可以在几周或者几个月内甚至几年内隐藏在合法文件中，对其他系统进行传染而不被人发现，潜伏性越好其在系统中的存在时间就会越长，病毒的传染范围就会越大。潜伏性的第一种表现是指，病毒程序不用专用检测程序是检查不出来的，因此病毒可以静静地躲在磁盘里待上几天甚至几年，一旦时机成熟得到运行机会，就又要四处繁殖、扩散，继续为害。潜伏性的第二种表现是指，计算机病毒的内部往往有一种触发机制，不满足触发条件时计算机病毒除了传染外不做什么破坏。触发条件一旦得到满足，有的在屏幕上显示信息、图形或特殊标识，有的则执行破坏系统的操作，如格式化磁盘、删除磁盘文件、对数据文件做加密、封锁键盘以及使系统死锁等。

（6）隐蔽性

病毒一般是具有很高编程技巧，短小精悍的程序。通常附在正常程序中或磁盘较隐蔽的地方，也有个别的以隐含文件形式出现。目的是不让用户发现它的存在。如果不经过代码分析，病毒程序与正常程序是不容易区别开来的。一般在没有防护措施的情况下，计算机病毒程序取得系统控制权后，可以在很短的时间里传染大量程序。而且受到传染后，计算机系统通常仍能正常运行，使用户不会感到任何异常，好像不曾在计算机内发生过什么。正是由于隐蔽性，计算机病毒得以在用户没有察觉的情况下扩散并游荡于世界上百万台计算机中。大部分的病毒的代码之所以设计得非常短小也是为了隐藏。病毒一般只有几百或1K 字节，而 PC 机对 DOS 文件的存取速度可达每秒几百 KB 以上，所以病毒转瞬之间便可将这短短的几百字节附着到正常程序之中，使人非常不易察觉。

（7）可触发性

病毒因某个事件或数值的出现诱使病毒实施感染或进行攻击的特性称为可触发性。为了隐蔽自己，病毒必须潜伏，少做动作。如果完全不动一直潜伏的话，病毒既不能感染也不能进行破坏，便失去了杀伤力。病毒既要隐蔽又要维持杀伤力，它必须具有可触发性。病毒的触发机制就是用来控制感染和破坏动作的。病毒具有预定的触发条件，这些条件可能是时间、日期、文件类型或某些特定数据等。病毒运行时触发机制检查预定条件是否满足，如果满足则进行感染或攻击；如果不满足则继续潜伏。

（8）不可预见性

从对病毒的检测方面来看，病毒还有不可预见性。不同种类的病毒，它们的代码千差万别，但有些操作是共有的（如驻内存，改中断）。有些人利用病毒的这种共性，制作了声称可查所有病毒的程序。这种程序的确可查出一些新病毒，但由于目前的软件种类极其丰富，且某些正常程序也使用了类似病毒的操作甚至借鉴了某些病毒的技术。使用这种方法对病毒进行检测势必会造成较多的误报情况。而且病毒的制作技术也在不断地提高，病毒对反病毒软件永远是超前的。

2. 计算机病毒的分类

根据多年对计算机病毒的研究，按照科学的、系统的、严密的方法，计算机病毒分类如下：

（1）根据病毒存在的媒体，病毒可以划分为网络病毒、文件病毒、引导型病毒以及混合型病毒。

① 网络病毒：通过计算机网络传播感染网络中的可执行文件。

② 文件病毒：感染计算机中的文件（如：COM，EXE，DOC 等）。

③ 引导型病毒：感染启动扇区（Boot）和硬盘的系统引导扇区（MBR）。

④ 混合型病毒：例如：多型病毒（文件和引导型）感染文件和引导扇区两种目标，这样的病毒通常都具有复杂的算法，它们使用非常规的办法侵入系统，同时使用了加密和变形算法。

（2）根据病毒特有的算法，病毒可以划分为：伴随型病、"蠕虫"型病毒、寄生型病毒、诡秘型病毒以及变形病毒。

① 伴随型病毒：这一类病毒并不改变文件本身，它们根据算法产生 EXE 文件的伴随体，具有同样的名字和不同的扩展名（COM），例如：XCOPY.EXE 的伴随体是 XCOPY.COM。病毒把自身写入 COM 文件并不改变 EXE 文件，当 DOS 加载文件时，伴随体优先被执行到，再由伴随体加载执行原来的 EXE 文件。

② "蠕虫"型病毒：通过计算机网络传播，不改变文件和资料信息，利用网络从一台机器的内存传播到其他机器的内存和计算网络地址，将自身的病毒通过网络发送。有时它们在系统存在，一般除了内存，不占用其他资源。

③ 寄生型病毒：除了伴随和"蠕虫"型，其他病毒均可称为寄生型病毒，它们依附在系统的引导扇区或文件中，通过系统的功能进行传播。

④ 诡秘型病毒：它们一般不直接修改 DOS 中断和扇区数据，而是通过设备技术和文件缓冲区等 DOS 内部修改，使用比较高级的技术。利用 DOS 空闲的数据区进行工作。

⑤ 变型病毒（又称幽灵病毒）：这一类病毒使用一个复杂的算法，使自己每传播一份都具有不同的内容和长度。它们由一段混有无关指令的解码算法和被变化过的病毒体组成。

1.6.3　计算机病毒的防治

当前，计算机已进入了人们生活的各个领域，计算机病毒的危害也越来越广泛，计算机一旦感染病毒，就会影响系统的运行速度，甚至会破坏计算机的系统数据和硬件设备等。硬件有价，数据无价，数据一旦被破坏，就很难恢复。对计算机病毒的防治是维护计算机网络安全重要的一环，所以，为促使计算机真正发挥其积极作用，保障人们在计算机领域里工作、学习和社会活动的健康发展，本节介绍如何防治计算机病毒。

1. 概念和基本原则

计算机病毒防范，是指通过建立合理地计算机病毒防范体系和制度，即发现计算机病毒入侵，并采取有效的手段阻止计算机病毒的传播和破坏，恢复受影响的计算机系统和数据。

原则上以防御计算机病毒为主，主要表现在检测行为的动态性和防范方法的广谱性。

2. 计算机病毒防治的基本技术

（1）特征代码技术。就是用防毒软件在最初的扫毒方式里将所有病毒的病毒码加以剖析，并且将这些病毒独有的特征搜集在一个病毒码资料库中，每当需要扫描该程序是否有毒的时候，启动杀毒软件程序，以扫描的方式与该病毒码资料库内的现有资料一一比对，如果两方资料皆有吻合之处的话，即判定该程序已遭病毒感染。

（2）校验和法技术。我们都知道，大多数的病毒都不是单独存在的，它们大都依附或寄生于其他的文档程序，所以被感染的程序会有档案大小增加的情况产生或者是档案日期被修改的情形。这样防毒软件在安装的时候会自动将硬盘中的所有档案资料做一次汇总并加以记录，对正常文件的内容计算其校验和，将该校验和写入文件中或写入别的文件中保存。在每次使用文件前，检查文件现在内容算出的校验和与原来保存的校验和是否一致，因而可以发现文件是否感染，这种方法叫校验和法，它既可以发现已知病毒，又可以发现未知病毒。

（3）行为监测法技术。利用病毒的特有行为特征性来监测病毒的方法，称为行为监测法。通过对病毒多年的观察、研究，有一些行为是病毒的共同行为，而且比较特殊。在正常程序中，这些行为比较罕见。当程序运行时，监视其行为，如果发现了病毒行为，立即报警。

3. 计算机病毒的防治策略

因为杀毒软件做得再好，也只能针对已出现的病毒进行隔离和防治，它们对新的病毒很多时候是无能为力的。计算机病毒的防治必须做到"预防为主，防治结合"。防治计算机病毒的重点是防治它的传染，因此，按以下步骤防治计算机病毒：

（1）不要拷贝来历不明的软件，不使用未经授权的软件，不打开来历不明的电子邮件及其附件。

（2）安装实时监控的杀毒软件或防毒卡，定期更新病毒库，定期查杀病毒，以便查杀新出现的病毒。

（3）安装防火墙工具，设置相应的访问规则，过滤不安全的站点访问。

（4）不随意打开陌生人传来的页面链接，谨防恶意网页中隐藏的木马程序。

（5）对于玩游戏的朋友，不使用盗版的游戏软件。

（6）系统的重要软件和数据要及时备份，以使在系统遭到彻底破坏时，把损失降到最低。

（7）经常运行 Windows Update，安装操作系统的补丁程序。

（8）改动文件扩展名。由于计算机感染时必须采用理解文件的属性，对每种不同的文件都必须运用不同的传染方式，将可执行文件的扩展名改动后，多数病毒会失去效能。

通过以上的防治策略，你能够及时发现计算机病毒，并有效地清除它。能把病毒的切入点切断，为计算机用户提供一个安全的运行环境。

习题与实验

一、选择题

1. 微型计算机系统包括（　　　）。
   A. 主机和外设　　　　　　　　　　　　B. 硬件系统和软件系统
   C. 主机和各种应用程序　　　　　　　　D. 运算器、控制器和存储器

2. 在使用计算机时突然发生断电事故，计算机（　　　）中的信息将全部丢失。
   A. 随机存储器　　　B.ROM　　　　　　C. 硬盘　　　　　　D. 软盘

3. 世界上第一台电子计算机于（　　　）年诞生。
   A.1946　　　　　　B.1947　　　　　　C.1945　　　　　　D.1944

4. 计算机硬件能直接识别和执行的只有（　　　）。
   A. 汇编语言　　　　B. 符号语言　　　　C. 高级语言　　　　D. 机器语言

5. 在计算机中表示存储容量时，下列描述中正确的是（　　　）。
   A.1KB ＝ 1024MB　B.1MB ＝ 1024KB　C.1KB ＝ 1000B　D.1MB ＝ 1024B

6. 在计算机工作过程中，将外存的信息传送到内存中的过程称之为（　　　）。
   A. 写盘　　　　　　B. 拷贝　　　　　　C. 读盘　　　　　　D. 输出

7. 下面说法中正确的是（　　　）。
   A. 一个完整的计算机系统是由微处理器、存储器和输入 / 输出设备组成
   B. 计算机区别于其他计算工具的最主要特点是能存储程序和数据
   C. 电源关闭后，ROM 中的信息会丢失
   D.16 位字长计算机能处理的最大数是 16 位十进制数

8. 世界上第二代电子计算机采用的电子逻辑器件是（　　　）。
   A. 晶体管　　　　　　　　　　　　　　B. 电子管
   C. 中小规模集成电路　　　　　　　　　D. 大规模超大规模集成电路

9. 下面关于显示器的叙述，正确的是（　　　）。
   A. 显示器是输入设备　　　　　　　　　B. 显示器是输出设备
   C. 显示器是输入 / 输出设备　　　　　　D. 显示器是存储设备

10. 应用软件是指（　　　）。
    A. 所有能够使用的软件　　　　　　　　B. 所有微机上都应使用的基本软件
    C. 专门为某一应用目的而编制的软件　　D. 能被各应用单位共同使用的某种软件

11. 与二进制数 1011011 对应的十进制数是（　　　）。
    A.123　　　　　　　B.91　　　　　　　C.107　　　　　　　D.87

12. 用来表示计算机辅助教学的英文缩写是（　　　）。

    A.CAD　　　　　　　B.CAM　　　　　　　C.CAI　　　　　　　D.CAT

13. 构成计算机物理实体的部件被称为（　　　）。

    A. 计算机系统　　　B. 计算机硬件　　　　C. 计算机软件　　　D. 计算机程序

14. 微型计算机的微处理器包括（　　　）。

    A. 运算器和主存　　　　　　　　　　B. 控制器和主存

    C. 运算器和控制器　　　　　　　　　D. 运算器、控制器和主存

15. 下列不能作为存储器容量单位的是（　　　）。

    A.Byte　　　　　　　B.KB　　　　　　　　C.MIPS　　　　　　D.GB

16. 4 个字节是（　　　）个二进制位。

    A.16　　　　　　　　B.32　　　　　　　　C.48　　　　　　　　D.64

17. 多媒体计算机可以处理的信息类型有（　　　）。

    A. 文字、数字、图形　　　　　　　　B. 文字、图形、图像

    C. 文字、数字、图形、图像　　　　　D. 文字、数字、图形、音频视频

18. 微处理器又称为（　　　）。

    A. 运算器　　　　　B. 控制器　　　　　　C. 逻辑器　　　　　D. 中央处理器

19. 下列描述中，不正确的是（　　　）。

    A. 用机器语言编写的程序可以由计算机直接执行

    B. 软件是指程序和数据的统称

    C. 计算机的运算速度与主频有关

    D. 操作系统是一种应用软件

20. 在一般情况下，软盘中存储的信息在断电后（　　　）。

    A. 不会丢失　　　　B. 全部丢失　　　　　C. 大部分丢失　　　D. 局部丢失

21. 在微机中，访问速度最快的存储器是（　　　）。

    A. 硬盘　　　　　　B. 缓冲存储器　　　　C. 光盘　　　　　　D. 随机存储器

22. ROM 是（　　　）。

    A. 随机存储器　　　B. 只读存储器　　　　C. 高速缓冲存储器　D. 顺序存储器

23. 在微机中，硬盘驱动器属于（　　　）。

    A. 内存储器　　　　B. 外存储器　　　　　C. 输入设备　　　　D. 输出设备

24. 下列设备中，（　　　）是输出设备。

    A. 键盘　　　　　　B. 鼠标　　　　　　　C. 光笔　　　　　　D. 绘图仪

25. 能直接与 CPU 交换信息的功能单元是（　　　）

    A. 显示器　　　　　B. 控制器　　　　　　C. 主存储器　　　　D. 运算器

26. 通常所说的"计算机病毒"是指（   ）

    A. 细菌感染   B. 生物病毒

    C. 被损坏的程序   D. 特制的具有破坏性的程序

27. 对于已感染了病毒的 U 盘，最彻底的清除病毒的方法是（   ）

    A. 用酒精将 U 盘消毒   B. 放在高压锅里煮

    C. 将感染病毒的程序删除   D. 对 U 盘进行格式化

28. 计算机病毒造成的危害是（   ）

    A. 使磁盘发霉   B. 破坏计算机系统

    C. 使计算机内存芯片损坏   D. 使计算机系统突然掉电

29. 计算机病毒的危害性表现在（   ）

    A. 能造成计算机器件永久性失效

    B. 影响程序的执行，破坏用户数据与程序

    C. 不影响计算机的运行速度

    D. 不影响计算机的运算结果，不必采取措施

30. 计算机病毒对于操作计算机的人，（   ）

    A. 只会感染，不会致病   B. 会感染致病

    C. 不会感染   D. 会有厄运

二、填空题

1. 计算机的硬件系统由_____、_____、_____、_____、_____五部分组成。

2. 在计算机中是以_____为单位传递和处理信息的。

3. 中央处理器由_____、_____两部分组成。

4. 多媒体的特征有_____、多样性和集成性

5. 要使用外存储器中的信息，应先将其调入_____。

6. 计算机病毒是一种_____和干扰计算机正常运行的程序。

三、简答题

1. 计算机的发展经历了哪几个阶段，各阶段的主要特点？

2. 计算机由硬件由几部分组成，各部分的作用？

3. 计算机的存储器的单位有哪些？

4. 配置计算机时，主要需要考虑哪几方面的问题？

5. 多媒体技术应用领域有哪些？

6. 计算机病毒具有哪些特点？

第 2 章　Windows 7 操作系统

通过操作系统对计算机进行统一的管理和调度，计算机系统的所有软、硬件资源才可以协调一致、有条不紊地工作。本章首先介绍操作系统的基本知识，然后介绍 Windows 7 的基本操作。

2.1　操作系统概述

本节对操作系统进行了概要地介绍,使我们在学习计算机时对操作系统有一个总体认识。

2.1.1　操作系统概述

操作系统是用于控制和管理计算机硬件和软件资源的计算机程序，是用户和计算机的接口，同时也是计算机硬件和其他软件的接口。计算机通过操作系统来管理计算机系统的硬件、软件及数据资源，组织计算机工作流程，使计算机系统所有资源最大限度地发挥作用。操作系统直接运行在裸机上，是对硬件系统的第一次扩充，它支持和控制着其他软件的运行。

操作系统可以分成驱动程序、内核、接口库、外围等部分。驱动程序是底层直接控制和监视硬件的部分，主要功能是为其他部分提供一个抽象的、通用的接口。内核负责提供基础性、结构性的功能。接口把系统所提供的基本服务包装成应用程序所能够使用的编程接口。外围是指操作系统中除以上三类以外的所有其他部分，通常是用于提供特定高级服务的部件。

按系统功能可以把操作系统分为简单操作系统、批处理操作系统、分时操作系统、实时操作系统和网络操作系统等。简单操作系统是计算机初期所配置的操作系统，主要是操作命令的执行、文件的服务和控制外部设备等。批处理操作系统是用户把多个作业有序的排成一个作业流输入系统，计算机系统能自动、顺序地执行作业流的系统。分时操作系统是指把 CPU 的时间分成若干个时间片，各用户按一定的顺序轮流使用主机，如 UNIX、

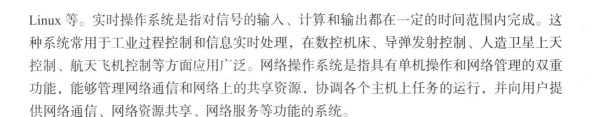

Linux 等。实时操作系统是指对信号的输入、计算和输出都在一定的时间范围内完成。这种系统常用于工业过程控制和信息实时处理，在数控机床、导弹发射控制、人造卫星上天控制、航天飞机控制等方面应用广泛。网络操作系统是指具有单机操作和网络管理的双重功能，能够管理网络通信和网络上的共享资源，协调各个主机上任务的运行，并向用户提供网络通信、网络资源共享、网络服务等功能的系统。

2.1.2　常用的操作系统简介

经过多年的迅速发展，操作系统多种多样，应用比较广泛的操作系统主要有 UNIX、Linux、Microsoft Windows 和 DOS 等。

1. UNIX 系统

UNIX 系统是由美国实验室开发的多用户、多任务并支持多种处理器架构的分时操作系统。由于功能强大、技术成熟、可靠性高、网络功能强以及开放性好等优点，能够满足各行各业实际应用的需要，被广泛应用于金融、通信、军事、电力、航空、铁路、石化、政府、教育、科研等重要领域，受到企业用户的欢迎，一直是重点行业和关键事务领域的可靠平台。作为高端的解决方案，UNIX 不但可以在大中型计算机、小型计算机、工作站上使用，而且近些年来也在微型计算机上得到广泛应用。特别是随着 Internet 技术的全球化应用，进一步推动了 UNIX 的普及和发展。经过三十来年的实践检验，UNIX 服务器的稳定性与安全性已经得到行业用户一致的高度认可。UNIX 系统始终占据着 IT 高端不可替代的位置。

UNIX 的系统结构可分为操作系统内核、系统的外壳。外壳由 Shell 解释程序、支持程序设计的各种语言、编译程序和解释程序、实用程序和系统调用接口等组成。UNIX 系统大部分是用 C 语言编写的，这使得系统易读、易修改、易移植。UNIX 提供了丰富的、精心挑选的系统调用，以及功能强大的可编程外壳语言作为用户界面，具有简洁、高效的特点。UNIX 系统采用树状目录结构，具有良好的安全性、保密性和可维护性。UNIX 系统采用进程对换的内存管理机制和请求调页的存储方式，实现了虚拟内存管理，大大提高了内存的使用效率。

2. Linux 系统

Linux 是多用户、多任务、支持多线程和多 CPU 的操作系统，可以免费使用和自由传播。Linux 实质上是一种 UNIX 技术，它继承了 UNIX 以网络为核心的设计思想，用 C 语言和汇编语言编写而成，是一个性能稳定的多用户网络操作系统。技术上说 Linux 是一个内核，它能运行主要的 UNIX 工具软件、应用程序和网络协议，支持 32 位和 64 位硬件，可安装在各种计算机硬件设备中，比如手机、平板电脑、路由器、视频游戏控制台、台式计算机、大型机和超级计算机。Linux 是一个领先的操作系统，世界上运算最快的 10 台超级计算机运行的都是 Linux 操作系统。

Linux 的基本思想是一切都是文件并且每个软件都有确定的用途。Linux 是一款免费的操作系统，用户可以通过网络免费获得并可以任意修改其源代码。Linux 支持多用户，各个用户对于自己的文件设备有自己特殊的权利，保证了各用户之间互不影响。UNIX 具有强大的网络功能，同时具有字符界面和图形界面。Linux 采取了许多安全技术措施，其中有对读、写进行权限控制、审计跟踪、核心授权等技术，这些都为安全提供了保障。

3. DOS 系统

DOS 实际上是 Disk Operation System（磁盘操作系统）的简称，是一个基于磁盘管理的单用户、单任务的操作系统。与现在使用的操作系统区别是其靠输入命令来进行人机对话，并通过命令的形式把指令传给计算机。磁盘操作系统在 IBM PC 兼容机市场中占有举足轻重的地位。而且，若是把部分以 DOS 为基础的 Microsoft Windows 版本，如 Windows 95、98 和 Me 等都算进去的话，那么其商业寿命至少可以算到 2000 年。微软的所有后续版本中，磁盘操作系统仍然被保留。

所有 DOS 类的操作系统都是在使用 Intel x86 或其兼容 CPU 的机器上运行的（主要是 IBM PC 及其兼容机）。最早的时候，DOS 并未受限于此，为了在许多以 x86 为基础，但和 IBM PC 不兼容的机器上运行，产生了不少特定机器版本的 DOS 及类似的操作系统。

4. Windows 系统

Microsoft Windows 也被称作微软视窗操作系统，是微软公司推出的一系列操作系统。起初，Windows 仅仅是 MS-DOS 之下的桌面环境，其后续版本逐渐发展成为个人电脑和服务器用户设计的操作系统，并最终获得了世界个人电脑操作系统软件的垄断地位。视窗操作系统可以在几种不同类型的平台上运行，如个人电脑、服务器和嵌入式系统等等，其中在个人电脑的领域应用内最为普遍，在终端操作系统领域占有量遥遥领先。在后续章节中将详细介绍。

2.2 Windows 7 的基本知识

本节从整体上介绍 Windows 7 的使用功能，熟悉 Windows 7 安装、启动和退出以及 Windows 7 系统新增的功能。

2.2.1　Windows 7 概述

1. Windows 的发展历史

Windows 操作系统历经 20 多年的发展，目前在终端的占用量已经遥遥领先，它的主要发展历程如表 2.1 所示。

表 2.1　Windows 的发展历史

时间	版本	特点
1983 年 11 月	Windows 1.0	微软公司开始推出 Windows 系列
1987 年 10 月	Windows 2.0	对 Windows 1.0 进行多方面的改进，如支持重叠式窗口，改进了对扩充内存的使用等
1990 年 5 月	Windows 3.0	Windows 对内存管理、图形界面做了重大改进，使图形界面更加美观并支持虚拟内存
1993 年 5 月	Windows NT 3.1	Windows 3.0 改进版，具有了网络版
1995 年 8 月	Windows 95	Windows 可以独立运行而无须 DOS 支持，32 位处理技术兼容以前 16 位的应用程序，支持网络功能，这种操作系统最大的问题就是稳定性
1998 年 6 月	Windows 98	加强了 Internet 的功能，能够充分发挥 PC 机的硬件资源，引入了"即插即用"等许多先进技术，支持高性能的多媒体操作
2000 年 12 月	Windows 2000	建立于 NT 技术之上，具有强可靠性、高可用时间，并通过简化系统管理降低了操作耗费，是一种适合从最小移动设备到最大商务服务器新硬件的操作系统
2001 年 10 月	Windows XP	把消费型操作系统和商业型操作系统融合为统一代码的 Windows，它是第一个既适合家庭用户，同时也适合商业用户使用的新型 Windows
2006 年 11 月	Vista	Windows Vista 增加了很多新功能，尤其在用户界面、安全性和软件驱动集成性上有了很大的改进
2009 年 10 月	Windows 7	下面讲解
2012 年 10 月	Windows 8	引入触控式交互系统

2. Windows 7 的特点

随着微软公司停止对 Windows XP 升级和维护，Windows 7 将成为个人计算机上应用最为广泛的操作系统。Windows 7 是由微软公司开发的具有革命性变化的操作系统。2009年 10 月 22 日正式发布并投入市场，它继承了 Windows XP 的实用与 Windows Vista 的华丽，同时进行了一次升华，旨在使人们的日常电脑操作变得更加简单和快捷，为人们提供高效、易行的工作环境。Windows 7 系统是在 Windows Vista 系统基础之上开发的 PC 机操作系统，面向中国市场主要有家庭普通版、家庭高级版、专业版、企业版和旗舰版等几个不同的版本，每个版本针对不同的用户群体，具有不同的功能。家庭普通版是简易的家庭版，新增了无线应用程序、增强视觉体验、高级网络支持、支持多个显示器等功能，这个版本仅在新兴市场投放，例如中国、印度、巴西等。家庭高级版包含所有桌面增强效果和多媒体功能，适用于喜欢酷炫效果的个人用户使用。专业版增加了管理网络、网络备份和加密文件系统等功能，并且支持 XP 模式，适用于个人和小企业用户。旗舰版则具备家庭高级版和专业版的全部功能，同时又增加了高级安全功能以及在多语言环境下的工作灵活性，它对硬件资源的要求也比较高。

作为基于 Vista 的全新的操作系统，Windows 7 进行了许多改进，主要针对笔记本电脑的特有设计、基于应用服务的设计、用户的个性化、视听娱乐的优化、用户易用性的新引擎等几个方面，新增了许多特色功能。

（1）更易用

Windows 7 做了许多方便用户的设计，如快速最大化、窗口半屏显示、跳转列表、系统故障快速修复等，这些新功能令 Windows 7 成为最易用的 Windows 操作系统。

（2）更快速

Windows 7 大幅缩减了 Windows 的启动时间，据实测，在 2008 年的中低端配置下运行，系统加载时间一般不超过 20 秒，这比 Windows Vista 的 40 余秒相比，是一个很大的进步。

（3）更安全

Windows 7 改进了系统的安全和功能合法性，把数据保护和管理扩展到外围设备。Windows 7 改进了基于角色的计算方案和用户账户管理，在数据保护和坚固协作的固有冲突之间搭建沟通桥梁，同时也开启了企业级的数据保护和权限许可。

（4）更经济

Windows 7 可以帮助企业优化桌面基础设施，具有无缝操作系统、应用程序和数据移植功能，并简化 PC 供应和升级，进一步朝完整的应用程序更新和补丁方面努力。

（5）更简单

Windows 7 使搜索和使用信息更加简单，包括本地、网络和互联网搜索功能，整合了自动化应用程序提交和交叉程序数据透明性。

（6）更好的连接

Windows 7 进一步增强了移动工作能力，无论何时、何地、任何设备都能访问数据和应用程序，开启坚固的特别协作体验，无线连接、管理和安全功能会进一步扩展。令性能和当前功能以及新兴移动硬件得到优化，拓展了多设备同步、管理和数据保护功能。

2.2.2　Windows 7 安装

1. Windows 7 安装系统要求

安装 Windows 7 的过程是要先将 C 盘格式化再开始安装，如果原来使用的是 Windows XP 系统，请注意备份好数据，至少 C 盘的数据要备份到其他盘符。系统盘推荐大于

40GB，软件、资料等尽量别安装在 C 盘，要不然用几天 C 盘就该告急了。推荐的配置如表 2.2 所示。

表 2.2　Windows 7 安装配置

设备名称	基本要求	备注
CPU	2.0GHz 及以上	Windows 7 包括 32 位及 64 位两种版本，如果您希望安装 64 位版本，则需要支持 64 位运算的 CPU 的支持。
内存	1G DDR 及以上	2GB 以上，最好用 4GB
硬盘	40GB 以上可用空间	因为软件等东西可能还要用几 GB
显卡	DirectX 9 或更高版本	显卡支持 DirectX 9 就可以开启 Windows Aero 特效
其他设备	DVD 或 U 盘	安装用

2．Windows 7 安装方法

首先将 Windows 7 安装光盘放入光驱，并将 BIOS 设置为光盘优先启动，启动之后显示器上会以黑色的背景、白色的文字显示"Windows is Loading Files"，代表正在载入文件。载入完成之后会出现滚动条，然后就会进入如图 2.1 所示的界面。

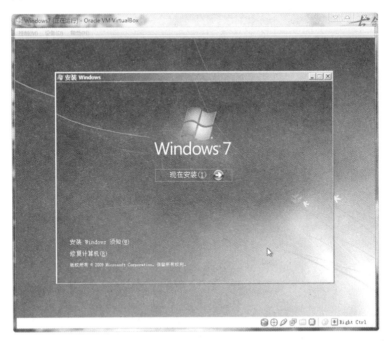

图 2.1　安装界面

之后选择你要安装的语言版本，推荐选择中文简体；接下来选择"我接受许可条款"，单击"下一步"进入操作系统类型选择界面，如图 2.2 所示，注意这一步建议选择"自定义（高级）"，如果你想要安装双系统的话可以选择升级安装，不过最好单独地划分出一个分区。

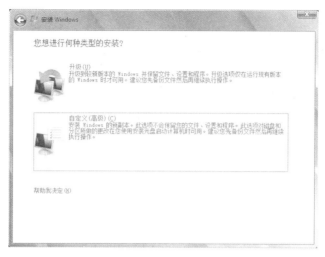

图 2.2　类型选择

　　进行分区、格式化，选择"驱动器选项（高级）"单击"新建"，在下面大小处，输入分区的大小，再点"应用"选中分区，选择"格式化"。后面的过程是全自动的，不需要操作，等待大约半小时，直至系统安装完毕重新启动，系统重新启动后，依次输入用户名、设置密码，设置时间，进入最后的两个步骤了，分别是设置更新类型与时区、时间等，实际上这些步骤进入系统之后都是可以设置的。打开光盘中的 Windows 7 Activation.exe，按照提示进行系统激活后就可以正常使用了。

　　Windows 7 有一个很大的优势就是能识别绝大部分硬件，比如在笔者的笔记本电脑上安装好 Windows 7 操作系统之后，只需另外安装显卡驱动，其他设备都能够完全自动识别并安装好微软提供的兼容性最好的驱动程序。实际上，对于台式机用户来说，绝大部分的显卡 Windows 7 也能识别，也就是说连显卡驱动都不用安装，声卡、网卡等都能够自动识别，这一点比 Windows XP 要好很多，几乎不用安装什么驱动程序。

2.2.3　Windows 7 启动和退出

　　Windows 系统允许多用户同时登录一台计算机，是多用户操作系统。但登录 Windows 的所有用户都可以运行程序。为了方便多用户使用，Windows 7 可以进行用户快速切换，切换时不需要结束当前用户所进行的任何操作。

1. Windows 7 启动

　　依次给显示器和主机通电，Windows 7 系统首先进行开机自检，显示主板、内存、显卡信息后接着引导系统，进入系统启动状态，出现 Windows 欢迎界面后单击需要登录的用户名，然后在用户名下方根据提示输入登录密码就进入 Windows 7 系统工作界面。

2. Windows 7 退出

用户可以通过关机、休眠、锁定、注销、切换用户等操作退出系统。关机是系统退出并且自动关闭计算机电源；休眠是一种低耗能状态，此时会保存会话并关闭计算机，开机后会还原会话；锁定是想暂时离开电脑又不希望别人看到相关信息选择的模式；注销是多用户共同使用一台电脑时关闭当前用户，以使其他用户登录；切换用户是保留当前用户运行状态，其他用户继续使用本台计算机。

计算机的关机与平常家电不同，不是简单的关闭电源，而是需要在系统中进行关机操作。正常关机步骤如下：

（1）单击"开始"按钮，弹出"开始"菜单。

（2）将鼠标移动到"关闭选项"按钮，单击"关机"。

系统就可以自动保存相关信息，系统退出后主机的电源会自动关闭，指示灯灭，这样电脑就安全关闭了，此时将显示器开关关闭即可。休眠、锁定、注销、切换用户的步骤和正常关机类似，只要在第二步"关闭选项"按钮弹出的菜单中选择相应的按钮即可实现。

关机还有一种特殊情况，在用户使用计算机过程中突然出现了"死机"、"黑屏"、"花屏"等情况，无法通过正常方式进行关机，这时用户可以长时间按主机机箱上的电源开关，等主机关闭后再关闭显示器的电源就可以了。

单击"重新启动"按钮，系统将关闭所有打开的程序和文件，安全退出操作系统，并再次重新启动计算机。

单击"取消"按钮，取消关闭计算机操作，返回当前用户界面。

2.3　Windows 7 的基本操作

本节主要介绍 Windows 7 的桌面、菜单、窗口、对话框等基本操作。掌握本节内容可以提高使用计算机的效率。

2.3.1　鼠标和键盘

1. 鼠标的使用

在图形界面操作系统 Windows 环境中，大部分操作都是通过鼠标完成的。因此 Windows 操作离不开鼠标的使用。

鼠标一般有左键和右键。鼠标左键一般用于选定目标；鼠标右键一般用于打开快捷菜单等某些特殊的对象；大多数鼠标在按钮之间还有一个"滚轮"，帮助用户自如地滚动文档和网页。有些鼠标按下滚轮还可以用作第三个按钮。高级鼠标可能有执行其他功能的附加按钮。

进入 Windows 7 桌面之后就会出现一个图标，称为鼠标指针，鼠标指针随着鼠标的移动而同步移动。当鼠标指针指向屏幕的不同位置其形状也会发生变化，此外有些命令也会改变鼠标指针的形状。其形状和含义的对应关系如表 2.3 所示。

表 2.3 鼠标指针形状及其功能

指针形状	功能说明
空心箭头	系统处于就绪状态，用于"单击"、"选择"、"指向"等操作
空心箭头和问号	单击对话框中的问号按钮即可变成该指针形状，此时指向某个对象并单击，可显示关于该对象的说明
空心箭头和沙漏	表示系统正在后台运行
沙漏	表示系统正忙，提示当前操作正在进行，等操作完成后才能进行下一个操作
十字 十	精度定位。例如在应用程序"画图"中表示准备画一个新对象
I 形指针 I	用于选定文本。表明指针当前位置拖动时可选择文本块或在此处输入文本
手	表示链接选择。鼠标指针所在位置是一个超级链接
圆圈	表示不可用。鼠标所在的按钮或某些功能不能使用
水平垂直双向箭头	水平和垂直调整。鼠标处于窗口的边缘处，上下左右拖动鼠标可改变窗口的大小
对角双向箭头	用于沿对角线调整。鼠标处于窗口的四个角上，拖动鼠标可以改变窗口的大小
十字形四向箭头	用于移动窗口等对象
笔形	手写，此处可手写输入

鼠标的操作主要分为以下几种：

（1）移动：不按任何键移动鼠标，鼠标指针将随着鼠标的移动而移动。

（2）指向：移动鼠标使其指针停在某一对象上。

（3）单击：将鼠标指向某一对象，快速按一下鼠标左键或右键。通常情况下，按左键表示为选中对象操作，单击右键（即右击）多为弹出指定对象的快捷菜单。

（4）双击：用鼠标指向某一对象，然后连续快速按两次鼠标左键。

（5）三击：用鼠标指向某一对象，连续快速按三次鼠标键。如果不特殊说明都指鼠标左键。

（6）拖动：鼠标指向对象，按住鼠标左键，然后移动鼠标，将对象拖到某一位置后，松开鼠标左键。

可以通过 Windows 7 控制面板更改鼠标指针的外观，并且可以进行个性化设置使鼠标更易于使用。可以在"轻松访问中心"的"使鼠标更易于使用"页上调整这些设置。通过依次单击"开始"按钮→"控制面板"→"轻松访问"→"轻松访问中心"→"使鼠标更易于使用"，打开"使鼠标更易于使用"页面。

2. 键盘操作

键盘是计算机的标准输入设备，可以输入多种鼠标不能输入的数据，对键盘的熟练操作也是非常重要的，尤其当鼠标发生故障时，掌握键盘的操作是很必要的。此外，掌握一些特殊的按键和快捷键，可以方便快捷地完成日常操作。

键盘上的键可以根据功能划分为键入键、控制键、数字键盘。键入键包括与传统打字机上相同的字母、数字、标点符号和符号键。控制键可单独使用或者与其他键组合使用来执行某些操作。最常用的控制键是"Ctrl"、"Alt"、"Windows"徽标键和"Esc"。功能键用于执行特定任务。功能键标记为"F1"、"F2"、"F3"等，一直到"F12"。这些键的功能因程序而有所不同。导航键用于在文档或网页中移动以及编辑文本。这些键包括箭头键、"Home"、"End"、"Page Up"、"Page Down"、"Delete"和"Insert"。数字键盘便于快速输入数字。这些键位于一个方形区域中，分组放置，有些像常规计算器或加法器。

常用按键及组合键（快捷键）的功能说明如表 2.4 所示。

表 2.4   常用键及其功能

按键	功能
"Esc"	取消当前任务
"Windows"徽标键	打开"开始"菜单
"Alt"+"Tab"	在打开的程序或窗口之间切换
"Alt"+"F4"	关闭活动项目或者退出活动程序
"Ctrl"+"S"	保存当前文件或文档（在大多数程序中有效）
"Ctrl"+"C"	复制选择的项目
"Ctrl"+"X"	剪切选择的项目
"Ctrl"+"V"	粘贴选择的项目
"Ctrl"+"Z"	撤消操作
"Ctrl"+"A"	选择文档或窗口中的所有项目
"F1"	显示程序或 Windows 的帮助
"Windows"徽标键+"F1"	显示 Windows"帮助和支持"
"Esc"	取消当前任务
应用程序键 ▤	在程序中打开与选择相关的命令的菜单。等同于右击选择的项目。

2.3.2 桌面

在启动计算机登陆操作系统后，出现在计算机用户面前的整个屏幕的背景就是桌面，如图 2.3 所示，它是系统的屏幕工作区。用户完成的各种操作都是在桌面上进行的，它包括桌面背景、桌面图标、"开始"按钮和"任务栏"等四部分。每个部分又包含若干个单元。桌面如办公桌一样，可以存放各种用品。用户对这些放置的用品可根据需要增加或删除，

图 2.3　桌面

还可以根据需要对用品的摆放形式进行排列和整理。

1. 桌面背景

桌面背景是操作系统的背景图案，又叫桌布或者墙纸，用户可以根据自己的爱好和心情更改桌面背景图案。可以是个人收集的数字图片、Windows 提供的图片、纯色或带有颜色框架的图片。可以选择一个图像作为桌面背景，也可以显示幻灯片图片。

更改桌面背景步骤如下：

（1）通过单击"开始"按钮 ，打开"控制面板"，选择"个性化"，单击"桌面背景"；或者在搜索框中，键入"更改桌面背景"，然后单击"更改桌面背景"。

（2）单击要用于桌面背景的图片或颜色。

如果要使用的图片不在桌面背景图片列表中，请单击"图片位置"列表中的选项查看其他类别，或单击"浏览"搜索计算机上的图片。找到所需的图片后，双击该图片。它将成为桌面背景。

（3）单击"图片位置"下的箭头，选择对图片进行裁剪以使其全屏显示、使图片适合屏幕大小、拉伸图片以适合屏幕大小、平铺图片还是使图片在屏幕上居中显示，然后单击"保存更改"。

可以使用一系列不停变换的图片作为桌面背景。可以使用自己的图片，也可以使用Windows 作为某个主题的一部分提供的图片。具体做法是在"更改桌面背景"界面上，通过浏览选择图片所在的文件夹，选一个图片多的位置，按住"Ctrl+ 鼠标左键"，选中想要的图片就可以，最后设置图片的更换时间。

2. 图标

图标是操作系统中各种项目的图形标识。每个图标代表一个对象，这些图标有些是系统提供的，有些是用户设定添加的。刚装完系统，进入 Windows 以后，桌面上的图标主要是系统图标，计算机用户可以根据需要自己添加或删除桌面其他图标。

（1）图标分类

图标通常分为系统图标、快捷方式图标、文件夹图标、应用程序图标等等。

① 系统图标，是在启动 Windows 后自动加载到桌面上的图标。如计算机、我的文档、回收站、Internet Explorer 浏览器等。

"计算机"代表用户正在使用的计算机，本身是一个文件夹。用户通过"计算机"可以访问本机上的所有资源。

"我的文档"是一个特殊的文件夹。它是系统为用户预先设置好的，是为用户提供一个对文档、图片和其他文件的默认存储位置。

"回收站"是一个文件夹，是硬盘中的一个区域，用于存放用户删除的文件和文件夹。

"Internet Explorer 浏览器"简称为 IE 浏览器。通过它可以访问 Internet 网。

② 快捷图标，是一个连接对象的图标，它不是对象的本身而是指向这个对象的指针，可以代表某个应用程序、文件或文件夹。双击图标即可快速地打开与其链接的对应项。用户也可以根据需要随时增加或删除快捷图标，删除快捷图标不影响所链接的对象。

③ 文件夹图标，文件夹通常用🗁图形表示，双击文件夹图标就会打开下一层文件夹或文件列表。

④ 应用程序图标，对应某个程序的应用程序，双击应用程序图标即可打开对应的应用程序，但删除应用程序图标不代表卸载该应用程序，卸载应用程序需用相应的卸载程序。

（2）图标操作

下面以桌面图标为例讲解对图标的排列、删除、更改以及创建快捷图标等基本操作。

① 排列桌面图标，用户可以根据自己的需要对桌面图标进行排列，排列的方式主要有两种方式，一种方式是通过桌面快捷菜单排列图标，具体的方法是：右击桌面的空白处，打开快捷菜单，如图 2.4 所示，选择"查看"可以设置图标大小、自动排列图标、显示桌面图标等选项；选择"排列方式"，可以根据"名称"、"大小"、"项目类型"等进行排列，如图 2.5 所示。当不选择"自动排列"时可以对图标进行拖动，移动到用户需要的位置。

② 添加或删除快捷图标，右击目标文件，选择"创建快捷方式"之后就可以把快捷方式复制到桌面上了。添加到桌面的大多数图标是快捷方式，也可以将文件或文件夹保存到桌面。如果删除快捷方式，则会将快捷方式从桌面删除，但不会删除快捷方式链接到的文件、程序或位置。如果删除存储在桌面的文件或文件夹，它们会被移动到"回收站"中，可以在"回收站"中将它们永久删除。

图 2.4　桌面图标查看　　　　　　　图 2.5　桌面图标排列

3. 任务栏

任务栏是位于屏幕底部的水平长条。与桌面不同的是，桌面可以被打开的窗口覆盖，而任务栏几乎始终可见。它有三个主要部分：程序按钮区、通知区域和"显示桌面"按钮，如图 2.6 所示。

图 2.6　任务栏

（1）程序按钮区

程序按钮区主要显示已打开的程序和文件，并可以在它们之间进行快速切换。用户启动一个应用程序，系统就在任务栏上设一个应用程序按钮，通过它可以进行应用程序间和窗口间的切换。

Windows 7 任务栏还增加了 Aero Peek 新窗口预览功能，用鼠标指向任务栏图标，可预览已打开文件或者程序的缩略图，单击缩略图就可以打开相应的窗口。

（2）通知区域

通知区域位于任务栏的右端，除了放置着计算机系统正在进行工作的小图标，还有音量、输入法、日期、时间、网络和操作中心图标等，此外还有其他活动和紧急通知的图标，如打印机图标、网络连接图标等。将鼠标指向特定图标，会看到该图标的名称或者某个设置状态。

（3）"显示桌面"按钮

在 Windows 7 系统"任务栏"最右侧增加了常用的"显示桌面"按钮，方便查找桌面文件内容。单击这个按钮可快速地将所有已打开的窗口最小化，如果希望恢复显示这些已打开的窗口，只要再次单击"显示桌面"按钮就可以了。

4. "开始"菜单

"开始"菜单存放操作系统或设置系统的绝大多数命令,是"设置的主门户"计算机程序,而且还可以使用安装到当前系统里面的所有的程序。"开始"菜单是 Windows 系列操作系统图形用户界面的基本部分,是操作系统的中央控制区域。在默认状态下,"开始"菜单位于屏幕的左下方,如图 2.7 所示。使用"开始"菜单可以启动程序、打开常用的文件夹、搜索文件、文件夹和程序、调整计算机设置,并且可以获取有关 Windows 操作系统的帮助信息。

图 2.7 "开始"菜单

（1）自定义"开始"菜单

组织"开始"菜单使您更易于查找喜欢的程序和文件夹。

（2）清理"开始"菜单和任务栏上的列表

Windows 会保存您打开的程序、文件、文件夹和网站的历史记录,并在"开始"菜单以及"开始"菜单和任务栏上的跳转列表（Jump List）中显示这些历史记录。

您可以选择定期清除该历史记录,清除"开始"菜单和跳转列表（Jump List）中的项目不会从计算机中删除这些项目,任何已锁定的项目仍然锁定。

清除列表的步骤如下:

① 通过依次单击"开始"按钮●→"控制面板"→"外观和个性化",然后单击"任务栏和开始菜单",打开"任务栏和开始菜单属性"。如图 2.8 所示。

② 单击"开始菜单"选项卡,然后执行以下操作之一:

· 若要阻止最近打开的程序出现在"开始"菜单中,请清除"存储并显示最近在开始菜单中打开的程序"复选框。

· 若要清除任务栏和"开始"菜单上"跳转列表（Jump List）"中最近打开的文件,请清除"存储并显示最近在开始菜单和任务栏中打开的项目"复选框。

③ 单击"确定"。

若要再次开始显示最近打开的程序和文件，请选中这些复选框，然后单击"确定"。

可以将程序快捷方式附到"开始"菜单的顶部，以便快速方便地打开这些程序。要将程序附到"开始"菜单，首先单击"开始"，查找需要附到"开始"菜单的顶部程序，右击该程序，然后选择"附到开始菜单"。该程序的图标将出现在"开始"菜单的顶部。

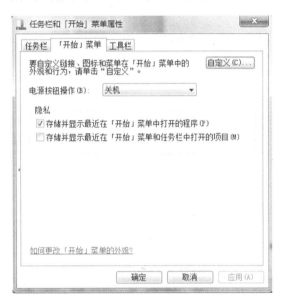

图 2.8　任务栏和"开始"菜单属性

2.3.3　窗口

当打开程序、文件或文件夹时，它都会在屏幕上称为窗口的框或框架中显示，窗口是 Windows 7 环境的基本对象，窗口分为文件夹窗口、应用程序窗口和文档窗口，它们的共同点是窗口始终显示在桌面上，并且大多数窗口都有相同的基本组成部分。

1. 窗口的组成

窗口的组成元素基本相同，如图 2.9 所示，主要由控制按钮区、搜索栏、地址栏、菜单栏、工具栏、导航窗格、导航窗口、状态栏、工作区等部分组成。

（1）控制按钮区

在控制按钮区有三个窗口控制按钮，分别是最大化、最小化和关闭按钮，单击按钮可以将窗口满屏显示、隐藏窗口和将窗口关闭。

（2）地址栏

显示文件和文件夹所在的路径，通过它可以访问网络资源，在地址栏中输入路径或网址，回车后可以打开该文件夹或网络资源。

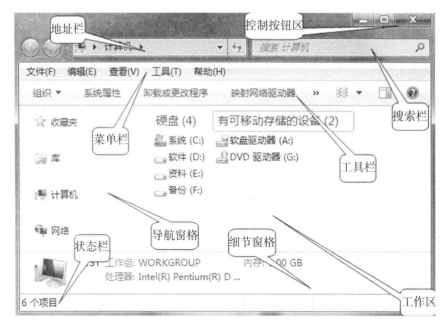

图 2.9　窗口组成

（3）搜索栏

将要查找的目标名称输入到搜索栏文本框中，然后回车后即可实现搜索功能，此处只能搜索当前窗口范围内的目标。可以添加搜索筛选器，以便能更准确、更快速地搜索到所需要的内容。

（4）标题栏

标题栏左端为控制图标和窗口的名称，右端一般为最小化、最大化和关闭按钮。标题栏主要用于显示应用程序、文档、文件等名称，用于区分不同的窗口。当打开多个窗口时，活动窗口标题栏为深蓝色，而其他窗口的标题栏呈灰色。

（5）菜单栏

菜单栏可以分为快捷菜单和下拉菜单。每个菜单项包含了一系列菜单命令，单击菜单项打开下拉菜单项，选择相应的菜单命令。

（6）工具栏

工具栏位于菜单栏的下方，包含常用工具命令按钮，通过鼠标单击相应的按钮即可执行相应的命令，让用户可以方便地使用这些形象化工具。

（7）导航窗格

导航窗格位于工作区的左边区域。与以往的 Windows 系统版本不同。在 Windows 7 操作系统中导航窗格一般包含"收藏夹"、"库"、"计算机"、"网络"等四个部分，单击就可以打开相应的窗口，方便用户随时准确地查找相关内容。

（8）工作区

工作区位于窗口右侧，显示窗口操作对象和操作结果，在文档或应用程序窗口中称为正文区。当窗口显示内容无法在一个屏幕上显示时，在右侧或下侧有滚动条，滚动条分为垂直滚动条和水平滚动条，鼠标拖动滚动条可以改变窗口显示区。

（9）细节窗格

细节窗格位于窗口的下方，用来显示选中对象的详细信息。当用户不需要显示详细信息时，可以将细节窗格隐藏起来：单击"工具"上的"组织"按钮，从弹出的下拉列表中选择"布局"→"细节窗口"菜单就可以了。

（10）状态栏

状态栏位于窗口下方，显示窗口当前状态，并根据用户当前的操作给出相应的信息。

2. 窗口的基本操作

窗口的基本操作主要包括：打开窗口、关闭窗口、改变窗口大小、移动窗口、排列窗口和切换窗口等操作。

（1）打开窗口

打开窗口是指运行某个应用程序或打开某个文件夹。打开窗口的方法有：

① 右击图标选择"打开"或者双击打开对象的图标。

② 利用"计算机"和"资源管理器"的"文件"菜单中的"打开"命令启动。

（2）关闭窗口

窗口不再使用时，将其关闭可以节省系统资源。关闭窗口的方法有：

① 单击关闭按钮　 X 　。

② 单击"文件"菜单选择"关闭"选项。

（3）改变窗口大小

可以通过"最小化"按钮、"最大化"按钮、"还原"按钮和手动调整来改变窗口大小。手动调节窗口大小主要是用鼠标拖动窗口边框的方式来上下、左右任意的调整窗口的大小。单击"最小化"按钮将窗口缩小成任务栏中一个应用程序按钮；单击窗口标题栏右端的最大化按钮，窗口即可最大化，此时最大化按钮变成还原按钮，如果再单击还原按钮，窗口又可还原，还原按钮又变成最大化按钮。

（4）移动窗口

将鼠标指向窗口的标题栏，按住鼠标左键，移动鼠标到合适的位置后松开，则窗口将移动到新的位置。

（5）排列窗口

当桌面上窗口打开过多时，可以采用层叠、堆叠、并排三种方式之一来排列打开的窗口。层叠方式是在一个按扇形展开的堆栈中放置窗口；堆叠是在一个或多个垂直堆栈中放置窗口；并排方式是将每个窗口放置在桌面上，这样可以看到所有窗口。

（6）切换窗口

用户虽然可以同时打开多个窗口，但是活动的窗口只有一个，用户需要在不同的窗口之间进行切换，在 Windows 7 中可以通过"Alt"+"Tab"组合键完成。进行切换时会在桌面中间显示预览小窗口，桌面也会即时切换显示窗口。具体步骤如下：

① 按下"Alt"+"Tab"组合键弹出预览小窗口，显示窗口缩略图的图标方块；

② 按住"Alt"键不放，再按下"Tab"键逐一挑选窗口图标，选择需要的窗口图标后释放就可以打开相应窗口。

3. 对话框

可以把对话框看作一种特殊的窗口，它比一般窗口更加简洁直观，主要用于用户和应用程序之间进行信息交互，用户可以根据需要进行设置。一般对话框由标题栏、选项卡、组合框、文本框、下拉列表框、命令按钮、单选钮、复选框等组成，如图 2.10 所示。

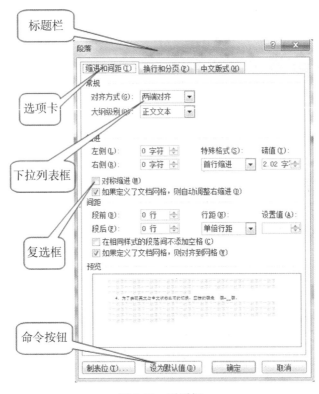

图 2.10　对话框

（1）标题栏

标题栏位于对话框的最上方，标题栏的右端是"帮助"按钮和"关闭"按钮，没有最大化和最小化按钮。

（2）选项卡

标题栏下方就是选项卡，也称标签。每个对话框有多个选项卡，用户可以在不同选项卡之间切换来查看和设置相应的信息。单击某一个选项卡后，该选项卡呈现向外突出状，代表当前正在使用的标签。

（3）组合框

选项卡中通常会有不同的组合框，用户可以在这些组合框中完成需要的操作。

（4）文本框

文本框也称编辑框，用户可以输入新的文本信息或者更改原有的信息。在 Windows 7 中文本框具有自动记忆功能，用户在文本框内单击鼠标插入光标后就可以输入文字。

（5）命令按钮

命令按钮一般为对话框中突出的矩形区域，单击此按钮表示执行相应的操作。

（6）下拉列表框

与列表框相似，初始时显示的是当前列表项，单击右侧的按钮弹出一个列表框，通过鼠标单击选择所需的列表项。

（7）单选按钮

一组单选按钮中同时只能有一个被选中。圆圈中有黑点表示为选中。

（8）复选框

复选框相当一个开关，可以选取多项。单击复选框后，框内带有"√"，表示该项被选中；再次单击，框内为空，表示取消该选项。

2.3.4　菜单组成与操作

Windows 7 以菜单的形式给出各种命令，因此菜单是由多个命令按照类别集合在一起构成的，其他程序都将很多命令存放在菜单中。

Windows 7 将菜单统一放在窗口的菜单栏中，选择菜单栏的某个菜单就可以弹出下拉菜单。用户使用鼠标和键盘选中某个菜单选项，相当于输入并且执行该项命令。在 Windows 7 中菜单主要有两种，一种是普通菜单，即下拉菜单，位于应用程序窗口标题下方的菜单栏，均采用下拉式菜单方式；第二种是右键快捷菜单，只要在文件、文件夹、桌面空白处、窗口空白处、任务栏空白处等区域右击，通常会打开一个上下文相关的弹出式菜单，其中包含对选中对象的一些操作命令，根据提示就可以完成相关操作。无论哪种菜单都具有统一的符号规定，其含义如表 2.5 所示。

表 2.5　菜单选项的有关含义

菜单选项	含义
后带省略号 "…"	选择该菜单会弹出一个对话框，要求用户输入信息
前带 "√"	选择标记，复选项命令，改变它不影响其他选项的选择，选项前有此标记该选项有效，再选一次，标记消失该选项无效
前带 "·"	选择标记，单选项命令，在分组菜单中，有且只有一个选项带有 "·"。选项之前出现 "·" 标记，表示选项被选中
后带 "▶"	表明这个菜单还有级联子菜单
灰色菜单项标识	表示此菜单选项无法使用

2.3.5　帮助系统

Windows 7 的帮助是内置到系统中的，不需要联网也可以打开。单击"开始"按钮，就可以找到 Windows 7 的"帮助和支持"，单击打开"Windows 帮助和支持"窗口，如图 2.11 所示。

在"Windows 帮助和支持"窗口，可以单击"浏览帮助主题"按照问题的类别进行查找，如图 2.12 所示。如果不能确定自己的问题属于哪一类，也可以通过搜索关键词来查找相关帮助。尽可能输入比较简化的关键词，帮助系统一般会列出较多的搜索结果，我们可以根据自己的需要进行筛选，找出最适合自己的答案。

图 2.11　Windows 帮助和支持窗口

图 2.12　浏览帮助

使用 Windows 帮助和支持来解决系统问题还有一个好处，就是当帮助文档中提到需要打开系统中的某个设置或窗口时，通常都会在文档中直接给出转向该设置窗口的链接，单击就可以直奔主题。当帮助内容中提到一些 Windows 7 专属名词时，也会给出相关的定义或解释，相当于"帮助的帮助"，通过阅读这些定义，可以更好地理解文档内容，以便更快地解决问题。

2.4 文件和文件夹的管理

本节主要介绍 Windows 7 文件系统，包括文件与文件夹的操作和管理、资源管理器和回收站的使用和设置。

2.4.1 文件和文件夹概述

在计算机系统中，各种软件资源和数据都是以文件的形式存储在磁盘上的，文件存放在文件夹中，用户对计算机的数据操作是通过对文件或文件夹的操作实现的。

1. 文件

文件是以一定方式存储的相关信息的集合，所有的程序和数据都以文件的形式存放在计算机的外存储器上，文件是操作系统最基本的存储单位。在计算机上，文件用图标表示。这样便于通过查看其图标来识别文件类型。

在操作系统中，为了区分不同的文件，每个文件都有一个文件名。文件名的格式一般为"主文件名 . 扩展名"。例如"新建文本文档 .txt"，其中"新建文本文档"为主文件名，"txt"为文件扩展名。主文件名由用户建立。文件扩展名是一组字符，这组字符有助于 Windows 理解文件中的信息类型以及应使用何种程序打开这种文件。扩展名标志文件的类型，用户可以根据扩展名识别文件类型，多数文件建立或保存时，应用程序都会自动添加默认的扩展名。

文件名命名规则：

（1）文件名中不可以使用下列任何一种字符：\ / ? : * " > < |。

（2）可以用汉字，一个汉字占两个英文字符位置。

（3）不区分大小写，如 FILE1.DAT 和 file1.dat 是一个文件。

（4）可以使用多分隔符的名字，如 photo.bmp.zip。

文件的种类很多，运行方式各不相同，在扩展名隐藏的情况，我们可以通过图标辨别出文件的类型，只有安装了相关的软件才会显示正确的图标。一般常用文件类型和扩展名的对应关系如表 2.6 所示。

表 2.6　常用文件类型与扩展名的对应关系

扩展名	文件类型
BMP，GIF	位图文件
DOC，DOCX（Word 2007）	Word 文件
COM，EXE	命令文件
AVI，RM	影像文件
WAV，MP3，MID	声音文件
ZIP，RAR	压缩文件
TXT	文本文件
HTMI	Web 页文件

2. 文件夹

文件夹是 Windows 管理和组织计算机上文件的基本手段，是用于存放文件和程序的容器。文件夹名的命名规则与文件名相同，只是文件夹没有扩展名。

根据文件夹的性质可将其分为标准文件夹和特殊文件夹。标准文件夹用于存放用户常用的文件和文件夹，标准文件夹被打开会以窗口的形式出现在屏幕上，关闭后会收缩为一个文件夹图标。特殊文件夹是 Windows 所支持的另一种文件夹格式，实质上就是一种应用程序，例如 "控制面板"、"打印机"、"网络" 等。特殊文件夹是不能存放文件和文件夹的，但是可以查看和管理其中的内容。

2.4.2　文件和文件夹的基本操作

文件和文件夹的基本操作主要包括文件和文件夹的建立、选取、重新命名、打开、复制、删除及属性的设置等。

1. 文件和文件夹的建立

（1）文件的建立

文件的建立主要分为两种情况：一种情况是在某个应用程序中完成相应的文本编辑后通过存盘来完成文件的新建。例如，打开 "Word 2010" 程序，输入一段文字后存盘，则会自动创建一个新的 Word 文档。另外一种情况是直接建立新的文件，用户在窗口工作区的空白处右击，在弹出的快捷菜单中选择 "新建" 菜单项，在其子菜单中选择新建的文件的类型后，如图 2.13 所示，此时，用户会在当前窗口中看到一个新建的文件，文件名的文本框为编辑状态，用户可以输入新的文件名，也可以用默认的文件名，确定文件名之后，按 "Enter" 键或鼠标单击窗口的空白处，即新建完一个文件。

用户也可以通过菜单栏中的 "文件" 菜单下 "新建" 菜单项新建文件，如图 2.14 所示，具体步骤同上。

图 2.13　新建文件

图 2.14　菜单新建

无论哪种方法新建一个文件都要确定文件的三要素：主文件名、扩展名和存储位置。

（2）文件夹的建立

新建文件夹的方法与新建文件的第二种情况基本相同，只是在"新建"的子菜单中选择"文件夹"菜单项，其他步骤与新建文件相同。

2. 文件和文件夹的选取

进行文件或文件夹复制、重命名等其他操作之前首先要选取文件或文件夹。可以选择单个文件、连续的多个文件、全部文件等，有多种方式进行选择。

单击待选的文件或文件夹，可以选择单个文件或文件夹。文件和文件夹的连续顺序是从左到右、从上到下。选择多个连续的文件或文件夹的方法是：首先单击第一个文件或文件夹，然后按住"Shift"键不放开，再单击最后一个文件或文件夹。选矩形区中的连续文件或文件夹方法是首先在要选择的矩形区的左上角拖动鼠标左键至矩形区域的右下角，拖出一个矩形区，这个矩形区中的所有对象都被选中。选择不连续的文件或文件夹的方法是：单击一个文件或一个文件夹之后，按住"Ctrl"键不放开，然后用鼠标分别依次单击剩余要选的文件或文件夹可以选多个不连续的文件或文件夹。选择全部文件的方法是：按"Ctrl"+"A"键。

3. 文件和文件夹的重命名

　　重命名可更改原有文件或文件夹的名字。对文件或文件夹重命名有以下方法：

　　（1）选中需要重命名的文件或文件夹，右击，在弹出的快捷菜单中选择"重命名"菜单项，然后在文件或文件夹名的文本框中输入新的名字。

　　（2）选中需要重命名的文件或文件夹，单击菜单栏的"文件"→"重命名"，然后在文件或文件夹名的文本框中输入新的名字。

　　（3）用鼠标双击需要重命名的文件或文件夹名的文本框，然后在文件或文件夹名的文本框中输入新的名字。

4. 文件和文件夹的删除和恢复

　　当文件或文件夹不满足用户需要时，用户可以删除文件或文件夹。用户选中要删除的文件或文件夹后，可采取下列方法之一删除文件或文件夹。

　　（1）在菜单栏中选"文件"菜单下的"删除"选项。

　　（2）右击文件，在打开的快捷菜单中选择"删除"。

　　（3）按"Delete"键。

　　为了避免用户的误操作，对硬盘中的对象删除时，系统把删除的对象放到了回收站。若用户已确定要删除的对象，想要直接从硬盘上删除不放入回收站，可在选定对象之后按"Shift"+"Delete"键进行删除。

　　如错误将一些文件或文件夹删除后，只要没有将其彻底删除，就可以从回收站中选择该文件，右击选择"还原"进行恢复。

5. 文件和文件夹的打开

　　对应程序文件来说，打开文件就是执行该程序；对于文档文件来说，打开文件则是进入阅读或编辑状态。用户打开文件或文件夹，可以采取以下方法之一：

　　（1）鼠标双击需要打开的文件或文件夹。

　　（2）选中待打开的文件或文件夹，右击，在快捷菜单中选择"打开"。

6. 文件和文件夹的复制、剪切、粘贴、移动

复制是不改变所选对象的位置将选中的对象复制到剪贴板中。剪切是将选中的对象放入剪贴板中，并且删除这个对象。粘贴是将剪贴板中的内容粘贴到指定位置。

文件和文件夹的复制和移动操作基本相同，具体操作方法如下：

（1）用鼠标拖拽实现文件或文件夹的复制、移动

首先选中需要复制或移动的文件或文件夹，用鼠标拖拽该文件或文件夹到目标文件夹即可实现复制或移动。源文件或文件夹与目标文件夹在相同磁盘中，鼠标拖拽实现的是文件或文件夹的剪切；源文件或文件夹与目标文件夹在不同磁盘中，鼠标拖拽实现的是文件或文件夹的复制。

（2）用快捷菜单实现文件或文件夹的复制、移动

需要两步完成。首先右击源文件或文件夹，在快捷菜单中选择"复制"选项即完成复制；右击源文件或文件夹，在弹出的快捷菜单中选择"剪切"就完成移动；移动、复制操作完成后，用户在需要复制或移动的目标位置处右击，在弹出的快捷菜单中选择"粘贴"。系统就会将文件或文件夹复制或移动到这个位置上。

7. 文件和文件夹的搜索

为了在计算机中迅速地找到需要的文件，Windows 7 操作系统提供了查找文件和文件夹的多种方法。

（1）使用"开始"菜单的搜索框

单击"开始"按钮弹出"开始"菜单，在"开始搜索"的文本框中输入需要搜索的内容，按回车键就开始进行搜索了。

（2）使用文件夹或库中的搜索

用户如果知道所查找的文件位于某个文件夹或库中。可以使用窗口顶部的"搜索"文本框搜索。它根据输入的文本筛选当前文件夹，并且可以设置文件的日期或者大小等条件进行搜索。

2.4.3　资源管理器

资源管理器是 Windows 7 的重要组成部分，可以采用以下任何方式打开 Windows 7 资源管理器。

（1）在桌面双击"计算机"图标打开资源管理器；

（2）"Windows"+"E"快捷键打开；

（3）在"开始"菜单中单击右边的"计算机"打开；

（4）右击"开始"按钮，在右键菜单中选择"打开 Windows 资源管理器"。

资源管理器启动后出现如图 2.15 所示的窗口，它是典型的 Windows 7 窗口，由导航

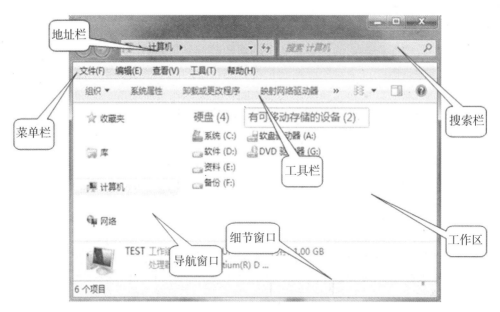

图 2.15　资源管理器

窗格、工作区、预览窗格、细节窗格等区域组成。使用导航窗格可以访问库、文件夹以及整个硬盘。使用"收藏夹"部分可以打开最常用文件夹和搜索；使用"库"部分可以访问库。还可以展开"计算机"文件夹浏览文件夹和子文件夹。

1. 收藏夹

收藏夹收录了可能要经常访问的位置，系统默认有"下载"、"桌面"、"最近访问的位置"。"下载"是指向网络下载时的默认存档位置；"桌面"指向桌面快捷方式；"最近访问的位置"是用户最近访问过的文件或文件夹位置。将文件夹拖向收藏夹就可以向收藏夹中添加快捷方式，右击收藏夹里的项目选择"删除"就可以删除收藏夹中的快捷方式。

2. 库

Windows 7 引入了一种新方法来管理 Windows 资源管理器中的文件和文件夹，这种方法称为"库"。库可以收集不同位置的文件，并将其显示为一个集合，而无需从其存储位置移动这些文件，库实际上不存储项目。它们监视项目所在的文件夹，并允许您通过不同的方式来访问和排列项目。可以采用在文件夹中浏览文件的方式来浏览您的文件。在某种程度上，库类似于文件夹。例如，打开库时，您将看到一个或多个文件。总之，与文件夹主要区别在于库可以收集存储在多个位置的文件，库并不是实际存储项目。

在 Windows 7 操作系统中，默认库有文档、音乐、图片和视频等，如果意外删除了其中的一个默认库，则可以在导航窗格中右击"库"，然后单击"还原默认库"，从而将其还原为原始状态。可以使用与在文件夹中浏览文件相同的方式浏览文件，并且可以新建库、在库中添加文件和文件夹。

新建库的步骤如下：

（1）单击左窗格中的"库"。

（2）在"库"中的工具栏上，单击"新建库"。

（3）键入库的名称，然后按"Enter"键。

将文件夹添加到现有库中的步骤如下：

（1）在"资源管理器"中，选定文件夹。

（2）单击工具栏上"包含到库中"，再单击某个库，如图2.16所示。

图2.16　库

删除库中的文件夹

（1）从库中删除文件夹时，不会从原始位置中删除该文件夹及其内容。

（2）在"资源管理器"中在库窗格（文件列表上方）中，右击要删除的文件夹，选择"从库中删除位置"。

3. 浏览文件和文件夹

在导航窗格中的文件夹图标前大部分带有▷按钮，表明该文件夹中含有下一级子文件夹，单击▷按钮可以展开文件夹，▷变成◢，该文件夹的下一级文件夹展开并且显示出来，单击◢按钮则可将展开的内容折叠起来。用户也可以双击文件夹的名称或图标，展开或折叠一层文件夹。导航窗格与工作区等其他部分是联动的，左窗格选定一个对象后，在工作区中显示其中包含的文件或文件夹，预览窗格显示文件的预览，细分窗格显示文件的属性。单击"计算机"就可以浏览文件和文件夹了。

2.4.4　回收站

回收站是一个特殊的文件夹，主要存放用户临时删除的文档资料，默认在每个硬盘分区根目录下的 RECYCLER 文件夹中，是隐藏的。当你将文件删除并移到回收站后，实质上就是把它放到了这个文件夹，仍然占用磁盘的空间。只有在回收站里删除它或清空回收站才能使文件真正地删除，释放所占用的磁盘空间。若要永久删除文件而不是先将其移至回收站，请选择该文件，然后按"Shift"+"Delete"键。如果从网络文件夹或 USB 闪存驱动器删除文件或文件夹，则可能会永久删除该文件或文件夹，而不是将其存储在回收站中。

若要将文件从计算机上永久删除并回收它们所占用的所有硬盘空间，需要从回收站中删除这些文件。可以删除回收站中的单个文件或多个文件，如果希望删除所有文件，在工具栏上单击"清空回收站"，然后单击"是"，就可以一次性清空回收站。

在桌面上，右击"回收站"，然后单击"属性"，对话框如图 2.17 所示。如果您想将回收站作为安全屏障，在其中保留所有删除的文件，则可以增加回收站的最大存储大小。在"回收站位置"下，单击要更改的回收站位置，例如驱动器 C，之后单击"自定义大小"，然后在"最大大小（MB）"框中，输入回收站的最大存储大小（以兆字节为单位）。单击"确定"就可以实现。

图 2.17　"回收站属性"对话框

单击"不将文件移到回收站中。移除文件后立即将其删除。"单选框后，删除文件操作将永久删除文件而不是将其移入回收站，对于大多数用户不建议使用此选项。

　　如果不希望在每次将文件或文件夹发送到回收站时都收到消息，可以选择不接收此类消息。单击"显示删除确认对话框"复选框。

2.5　磁盘管理

　　磁盘管理是操作系统重要的组成部分。本节主要介绍磁盘文件系统、磁盘属性、磁盘基本操作和磁盘工具等四部分内容。

2.5.1　磁盘文件系统

　　文件系统是指在硬盘上组织、存储和命名文件的结构。Windows 7 系统全部可以使用NTFS 格式。NTFS 是微软 Windows NT 内核的系列操作系统支持的、一个特别为网络和磁盘配额、文件加密等管理安全特性设计的磁盘格式。支持大容量硬盘，并且磁盘分配单元非常小，从而减少了磁盘碎片的产生。NTFS 支持文件加密管理功能，可为用户提供更高层次的安全保证。它能对用户的操作进行记录，通过对用户权限进行非常严格的限制，使每个用户只能按照系统赋予的权限进行操作，充分保护了系统与数据的安全。DOS、Windows 95 都使用 FAT16 文件系统，它最大可以管理 2GB 的分区，Windows 98/2000/XP 等系统都支持 FAT16 文件系统。FAT32 从 Windows 98 开始流行。它是 FAT16 的增强版本，可以支持大到 2TB（2048GB）的分区，有效地节约了硬盘空间。

2.5.2　磁盘属性

　　用户需要将经常使用的文件存放到磁盘里，这就需要知道磁盘的使用情况和相关信息，进行磁盘维护操作等。在"我的电脑"或"资源管理器"中指向待查看的磁盘图标后，右击，在打开的快捷菜单中选择属性，打开如图 2.18 所示的"磁盘属性"对话框。

　　在对话框的"常规"选项卡中，用户可以看到磁盘的卷标、磁盘的类型、文件系统、已用空间、可用空间、容量等信息，也可以在卷标的文本框内更改磁盘的名称。

　　在对话框的"工具"选项卡中，用户可以单击"开始检查"按钮对磁盘进行维护操作，可以检测磁盘中的错误。单击"开始整理"按钮，可以对磁盘进行碎片整理，如图 2.20 所示。

　　在对话框的"共享"选项卡中，选择"共享该文件夹"单选按钮后，用户可以更改该磁盘在网络上的共享名，如图 2.19 所示，单击"权限"按钮，选择对更改用户组的访问权限进行设置。

图 2.18　磁盘属性

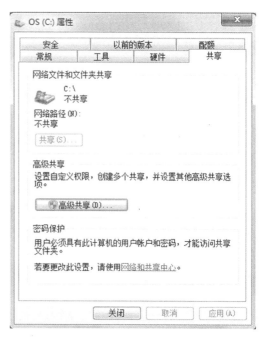

图 2.19　磁盘共享

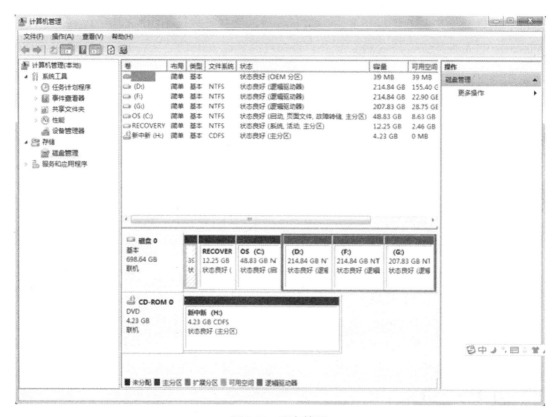

图 2.20　磁盘管理

2.5.3　磁盘基本操作

1. 创建和格式化新分区

在硬盘上创建分区，必须以管理员身份登录，并且硬盘上必须有未分配的磁盘空间或者在硬盘上的扩展分区内必须有可用空间，具体步骤如下：

（1）右击"计算机管理"。

（2）在左窗格中的"存储"下面，单击"磁盘管理"，如图2.20所示。

（3）右击硬盘上未分配的区域，然后单击"新建简单卷"。

（4）在"新建简单卷向导"中，单击"下一步"。

（5）键入要创建的卷的大小（MB）或接受最大默认大小，然后单击"下一步"。

（6）接受默认驱动器号或选择其他驱动器号以标识分区，然后单击"下一步"，分区完成。

2. 格式化现有分区

格式化卷将会破坏分区上的所有数据，确保备份所有要保存的数据后才可开始操作。格式化现有分区步骤如下：

（1）右击"计算机"→"管理"。

（2）在左窗格中的"存储"下面，单击"磁盘管理"。

（3）右击要格式化的卷，然后单击"格式化"。

若要使用默认设置格式化卷，请在"格式化"对话框中，单击"确定"，然后再次单击"确定"。"快速格式化"是一种格式化选项，它能够在硬盘上创建新文件表，但不会完全覆盖或擦除磁盘。快速格式化比普通格式化快得多，后者会完全擦除硬盘上现有的所有数据。

3. 删除硬盘分区

必须以管理员身份进行登录，才能执行这些步骤。删除硬盘分区或卷（术语"分区"和"卷"通常互换使用）时，也就创建了可用于创建新分区的空白空间。如果硬盘当前设置为单个分区，则不能将其删除。也不能删除系统分区、引导分区或任何包含虚拟内存分页文件的分区，因为Windows需要此信息才能正确启动。

删除硬盘分区具体步骤如下：

（1）右击"计算机"→"管理"。

（2）在左窗格中的"存储"下面，单击"磁盘管理"。

（3）右击要删除的分区，然后单击"删除卷"。

（4）选择删除后一般就会有一个提示，选择"是"即可。

当然有时无法删除是因为这个磁盘里的一些文件你正在使用，如果出现这种问题最好是把打开的程序或文件都关掉，或者直接重新启动电脑即可。

2.5.4　磁盘管理工具

1. 驱动器查错

通过检查一个或多个驱动器是否存在错误可以解决一些计算机问题。例如，可以通过检查计算机的主硬盘来解决一些性能问题；或者当外部硬盘驱动器不能正常工作时，可以检查该外部硬盘驱动器。

（1）通过单击"开始"按钮→"计算机"，打开"计算机"窗口。

（2）右击要检查的驱动器，然后单击"属性"。

（3）单击"工具"选项卡，然后在"查错"下，单击"开始检查"，如图 2.21 所示。

（4）在弹出的窗口中单击"开始"就可以了，如图 2.22 所示。

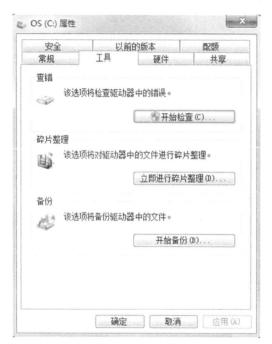

图 2.21　磁盘工具

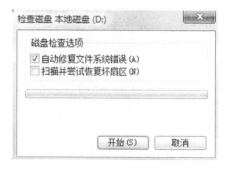

图 2.22　检查磁盘

若要自动修复通过扫描所检测到的文件和文件夹问题，请选择"自动修复文件系统错误"。否则，磁盘检查将报告问题，但不进行修复。

若要执行彻底的检查，请选择"扫描并尝试恢复坏扇区"。该扫描操作将尝试查找并修复硬盘自身的物理错误，可能需要较长时间才能完成。

若要检查文件错误又检查物理错误，请选择"自动修复文件系统错误"和"扫描并尝试恢复坏扇区"。

操作可能需要几分钟时间，这要视驱动器的大小而定。为获得最好的结果，在检查错误的时候，请不要使用计算机执行任何其他任务。

2. 磁盘清理工具

磁盘管理释放磁盘空间步骤如下：

（1）在"开始"菜单进入"附件"，选择"系统工具"里的"磁盘清理"，如图 2.23 所示。

图 2.23　磁盘清理

（2）在"驱动器"列表中，单击选中要清理的硬盘驱动器，然后单击"确定"，并等待。

（3）在"磁盘清理"对话框中的"磁盘清理"选项卡上，选中要删除的文件类型的复选框，然后单击"确定"。

（4）在出现的消息中，单击"删除文件"。

3. 硬盘碎片整理

碎片会使硬盘执行能够降低计算机速度的额外工作。可移动存储设备（如 USB 闪存驱动器）也可能产生碎片。磁盘碎片整理程序可以重新排列碎片数据，以便磁盘和驱动器能够更有效地工作。磁盘碎片整理程序可以按计划自动运行，但也可以手动分析磁盘和驱动器以及对其进行碎片整理。执行步骤如下：

（1）在"开始"菜单进入"附件"，选择"系统工具"里的"磁盘碎片整理程序"；或者在搜索框中，键入"磁盘碎片整理程序"，然后在结果列表中单击"磁盘碎片整理程序"，如图 2.24 所示。

图 2.24　磁盘碎片整理

（2）在"当前状态"下，选择要进行碎片整理的磁盘。

（3）若要确定是否需要对磁盘进行碎片整理，请单击"分析磁盘"。如果系统提示您输入管理员密码或进行确认，请键入密码或提供确认。

（4）在 Windows 完成分析磁盘后，可以在"上一次运行时间"列中检查磁盘上碎片的百分比。如果数字高于 10%，则应该对磁盘进行碎片整理。

（5）单击"磁盘碎片整理"。如果系统提示您输入管理员密码或进行确认，请键入该密码或提供确认。

磁盘碎片整理程序可能需要几分钟到几小时才能完成，具体取决于硬盘碎片的大小和程度。在碎片整理过程中，仍然可以使用计算机。

2.6 控制面板

用户可以通过控制面板来调整系统的属性，本节主要以查看系统属性、添加 / 删除程序、硬件设备管理为例，讲解如何使用控制面板。

2.6.1 启动控制面板

控制面板是用来对系统的各种属性进行设置和调整的一个工具集。可以使用控制面板更改有关 Windows 外观和工作方式的所有设置。例如用户可以根据自己的喜好进行设置显示、鼠标、键盘、桌面等设置，可以合理地配置硬件和软件资源，方便用户更有效地使用计算机。

用户启动控制面板可以采取以下方法之一：

（1）选择"开始"菜单→"控制面板"。

（2）单击"Windows 资源管理器"左窗格中"控制面板"图标。

可以使用两种不同的方法找到要查找的"控制面板"项目：

（1）使用搜索。在"开始"菜单搜索框中输入单词或短语。例如，键入"声音"可查找与声卡、系统声音以及任务栏上音量图标的设置有关的特定任务。

（2）浏览。在 Windows 7 系统中，控制面板的查看方式有两类形式：类别和图标。"图标"模式是经典视图，是传统的窗口形式，"分类"视图是 Windows 7 把相关的控制面板项目和常用的任务组合在一起，以组的形式呈现在用户面前。可以通过单击不同的类别（例如，系统和安全、程序或轻松访问）并查看每个类别下列出的常用任务来浏览"控制面板"。或者在"查看方式"下，单击"大图标"或"小图标"以查看所有"控制面板"项目的列表，如图 2.25 所示。

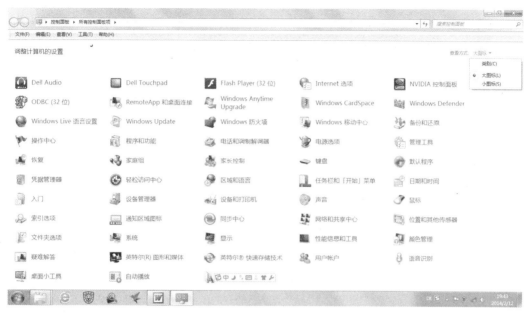

图 2.25 控制面板

2.6.2 系统属性查看

通过打开"控制面板"中的"系统"可以查看有关您计算机的重要信息的摘要。可以查看基本硬件信息，例如您的计算机名，通过单击"系统"左窗格中的链接可以更改重要系统设置。如图 2.26 所示，主要分"Windows 版本"、"系统"、"计算机名称、域和工作组设置"等项目，使用户可以清晰地了解计算机的配置情况、操作系统的更新情况，以及域和工作组相关设置情况，并且可以查看操作系统是 64 位操作系统还是 32 位操作系统。

2.6.3 设置显示属性

在控制面板图标视图中单击"显示"选项，打开了"显示属性"窗口，如图 2.27 所示。
显示属性包含调整分辨率、调整亮度、更改桌面背景、更改配色方案、更改屏幕保护程序、校准颜色、更改显示器设置、连接到投影仪等。

例如单击"更改桌面背景"选项卡可以设置桌面背景，单击"屏幕保护程序"可以设置屏保，单击"调整分辨率"可以设置屏幕的分辨率和刷新率等，设置完以上项目后单击"确定"按钮即可。单击"连接到投影仪"可以设置将系统屏幕扩展到投影仪上的方式，根据提示选择复制屏幕到投影仪、扩展屏幕到投影仪、进投影仪，连接到投影仪的步骤如下：

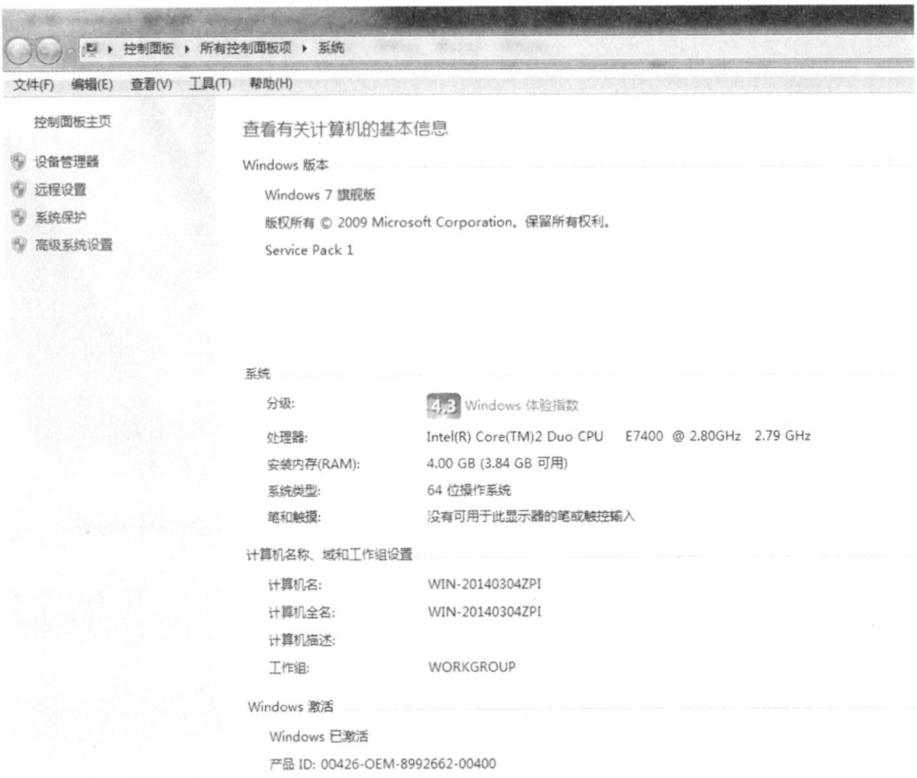

控制面板 ▸ 所有控制面板项 ▸ 系统
文件(F)　编辑(E)　查看(V)　工具(T)　帮助(H)
控制面板主页
设备管理器
远程设置
系统保护
高级系统设置
查看有关计算机的基本信息
Windows 版本
Windows 7 旗舰版
版权所有 © 2009 Microsoft Corporation。保留所有权利。
Service Pack 1
系统
分级:
4.3 Windows 体验指数
处理器:
Intel(R) Core(TM)2 Duo CPU　E7400 @ 2.80GHz　2.79 GHz
安装内存(RAM):
4.00 GB (3.84 GB 可用)
系统类型:
64 位操作系统
笔和触摸:
没有可用于此显示器的笔或触控输入
计算机名称、域和工作组设置
计算机名:
WIN-20140304ZPI
计算机全名:
WIN-20140304ZPI
计算机描述:
工作组:
WORKGROUP
Windows 激活
Windows 已激活
产品 ID: 00426-OEM-8992662-00400

图 2.26　系统

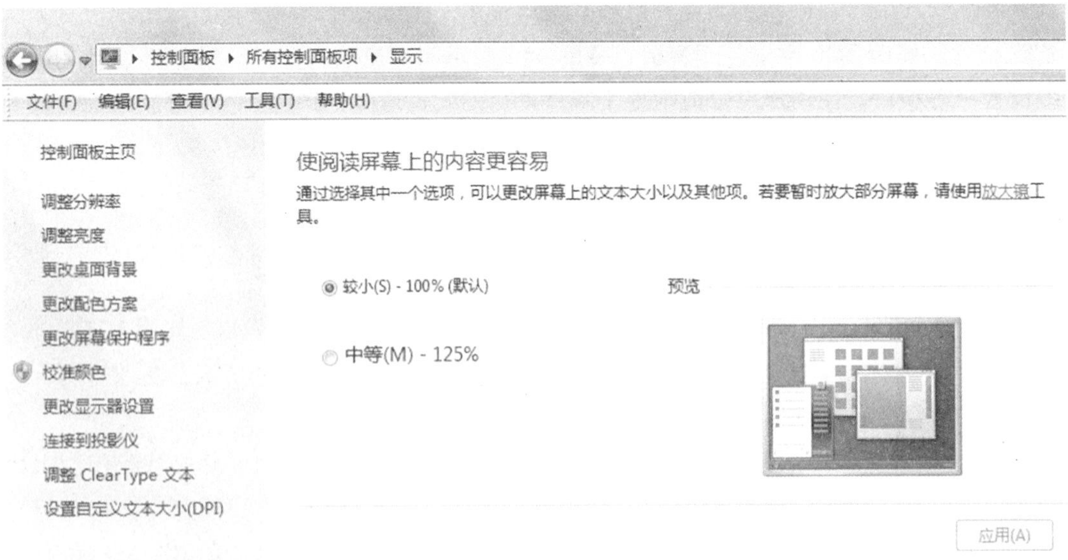

控制面板 ▸ 所有控制面板项 ▸ 显示
文件(F)　编辑(E)　查看(V)　工具(T)　帮助(H)
控制面板主页
调整分辨率
调整亮度
更改桌面背景
更改配色方案
更改屏幕保护程序
校准颜色
更改显示器设置
连接到投影仪
调整 ClearType 文本
设置自定义文本大小(DPI)
使阅读屏幕上的内容更容易
通过选择其中一个选项，可以更改屏幕上的文本大小以及其他项。若要暂时放大部分屏幕，请使用放大镜工具。
较小(S) - 100% (默认)
预览
中等(M) - 125%
应用(A)

图 2.27　显示

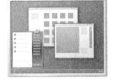

（1）确保投影仪已打开，然后将投影仪电缆插入到计算机上的视频端口。

（2）通过单击"开始"按钮◎→"控制面板"，打开控制面板。

（3）在搜索框中，键入"投影仪"，然后单击"连接到投影仪"。

（4）选择希望显示桌面的方式，如图2.28所示，可做如下选择：

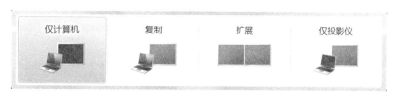

图2.28 投影仪

"仅计算机"：这会仅在计算机屏幕上显示桌面。

"复制"：这会在计算机屏幕和投影仪上均显示桌面。

"扩展"：这会将桌面从计算机屏幕扩展到投影仪。

"仅投影仪"：这会仅在投影仪上显示桌面。

2.6.4 硬件设备管理

Windows 7简化了将设备连接到PC的过程，使所用设备的管理更简单，并帮助用户轻松访问与设备相关的常见任务。使用设备管理器，可以查看硬件是否正常工作以及修改硬件设置，查看和更新计算机上安装的设备驱动程序。用户可以单击"开始"按钮，在搜索框中，键入"设备管理器"，然后在结果列表中单击"设备管理器"，这样就可以打开设备管理器。

1. 设备和打印机

设备复杂性日渐增加，设备通常可提供若干种不同类型的功能。为了简化这种交互，Windows 7引入了一个新的"控制面板"项目"设备和打印机"，如图2.29所示。如果用户希望使用设备、排除设备故障或了解设备所提供的功能，则进入的第一个操作界面就是"设备和打印机"。

利用"设备和打印机"界面，您可以一站式访问所有连接的设备和无线设备并与其进行交互。您可以轻松地使用USB、Bluetooth或Wi-Fi将设备连接到PC。简单的向导将指导您完成安装过程，只需用鼠标单击几次即可完成以前复杂的配置任务。

安装打印机最常见方式是将其直接连接到计算机，这称为"本地打印机"。如果打印机采用通用串行总线通信方式，则在其插入电脑时Windows应会自动检测到该打印机并开始安装。如果正在安装的无线打印机通过无线网络（Wi-Fi）连接到电脑，则可以使用添加设备向导安装此打印机。

图 2.29　设备和打印机

2. 安装新硬件

只需通过将硬件或移动设备插入计算机便可安装大多数硬件或移动设备。Windows 将自动安装合适的驱动程序（如果可用）。如果驱动程序不可以用，Windows 会提示您插入可能随硬件设备附带的软件光盘。

3. 安装 USB 设备

USB 通用串行总线，连接通常用于将各种设备例如鼠标、键盘、扫描仪、打印机、网络摄像机、数码照相机、移动电话和外部硬盘等插入电脑。

将要安装 USB 设备插入到的计算机中。有些 USB 设备具有电源开关，在连接这些设备之前，应该打开开关。然后，确定要将设备连接到的 USB 端口。如果 Windows 可以自动查找并安装设备驱动程序，则会通知您该设备可以使用。否则，将提示您插入包含驱动程序的光盘。安装完成后，请检查设备附带的信息，以查看是否需要安装其他软件。有时，USB 设备没有被 Windows 识别，且没有附带包含驱动程序的光盘。在这种情况下，可以尝试联机查找设备驱动程序。

2.6.5　安装和卸载程序

1. 安装程序

使用 Windows 中附带的程序和功能可以执行许多操作，但可能还需要安装其他程序。如何添加程序取决于程序的安装文件所处的位置，通常包括 DVD、网络安装、U 盘等。

如果从 CD 或 DVD 安装，许多程序会自动启动程序的安装向导，显示"自动播放"对话框，用户可以根据提示运行该向导；如果不进行自动安装，首先查看程序附带的信息，该信息可能会提供手动安装该程序的说明。如果无法访问该信息，可以浏览整张光盘，运行该程序的安装文件，文件名通常为 Setup.exe 或 Install.exe。从 Internet 安装程序首先要确定该网站可以信任，之后单击 Web 浏览器中指向该程序的链接，如果立即安装程序，单击"打开"或"运行"，然后按照屏幕上的指示进行操作；如果以后安装程序，请单击"保存"，然后将安装文件下载，随后安装。因为可以在继续安装前扫描安装文件中的病毒，所以这种选择比较安全。

2. 卸载或更改程序

如果不再使用某个程序或希望释放硬盘上的空间，则可以从计算机上卸载该程序。使用控制面板的"程序和功能"卸载程序，也可以添加或删除某些选项来更改程序配置。单击"程序和功能"选择程序，然后单击"卸载"，按照提示就可以完成了。除了卸载选项外，某些程序还包含更改或修复程序选项，但许多程序只提供卸载选项。若要更改程序，请单击"更改"或"修复"。

2.6.6 创建用户账户

用户账户是通知 Windows 可以访问哪些文件和文件夹，可以对计算机进行哪些更改的信息集合。每个人都可以使用用户名和密码访问其用户账户。

Windows 7 是多用户操作系统，用户可以建立自己的工作环境，可以在拥有自己的文件和设置的情况下与多个人共享计算机。Windows 7 将用户账户分为三种类型的账户。管理员账户可以对计算机进行最高级别的控制，但应该只在必要时才使用。标准账户适用于日常计算。来宾账户主要针对需要临时使用计算机的用户。

创建用户账户的具体步骤为：

（1）单击"开始"菜单，打开"控制面板"。

（2）单击"用户账户和家庭安全"→"用户账户"。

（3）单击下方的"管理其他账户"打开"管理账户"界面。

（4）单击左下方"创建一个新账户"并单击该项，打开"创建新账户"界面。

（5）输入要创建的账户名，选择账户类型，单击"创建账户"即可。

2.7 输入法

使用计算机是离不开输入法的，本节主要介绍常用输入法、输入法的属性设置和输入法之间的切换。

2.7.1 常用输入法简介

输入法通常又称作中文输入法或汉字输入法，如图 2.30 所示，是通过敲击键盘、手写或语音等方式将汉字输入到电脑等电子设备中的方法。汉字输入法发展分为三个阶段，第一阶段是电脑中可以输入汉字了，五笔字型输入法的出现解决了这个问题；第二阶段是人人皆可输入汉字，代表输入法是智能 ABC；第三阶段是利用其他"拼音"方式进行输入，代表输入法是搜狗拼音输入法。汉字输入的类型有形码、音码、音形码等。形码是如五笔输入法，按汉字的字形（笔画、部首）来进行编码的。音码是如智能 ABC，按照拼音规定来进行输入汉字的。音形码是以音码为主，以形码作为可选辅助编码。

图 2.30   输入法工具栏

1. 五笔字型输入法

五笔字型输入法的编码方案是一种纯字型的编码方案，从字型入手，完全不需要汉字的读音，且重码少，输入速度快。对于需要输入大量文稿的办公用户来说它是一种最佳的输入法。五笔字型输入法根据汉字是由笔画或部首组成特点，把汉字拆成一些最常用的基本单位字根，把它们按一定的规律分类，然后分配在键盘上，作为输入汉字的基本单位，当要输入汉字时，按照汉字的书写顺序依次按键盘上与字根对应的键，组成一个代码；系统根据输入字根组成的代码，在五笔输入法的字库中检索出所要的字。

2. 智能 ABC 输入法

智能 ABC 输入法是一种操作简单的输入法，它智能高效、简单易用，而且不必像五笔一样背诵字根。它主要有全拼、简拼和混拼音三种方法输入汉字。全拼是输入完整的汉字拼音后按空格键在输入栏显示出汉字，然后按空格键输入。简拼是输入汉字词组各个音节的第一个字母，例如"操作系统"的编码为"czxt"，之后按空格键在输入栏显示出汉字，然后按空格键输入。混拼的操作步骤是首先输入汉字词语有两个音节以上的拼音码，有的音节全拼，有的音节简拼。例如输入"电冰箱"可以输入"dbxiang"，之后单击空格键在输入栏显示出汉字，然后按空格键输入。

3. 搜狗拼音输入法

搜狗拼音输入法是第二代的输入方法。由于采用了搜索引擎技术，速度有了质的飞跃，在词库的广度、词语的准确度上，搜狗都远远领先于其他输入方法，属性设置界面如图 2.31 所示。搜狗拼音输入法的最大特点是实现了输入法和互联网的结合。该输入法会自动更新

图 2.31　搜狗拼音输入法属性设置

自带热门词库，这些词库源自搜狗搜索引擎的热门关键词。这样，用户自造词的工作量减少，提高了效率。搜狗拼音输入法的其他许多功能非常类似于拼音输入法，可以通过参数设置以自己熟悉的方式进行输入。

2.7.2　输入法切换

1. 中英文切换。

Windows 7 规定"Ctrl"+"Space"键打开和关闭中文输入法，也称中/英文输入法切换。也可以通过"Ctrl"+"Shift"键在各种输入法之间进行切换。

2. 中文输入法之间的切换。

中文输入法的打开和关闭、各种输入法之间的切换也可以通过任务栏的系统提示区中的输入法使用按钮来实现。

3. 全角半角的切换。

全角是指一个字符占用两个标准字符位置，即两个字节。半角指一字符占用一个标准的字符位置，即占一个字节。使用"Shift"+"Space"组合键可进行全角/半角之间的切换。

4. 中文标点符号和英文标点符号切换。

中文标点如，。；"等，常见的英文标点有，. ; "等。使用"Ctrl"+"."组合键可进行

中文标点和英文标点之间的切换。

也可以通过输入法工具栏进行切换。如果输入法工具栏处于最小化状态位于桌面左下角任务栏上，单击 EN 或者 CH 弹出菜单，可以进行中英文切换，在中文输入状态下单击当前的中文输入法，根据下拉菜单进行选择。

2.7.3　输入法设置

设置输入法时必须打开"文字服务和输入语言"对话框。右击输入法工具栏，在弹出的菜单中选择"设置"选项，打开"文字服务和输入语言"对话框，如图 2.32 所示。

1. 添加、安装与删除输入法

将 Windows 7 系统自带的输入法添加到计算机的具体操作步骤如下。

（1）在语言栏上右击，弹出快捷菜单，单击快捷菜单中的"设置"命令。

（2）弹出"文字服务和输入语言"对话框，然后再单击"添加"按钮。

（3）弹出"添加输入语言"对话框，首先选择"输入语言"，之后对"键盘"子选项对应的输入法复选框进行操作，然后单击"确定"按钮完成添加或删除的操作。

2. 输入法的高级键设置

设置输入法以及快捷键，可以使它更适合用户的输入习惯，提高文字录入效率。在"文本输入和输入语言"对话框的高级键设置界面下可以更改关闭 Caps Lock 的热键和输入语言的热键。例如更改"输入语言之间"的热键，选择该条目之后单击"更改按键顺序"，如图 2.33 所示。

3. 更改默认输入法和输入法的属性

不同的输入法有不同的输入设置选项，通过更改设置选项，可以更好地使用它，其更改步骤如下。在语言栏上右击，在弹出的快捷菜单中单击"设置"命令，在"默认输入语言"下拉列表中单击选中开机默认的输入法；在"已安装的服务"列表框中选中想要更改设置的输入法，然后单击"属性"按钮；在弹出的"属性设置和管理中心"窗口中通过选择选项对输入法设置进行更改，最后单击"确定"按钮完成操作。

4. 更改输入法按键顺序

在如图 2.32 所示的"文字服务与输入设置"对话框中，单击"高级键设置"按钮，弹出如图 2.33 所示的"高级键设置"对话框，按"更改按键顺序"按钮弹出如图 2.33 所示的"更改按键顺序"对话框，选中"启动按键顺序"复选框后，在下拉列表中选择按键的顺序，单击"确定"按钮返回到"高级键设置"对话框，可以继续对其他输入法顺序进行调整。

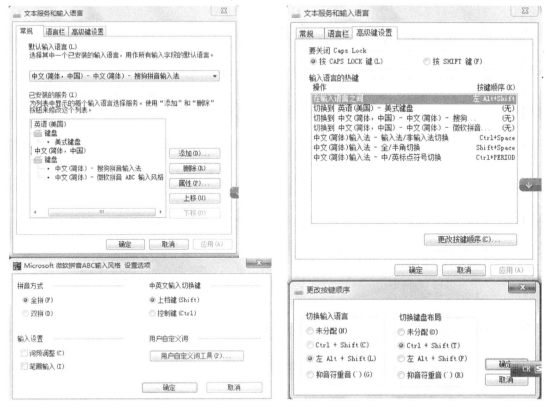

图 2.32　属性设置　　　　　　　　　图 2.33　更改按键顺序

2.8　Windows 7 常用应用程序

本节主要介绍计算器、截图工具、画图、媒体播放器四个常用的 Windows 7 自带的应用程序的使用。

2.8.1　计算器

Windows 7 计算器有标准型、科学型、程序员和统计信息等多种类型。常用的一种是标准型计算器，另一种是科学型计算器。标准型计算器可完成常用的基本运算，如加、减、乘、除等。科学型计算器的功能要比标准型计算器的功能强，它不但可以进行加、减、乘、除等基本运算，还可以完成一些函数、统计运算等。

（1）启动计算器应用程序

单击"开始"按钮，选择"程序"→"附件"→"计算器"，打开如图 2.34 所示的标准型计算器窗口。

（2）科学型计算器

在图 2.34 计算器窗口中，单击"查看"菜单，如图 2.35 所示，选择"科学型"，就可以打开科学型计算器窗口。

图 2.34　标准型计算器

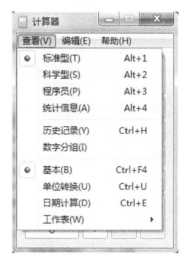

图 2.35　查看对话框

2.8.2　画图

画图是一个能绘制简单图片的应用程序，它可以编辑图形和文字等。

单击"开始"按钮，选择"所有程序"→"附件"→"画图"，打开如图 2.36 所示的画图窗口，生成文件的扩展名为 BMP。

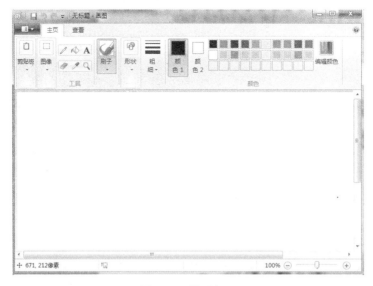

图 2.36　画图窗口

2.8.3　截图工具

Windows 7 自带的截图工具用于帮助用户截取屏幕上的图像，并且可以对截取的图形进行编辑。

单击"开始"按钮，选择"所有程序"→"附件"→"截图工具"，打开如图 2.37 所示的画图窗口。单击"新建"按钮右侧的下箭头选择截图方式，之后选择截图的起始位置，按住鼠标拖动选择截取图像的区域，释放鼠标即可完成截图，这时"截图工具"窗口会显示所截取的图像。用户还可以编辑所截取的图像并且保存到指定位置。

图 2.37　画图窗口　　　　　　　图 2.38　Window Media player 窗口

2.8.4　Windows Media Player

Windows Media Player 是 Microsoft Windows 的一款播放器组件，简称"WMP"，如图 2.38 所示。通过 Windows Media Player 可以刻录、翻录、同步、流媒体传送、观看、倾听媒体文件。Windows 7 提供 Windows Media Player 12 。Windows Media Player 12 支持 H.264 视频、AAC 音频和 DivX 等格式视频，基本可以用 Windows Media Player 12 播放主流的视频格式了。

Windows Media Player 12 与 Windows 7 的任务栏结合在一起，能够从任务栏上预览和控制播放快速跳转列表以节省操作。如果在 Windows 7 系统的找不到 Windows Media Player，可以通过"开始"菜单→"控制面板"→"程序和功能"→"打开或关闭 Windows 功能"，将"媒体功能"复选框展开，选择"Windows Media Player"选项后按"确定"即可。

习题与实验

一、选择题

1. Windows 7 操作系统是一个（　　）
   A. 单用户多任务操作系统　　　　　　B. 单用户单任务操作系统
   C. 多用户单任务操作系统　　　　　　D. 多用户多任务操作系统

2. 将 Windows 的窗口和对话框作一比较，窗口可以移动和改变大小，而对话框（　　）
   A. 既不能移动，也不能改变大小　　　B. 仅可以移动，不能改变大小
   C. 仅可以改变大小，不能移动　　　　D. 既能移动，也能改变大小

3. Windows 7 中的"剪贴板"是（　　）
   A. 硬盘中的一块区域　　　　　　　　B. 软盘中的一块区域
   C. 高速缓存中的一块区域　　　　　　D. 内存中的一块区域

4. 在中文 Windows 7 中，为了实现全角与半角状态之间的切换，应按的组合键是（　　）
   A. "Shift"+空格　　B. "Ctrl"+空格　　C. "Shift"+"Ctrl"　D. "Ctrl"+"F9"

5. 关于关闭窗口的说法错误的是（　　）
   A. 双击窗口左上角的控制按钮　　　　C. 单击窗口右上角的"X"按钮
   B. 单击窗口右上角的"–"按钮　　　　D. 选择"文件"菜单中的"关闭"命令

6. 在 Windows 7 系统的回收站中，可以恢复（　　）
   A. 从硬盘删除的文件或文件夹　　　　B. 从 U 盘中删除的文件或文件夹
   C. 剪切掉的文档　　　　　　　　　　D. 从光盘中删除的文件或文件夹

7. 在 Windows 7 中，下列正确的文件名是（　　）
   A. GROUP.TXT　　B. 新建文档　　　C. A\B.doc　　　　D. .exe

8. 在 Windows 7 中，若已选定硬盘上的文件或文件夹，并按了"DEL"键和"确定"按钮，则该文件或文件夹将（　　）
   A. 被删除并放入"回收站"　　　　　　B. 不被删除也不放入"回收站"
   C. 被删除但不放入"回收站"　　　　　D. 不被删除但放入"回收站"

9. 在 Windows 7 中，用"创建快捷方式"创建的图标（　　）
   A. 可以是任何文件或文件夹　　　　　B. 只能是可执行程序或程序组
   C. 只能是单个文件　　　　　　　　　D. 只能是程序文件和文档文件

10. Windows 7 中，回收站实际上是（　　）
    A. 内存区域　　　B. 硬盘上的文件夹　C. 文档　　　　　　D. 文件的快捷方式

11. 在 Windows 7 中，若系统长时间不响应用户的要求，需要调用任务管理器，其组合键是（　　）

A．"Shift"+"Esc"+"Tab"　　　　　B．"Crtl"+"Shift"+"Enter"

C．"Alt"+"Shift"+"Enter"　　　　　D．"Alt"+"Ctrl"+"Del"

12．在 Windows 7 的 "资源管理器" 窗口中，若希望显示文件的名称、类型、大小等信息，则应该选择 "查看" 菜单中的（　　　　）

A．列表　　　　B．详细资料　　　　C．大图标　　　　D．小图标

13．Windows 7 中 "磁盘碎片整理程序" 的主要作用是（　　　　）

A．修复损失的磁盘　　　　　　　　B．缩小磁盘空间

C．提高文件访问速度　　　　　　　D．扩大磁盘空间

14．在 Windows 中，当按住 "Ctrl" 键，再用鼠标左键将选定的文件从源文件夹拖放到目的文件夹时，下面的叙述中，正确的是（　　　　）

A．无论源文件夹和目的文件夹是否在同一磁盘内，均实现复制

B．无论源文件夹和目的文件夹是否在同一磁盘内，均实现移动

C．若源文件夹和目的文件夹在同一磁盘内，将实现移动

D．若源文件夹和目的文件夹不在同一磁盘内，将实现移动

15．在 Windows 支持下，用户操作计算机系统的基本工具是（　　　　）

A．键盘　　　　B．鼠标器　　　　C．键盘和鼠标器　D．扫描仪

16．Windows 提供的用户界面是（　　　　）

A．交互式的问答界面　　　　　　　B．交互式的图形界面

C．交互式的字符界面　　　　　　　D．显示器界面

17．Windows 的任务栏（　　　　）

A．不能被隐藏起来　　　　　　　　B．必须被隐藏起来

C．是否被隐藏起来，用户无法控制　D．可以被隐藏起来

18．在 Windows 中，要实现文件或文件夹的快速移动与复制，可使用鼠标的（　　　　）

A．单击　　　　B．双击　　　　　C．拖放　　　　D．移动

19．若想立即删除文件或文件夹，而不将它们放入回收站，则实行的操作是（　　　　）

A．按 "Delete" 键　　　　　　　　B．按 "Shift"+"Delete" 键

C．打开快捷菜单，选择 "删除" 命令　D．在 "文件" 菜单中选择 "删除" 命令

20．在 Windows 中，能弹出对话框的操作是（　　　　）

A．选择了带省略号的菜单项　　　　B．选择了带向右三角形箭头的菜单项

C．选择了颜色变灰的菜单项　　　　D．双击了菜单项

21．安装 Windows 7 操作系统时，系统磁盘分区必须为（　　　　）格式才能安装。

A．FAT　　　　B．FAT16　　　　C．FAT32　　　　D．NTFS

22．文件的类型可以根据（　　　　）来识别。

A．文件的大小　　B．文件的用途　　C．文件的扩展名　D．文件的存放位置

23. 在下列软件中，属于计算机操作系统的是（　　　）

    A．Windows 7　　　B．Word 2010　　　C．Excel 2010　　　D．PowerPoint 2010

二、填空题

1. 用鼠标拖曳方式在同一驱动器实现复制功能时，可以按住_____键实现。

2. 在 Windows 中，要将整个屏幕的内容拷入剪贴板，应使用_____键。

3. Windows 7 有四个默认库，分别是视频、图片、_____和音乐。

4. 为了实现英文与中文状态之间的切换，应按的键是_____键 +_____键。

5. 用 Windows 7 的"记事本""所创建文件的缺省扩展名是_____。

6. 要物理删除一个文件可以按_____键 +_____键。

7. 在 Windows 操作系统中，"Ctrl" + "X"是_____命令的快捷键。

三、简答题

1. 什么是操作系统，主要功能有哪些？

2. 什么是控制面板，有什么功能？

3. Windows 7 的文件命名规则。

4. 快捷方式和文件有什么区别？

四、上机实验题

1. 利用"画图"工具绘制一张图片，并把该图片设置为桌面背景，平铺在桌面上。

2. 更改菜单栏的字体为黑体，加粗，10 号字。

3. 隐藏任务栏、更改开始菜单的样式。

4. 按类型进行排列桌面的图标。

5. 同时打开写字板和计算器，在写字板窗口中输入"计算题：256×512="

6. 用计算器计算出得数，并把数值复制到写字板窗口中等于号的后面。

7. 设置打开"智能 ABC 输入法"的快捷键为"Ctrl" + "Shift" + "1"；设置输入法的属性只保留简体中文输入法。

8. 在 C 盘中新建一个文件夹，命名为 test；在该文件夹中新建一个文本文档，取名为 qaz.txt。

9. 至少用两种方法启动资源管理器，至少用两种方法关闭资源管理器窗口。

10. 用资源管理器打开一个文件夹；更改图标的显示方式为"详细资料"；更改图标的排列方式为"按类型"排列；更改图标的显示方式为"大图标"。

11. 用资源管理器打开一个有多个对象的文件夹，首先选择多个不连续的对象；之后选择多个连续的对象。

第3章　Word 2010

Word 2010 是 Office 系列办公软件之一，其主要作用是创建、编辑、排版、打印各类文档，完成书信、公文、报告、论文等的文字编辑处理工作。Word 2010 比之前的版本具有更强大的功能和更易于操作的界面，用户学习和使用也会更加的轻松。

3.1　Word 2010 概述

本节对 Word 2010 的工作界面进行了详细介绍和讲解，还讲解了 Word 2010 的一些基本操作，是轻松使用 Word 2010 的基础。

3.1.1　Word 2010 的新特性

与之前版本相比，Word 2010 具有以下一些优点：

（1）改进的搜索和导航体验。利用新增的改进查找体验，除了文字，还可以按照图形、表、脚注和注释来查找内容。改进的导航窗格提供了文档的直观表示形式，方便对所需内容进行快速浏览、排序和查找。

（2）几乎可在任何地点访问和共享文档。联机发布文档，然后通过您的计算机或在任何地方访问、查看和编辑这些文档。

（3）向文本添加视觉效果。利用 Word 2010，可以向文本应用图像效果（如阴影、凹凸、发光和映像）。也可以向文本应用格式设置，以便与您的图像实现无缝混合。操作起来快速、轻松，只需单击几次鼠标即可。

（4）将文本转化为引人注目的图表。利用 Word 2010 新增的 SmartArt，将表格甚至是文本可以在数分钟内构建成令人印象深刻的图表，以便更直观地表现数据和创意。

（5）向文档加入视觉效果。利用 Word 2010 中新增的图片编辑工具，无须其他照片编辑软件，即可插入、剪裁和添加图片特效。也可以更改颜色饱和度、色温、亮度以及对比度，以轻松将简单文档转化为艺术作品。

（6）恢复您认为已丢失的文档。您是否曾经在某文档中工作一段时间后，不小心关闭了文档却没有保存？没关系。Word 2010 可以让您像打开任何文件一样恢复最近编辑的草稿，即使您没有保存该文档。

（7）跨越沟通障碍。利用 Word 2010，您可以轻松进行不同语言沟通交流。翻译单词、词组或文档。可针对屏幕提示、帮助内容和显示内容分别进行不同的语言设置。

（8）利用增强的用户体验完成更多工作。Word 2010 简化了您使用功能的方式。您只需单击几次鼠标，即可保存、共享、打印和发布文档。利用改进的功能区，您可以快速访问常用的命令，并创建自定义选项卡，使其符合您的工作风格需要。

3.1.2　Word 2010 启动和退出

1. 启动 Word 2010

关于 Word 2010 的启动方法，在此向用户介绍两种最常用的方法，分别是正常启动和使用已有的 Word 文档启动。

（1）利用"开始"菜单启动

执行"开始"→"所有程序"→"Microsoft Office"→"Microsoft Word 2010"命令，启动 Word 2010。

（2）通过已有的 Word 文档启动

用户可以在"我的电脑"或"Windows 资源管理器"中找到需要打开的文档，然后双击该文档图标即可打开该文档。

2. 退出 Word 2010

完成对文档的编辑处理后，就可以退出 Word 了。退出 Word 2010 有以下几种方法：

（1）单击标题栏最右方的"关闭"按钮（ ✕ ）。

（2）单击标题栏最左端的 Word 图标（Ｗ），在打开的菜单中执行"关闭"命令。

（3）双击标题栏最左端的 Word 图标（Ｗ）。

（4）使用组合键"Alt"＋"F4"。

（5）执行"文件"→"退出"命令。

（6）在标题栏任意位置右击，在弹出的快捷菜单中执行"关闭"命令。

如果用户在退出 Word 2010 时，对文档的内容进行了修改而没有保存。此时 Word 2010 会自动弹出对话框提示用户保存文档。如果需要保存文档，可单击"保存"按钮；否则单击"不保存"按钮直接退出 Word，这时的文档是不会保存的；单击"取消"按钮则返回编辑界面中，取消退出操作。

3.1.3 Word 2010 界面介绍

Word 2010 启动后即可进入工作界面，如图 3.1 所示。它不再使用下拉菜单完成相应操作，而是将应用程序中所有的功能以选项卡的形式分类集中到"功能区"，当单击这些名称时并不会打开菜单，而是切换到与之相对应的功能区面板。

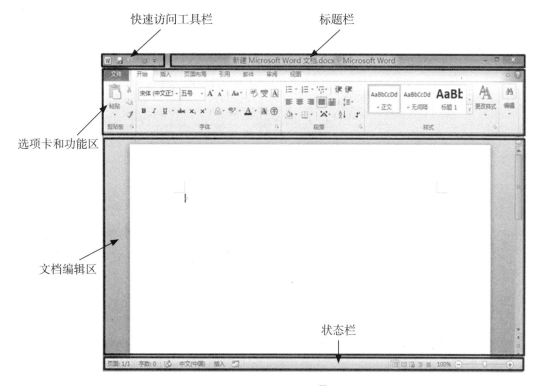

图 3.1　Word 2010 界面

1. 快速访问工具栏

常用命令位于此处，例如"保存"和"撤消"等，也可以添加个人常用命令，方法是单击"文件"选项卡→"选项"→"快速访问工具栏"，选择常用命令→"添加"→"确定"即可。

2. 标题栏

显示正在编辑的文档的文件名以及所使用的软件名。

3. 选项卡和功能区

编辑文档时需要用到的命令位于此处。它与其他软件中的"菜单"或"工具栏"相同。单击不同选项卡对应不同的功能区。每个功能区根据功能的不同又分为若干个组，每个选项卡所对应的功能如下所述：

（1）"文件"选项卡

"文件"选项卡与其他选项卡不同，是 Word 2010 中唯一一个下拉菜单，其功能对应之前版本的"文件"菜单，功能包括文件保存、另存为、打开、关闭、信息、打印、退出等，如图 3.2 所示。

图 3.2　"文件"选项卡

（2）"开始"选项卡

单击"开始"选项卡，其功能区中包括剪贴板、字体、段落、样式和编辑五个组，对应 Word 2003 的"编辑"和"段落"菜单部分命令。该功能区主要用于帮助用户对 Word 2010 文档进行文字编辑和格式设置，是用户最常用的功能区，如图 3.3 所示。

图 3.3　"开始"选项卡

（3）"插入"选项卡

单击"插入"选项卡，其功能区包括页、表格、插图、链接、页眉和页脚、文本、符号几个组，对应 Word 2003 中"插入"菜单的部分命令，主要用于在 Word 2010 文档中插入各种元素，如图 3.4 所示。

图 3.4　"插入"选项卡

（4）"页面布局"选项卡

单击"页面布局"选项卡，其功能区包括主题、页面设置、稿纸、页面背景、段落、排列几个组，对应 Word 2003 的"页面设置"菜单命令和"段落"菜单中的部分命令，用于帮助用户设置 Word 2010 文档页面样式，如图 3.5 所示。

图 3.5　"页面布局"选项卡

（5）"引用"选项卡

单击"引用"选项卡，其功能区包括目录、脚注、引文与书目、题注、索引、引文目录几个组，用于实现在 Word 2010 文档中插入目录等比较高级的功能，如图 3.6 所示。

图 3.6　"引用"选项卡

（6）"邮件"选项卡

单击"邮件"选项卡，其功能区包括创建、开始邮件合并、编写和插入域、预览结果和完成几个组，该功能区的作用比较专一，专门用于在 Word 2010 文档中进行邮件合并方面的操作，如图 3.7 所示。

图 3.7　"邮件"选项卡

（7）"审阅"选项卡

单击"审阅"选项卡，其功能区包括校对、语言、中文简繁转换、批注、修订、更改、比较和保护几个组，主要用于对 Word 2010 文档进行校对和修订等操作，适用于多人协作处理 Word 2010 长文档，如图 3.8 所示。

图 3.8　"审阅"选项卡

（8）"视图"选项卡

单击"视图"选项卡，其功能区包括文档视图、显示、显示比例、窗口、宏几个组，主要用于帮助用户设置 Word 2010 操作窗口的视图类型，以方便操作，如图 3.9 所示。

图 3.9　"视图"选项卡

4. 文档编辑区

用户在这里进行文档的输入和编辑等操作。

5. 状态栏

显示正在编辑的文档的状态信息，如当前的页数 / 总页数、文档字数、是否处于改写状态和显示比例等信息。

3.1.4　Word 2010 的视图方式

在 Word 2010 中提供了五种不同的显示文档的方式，以满足不同编辑状态下的需要，每一种显示方式称为一种"视图"正确使用视图浏览文档，可以提高工作效率，节省处理时间。Word 2010 的五种视图分别是页面视图、阅读版式视图、大纲视图、Web 版式视图和草稿视图。

切换视图的方法有两种，一是打开"视图"选项卡，单击"文档视图"功能区的按钮即可。如图 3.10 所示。

图 3.10　"文档视图"功能区

图 3.11　视图快捷方式图标

二是还可以在页面最下方状态栏中，单击视图快捷方式图标，进行切换，如图 3.11所示。

下面分别介绍每种视图的特点：

1. 页面视图

按照文档的打印效果显示文档，具有"所见即所得"的效果，在页面视图中，可以直接看到文档的外观、图形、文字、页眉、页脚等在页面的位置，这样，在屏幕上就可以看到文档打印在纸上的样子，常用于对文本、段落、版面或者文档的外观进行修改。

2. 阅读版式视图

适合用户查阅文档，用模拟书本阅读的方式让人感觉在翻阅书籍。

3. 大纲视图

用于显示、修改或创建文档的大纲，它将所有的标题分级显示出来，层次分明，特别适合多层次文档，使得查看文档的结构变得很容易。

4. Web 版式视图

以网页的形式来显示文档中内容。

5. 草稿视图

草稿视图类似之前的 Word 2003 或 2007 中的普通视图，该图只显示了字体、字号、字形、段落及行间距等最基本的格式，但是将页面的布局简化，适合于快速键入或编辑文字并编排文字的格式。

3.2 Word 2010 的基本操作

本节对 Word 2010 文档的基本操作和文本的简单编辑进行了详细介绍，特别是对文本的基本操作是我们学习的重点，也是学好 Word 2010 的基础。

3.2.1 文档的创建和保存

1. 文档的创建

启动 Word 2010 应用程序，会自动打开一个名为"文档1"的空白文档，可以直接在该文档中进行编辑，也可以新建其他空白文档，单击"文件"选项卡的"新建"命令，如图 3.12 所示，在"可用模板"列表框中选择文档模板的类型，然后单击"创建"按钮即可创建相应的文档。联网状态下还可以获得更多网络上的模板。

图 3.12　新建文档

2. 文档的保存

为了将新建的或者编辑过的文档存放在计算机中，可以保存该文档。单击"快速访问"栏中的"保存"按钮，打开"另存为"对话框，如图 3.13 所示。在"文件名"文本框中输入文档名称，在"保存类型"下拉列表中选择文档的保存类型，然后单击"保存"按钮。也可以在"文件"选项卡单击"保存"按钮。或者按键盘上的"Ctrl"+"S"组合键也可以完成文档的保存。

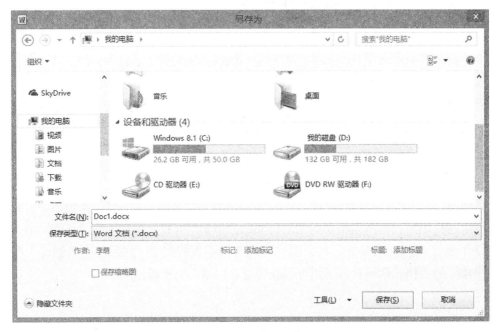

图 3.13　文档的保存

小知识

Word 2010 中，文档的后缀为 .docx。为了使低版本的软件也能够读取并编辑该文档，可以在保存类型中选择"Word 97-2003 文档"，这样保存的文档后缀为 .doc，可以向低版本 Word 兼容。

Word 为了防止用户忘记保存文档，避免因突发事件如停电、死机等造成的不必要的损失，为用户提供了以一定时间间隔自动保存文档的功能。单击"文件"选项卡的"选项"按钮，选择"保存"选项卡，可以设置保存自动恢复信息时间间隔，如图 3.14 所示。

图 3.14　设置自动保存文档

3.2.2　文本的编辑

1. 输入文本

（1）输入文字

在 Word 窗口的文本编辑区单击鼠标就可以输入汉字、数字和英文字符等。输入时，插入点会自动向右移动，用户可以连续输入，当到达页面右边界时，插入点向下自动换行，移动到下一行的行首位置。注意不要使用回车键对段落进行调整，当一个段落结束时，再按回车键。

（2）输入符号

在文档编辑过程中，通常需要通过 Word 中插入符号的功能来实现。首先将光标定位到需要插入符号的位置，然后单击"插入"选项卡→"符号"按钮，在弹出的下拉菜单中选择"其他符号"命令。选择需要的符号后，单击"插入"按钮即可，如图 3.15 所示。

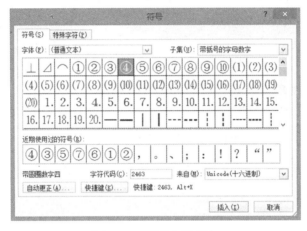

图 3.15   "符号"选项卡

（3）插入日期和时间

虽然日期和时间可以像一般文本一样输入到文档，但是也可以利用 Word 的日期和时间功能直接插入到文档之中，并且该日期和时间是与当前计算机的日期和时间一致的。将光标定位到需要插入日期和时间的位置，然后单击"插入"选项卡→"时间和日期"按钮，如图 3.16 所示。在"语言（国家和地区）"中，可以选择需要的语言。若要使日期和时间中的阿拉伯数字按全角处理，可以选定"使用全角字符"复选框。在该对话框中还有一个"自动更新"复选框，若选定此复选框，则对于所输入的日期和时间，在本文档再次打开时，该日期和时间将随着计算机的日期和时间被更新。最后单击"确定"按钮即可。

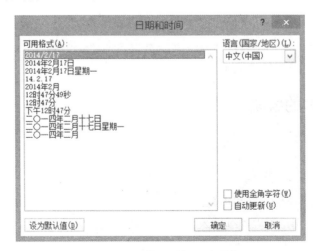

图 3.16   "日期和时间"选项卡

2. 选定文本

对于文本的基本编辑操作，如复制、移动、删除等都需要先选定文本，然后再进行相关操作，选定文本可以通过鼠标或键盘来进行。表 3.1 列出了如何用鼠标来选择文本的方法。

表 3.1　用鼠标选定文本的方法

选定内容	操作方法
任意数量的文本	在要开始选择的位置单击鼠标，然后按住鼠标左键不放，拖动选择需要选择的文字
一个词	在单词中的任何位置双击鼠标
一个句子	按住 "Ctrl" 键，在句中任意位置单击鼠标，可以选中一个完整的句子
一行文本	单击该行的选定区
一段文本	在段内任意位置三击鼠标，或在本段的选定区双击鼠标
不连续的文本	先选择一个文本区域，按住 "Ctrl" 键，选择其他文本区域
整篇文档	在选定区三击鼠标，或者键盘上 "Ctrl"+"A"
矩形文本框	按住 "Alt" 键，拖动鼠标

3. 复制文本

复制文本是指将文档中某处的内容经过复制操作，在指定位置获得完全相同的内容。复制后，原位置上的内容依然存在，在新位置将产生和原来相同的内容。

方法 1：选定要复制的文本，按 "Ctrl" + "C" 组合键将选定文本复制到剪贴板，然后把插入点移到目标位置，按 "Ctrl" + "V" 键粘贴。

方法 2：选定要复制的文本，按住 "Ctrl" 键拖动选定文本到指定目标位置，也可以实现复制功能。

4. 移动文本

移动文本是指将文本移到另一处，以便重新组织文档的内容结构。

方法 1：选定要移动的文本，按 "Ctrl" + "X" 组合键将选定文本复制到剪贴板，然后把插入点移到目标位置，按 "Ctrl" + "V" 键粘贴。

方法 2：选定要移动的文本，按住鼠标左键拖动到指定目标位置即可实现移动功能。

5. 删除文本

在编辑文档的过程中，经常需要删除一些文本。如果要删除一个字符，则将光标移动到要删除字符的前面，按 "Delete" 键即可删除该字符。如果要删除一个段落可以选择该段落，按 "Delete" 键即可删除整段文字。

6. 撤销和重复

在使用 Word 中，如果出现了误操作，用户可以随时使用"快速访问"工具栏里的"撤销"按钮返回该步骤之前的状态，或在键盘上按"Ctrl"+"Z"组合键完成撤销操作。如果要取消已撤销的操作，返回撤销前的状态，只需要按"重复"按钮即可，或在键盘上按"Ctrl"+"Y"组合键也可完成相同功能。可以撤销和重复 100 多次操作。如果要撤销多项操作，可以单击"撤销"下三角按钮，然后在下拉列表中选择，如 3.17 所示。

当撤消了某项操作后，"快速访问"工具栏中的"重复"按钮变成"恢复"按钮，如图 3.18 所示。

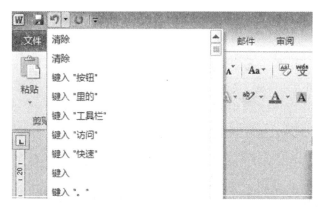

图 3.17 "撤销"和"重复"按钮

图 3.18 "撤销"和"恢复"按钮

3.3 设置文档格式

【案例 3.1】——重阳节，题目要求如下：

1. 第一段标题设置字体格式为黑体，小一号字，居中，字体颜色为红色，文字间距加宽 3 磅。为标题加上拼音，拼音对齐方式设置为左对齐，偏移量为 2 磅。

2. 正文设置中文字体为宋体，英文字体为 Times New Roman，小四号字。

设置正文每个段落首行缩进 2 字符。段落间距为 1.5 倍行距。

3. 正文第一段文字加上黄色底纹。

4. 正文第二段段落加上橙色底纹，图案为 5%。第一个字"每"加上圈，第二个字"年"加上方框，均为增大圈号。

第二段分为 2 栏，加分隔线，间距设为 1.5 字符。

5. 正文第三段设置首字下沉两行，字体设置为隶书。

6. 正文第四段设置为分散对齐，并加波浪下划线。

7. 以下每段加如图 3.19 所示的项目符号。

8.利用替换功能，将正文中所有出现的"重阳节"三个字都加上着重号。

完成后样张如图 3.19 所示。

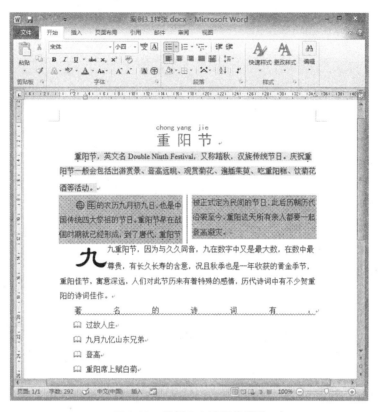

图 3.19 案例 3.1 重阳节样张

案例分析

案例 3.1 是关于文档格式设置的，文档格式设置决定字符在屏幕上和打印时出现的形式，增强文档的可读性。Word 2010 提供了强大的设置字体格式的功能，还提供了多种修改、编辑文档格式的方法。学好此节不仅可以使文稿样式美观，还可以使编排过程更加顺畅。

3.3.1 字符格式化

字符格式化是指通过对文档中字符的字体、大小、颜色，字符的位置及字符的间距等设置，来达到一定的格式要求。

操作步骤

第一步：新建一个空白 Word 文档，输入文本，如图 3.20 所示。注意不要随意使用空格或回车来改变文字位置。

图 3.20　输入文本

第二步：选中标题，单击"开始"选项卡的"字体"功能区右下角的小箭头，打开"字体"对话框，如图 3.21 所示。中文字体设置为"黑体"，字号设置为"小一"，字体颜色设置为"红色"。

第三步：在"字体"对话框单击"高级"选项卡，设置字符间距为"加宽"，磅值为"3 磅"，如图 3.22 所示。单击"确认"按钮，关闭"字体"对话框。

图 3.21　"字体"对话框　　　　　　　　图 3.22　设置字符间距

第四步：在"字体"功能区单击✍，打开"拼音指南"对话框，如图 3.23 所示。分别为三个汉字输入相应的拼音"chong"、"yang"、"jie"，对齐方式设置为"左对齐"，偏移量设置为"2 磅"，单击"确认"按钮，关闭"拼音指南"对话框。最后在段落功能区选择 ≡ 按钮，使得文字居中。

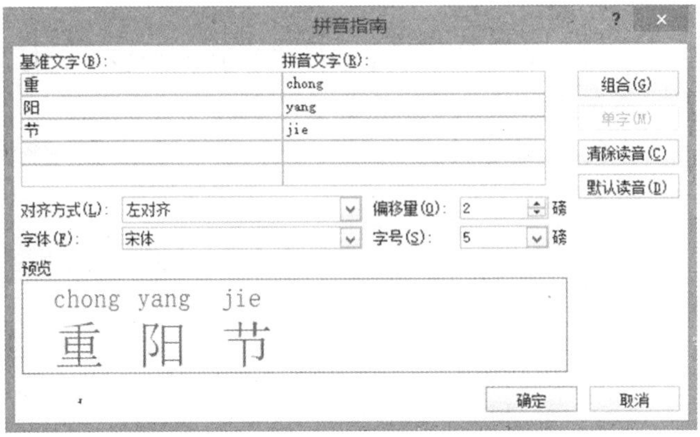

图 3.23 "拼音指南"对话框

第五步：选中正文部分，单击"开始"选项卡的"字体"功能区右下角的小箭头，打开"字体"对话框，设置中文字体为"宋体"，西文字体为"Times New Roman"，字体大小为"小四号"，如图 3.24 所示。单击"确认"按钮关闭"字体"对话框。

第六步：选中"每"字，在"字体"功能区单击❣，打开"带圈字符"对话框，如图 3.25 所示。样式选为"增大圈号"，圈号选择圆形。单击"确定"按钮，关闭该对话框。

图 3.24 设置字体　　　　　　　图 3.25 "带圈字符"对话框

第七步：选中正文第二段文字，打开"页面布局"选项卡，在"页面设置"功能区，单击 ▤▤ 分栏 ▾ 右侧的小箭头，在下拉菜单中选择"更多分栏"，打开"分栏"对话框，如图3.26所示。栏数选择"2"栏，选中"分隔线"单选框，间距设置为"1.5字符"，单击"确定"按钮，关闭该对话框。

第八步：将光标置于正文第三段，打开"插入"选项卡，在"文本"功能区，单击 ▤▤ 首字下沉 ▾ 右侧的小箭头，在下拉菜单中选择"首字下沉选项"，打开"首字下沉"对话框，如图3.27所示。位置选择"下沉"，字体为"隶书"，下沉行数为"2"，单击"确定"按钮，关闭该对话框。

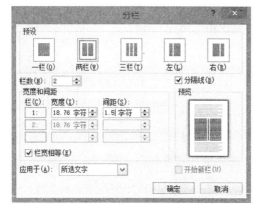
图3.26　"分栏"对话框

图3.27　"首字下沉"对话框

第九步：选中正文部分，在"编辑"功能区，单击 ▤▤ 替换，打开"查找和替换"对话框，在"查找内容"和"替换为"文本框都输入"重阳节"，单击"更多"按钮，如图3.28所示。选中替换处的"重阳节"，单击"格式"按钮，设置着重号，单击"全部替换"按钮即可。

图3.28　"查找和替换"对话框

知识点精讲

1. 字符格式化的基本设置

字符格式化的基本设置包括文字的字体、字形、字号等的设置，Word 2010 可以通过以下几种方式进行设置。

方法一：通过"开始"选项卡的"字体"功能区。其对应功能如图 3.29 所示。这些功能包括了对字体、字号、字形、文字颜色及效果的设置，简单而又直观。选中文字后，单击按钮或进行简单设置后，即可完成相应效果，按钮与功能及示例如表 3.2 所示。

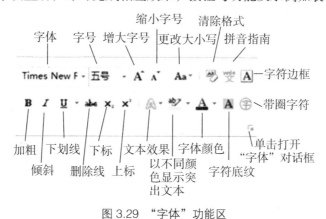

图 3.29　"字体"功能区

表 3.2　按钮及其效果展示

按钮	作用	示例
B	加粗	东方学院→东方**学院**
I	倾斜	东方学院→东方学院
U ˇ	下划线	东方学院→东方学院
a̶b̶c̶	删除线	东方学院→东方学院
X₂	下标	东方学院→东方$_{学院}$
X²	上标	东方学院→东方^{学院}
A	文字效果	东方学院→东方学院
ab̲c̲ ˇ	以不同颜色突出显示文本	东方学院→东方学院
A ˇ	字体颜色	东方学院→东方学院
A	字符底纹	东方学院→东方学院
ⓕ	带圈字符	东方学院→东方㊗院
Aˆ	增大字体	东方学院→东方学院
Aˇ	缩小字体	东方学院→东方学院
Aa ˇ	更改大小写	abc → ABC
清除格式	清除格式	东方学院→东方学院
拼音指南	拼音指南	东方学院→东方$^{xué yuàn}$学院
A	字符边框	东方学院→东方学院

　　方法二：通过"浮动工具栏"，这是 Word 2010 的新特性之一。当你选择文本后，用鼠标指向选定内容，"浮动工具栏"就会以淡出的形式显示出来。如果指向浮动工具栏，它将变成实体，就可以单击上面的格式选项了，如图 3.30 所示。

图 3.30　浮动工具栏

　　方法三：通过"字体"对话框，具体操作如下：

　　① 选中文字后，可以通过"字体"功能区右下角的小箭头或者右击打开"字体"对话框，如图 3.31 所示。在"字体"对话框中，可以进行更多的设置，如给下划线设置不同颜色等。

　　② 打开"高级"选项卡，如图 3.32 所示，其中字符间距是指相邻字符间的距离，字符缩放是指字符的宽高比例，以百分数来表示。

图 3.31　"字体"对话框

图 3.32　"高级选项卡"对话框

　　③ 单击下方的"文字效果"按钮可以对文本效果进行更多设置，如文本填充颜色、文本边框、轮廓样式、阴影等，如图 3.33 所示。"设为默认值"按钮的作用是可以将设置好的中文、西文的字体、字号保存到模板中，下次可以直接进行使用，节省时间。

小知识

　　注意：对文本的格式的设置必须首先选定要设置的文本，否则一切工作都是无效的。

图 3.33 "设置文本效果格式"对话框　　　　　图 3.34 "首字下沉"对话框

2. 首字下沉

将光标插入点置于要设置的段落中,打开"插入"选项卡,在"文本"功能区,单击 首字下沉 右侧的小箭头,在下拉菜单中选择"首字下沉选项",打开"首字下沉"对话框,如图 3.34 所示。位置选择"下沉",设置首字的字体样式、下沉行数和距正文的位置,单击"确定"按钮,关闭该对话框。

如果要取消首字下沉,只需要将位置选择为"无"即可。

3. 查找和替换

（1）查找

查找的目的是对文章中的内容进行快速查找。单击"开始"选项卡"编辑"功能区上的 查找 按钮,或者按"Ctrl"+"F"组合键,在页面左侧自动打开查找导航,输入要找的内容,点击回车确定,导航窗口会将该关键词出现的文章句子都罗列出来。单击即可转到相应正文位置,如图 3.35 所示。

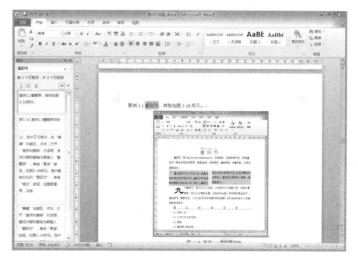

图 3.35 "查找"导航

（2）替换

如果希望将文章中的某些字、词或是符号等用别的内容代替，则需要使用"替换"命令。首先将光标置于文档中的任意位置，单击"开始"选项卡的"编辑"功能区上的 按钮，或者按"Ctrl"+"H"组合键，打开"替换"对话框，如图3.36所示。在查找内容里输入待替换的内容，如果需要指定替换后的文字格式，可以单击左下角的"更多"按钮，进行格式的设置，最后单击"替换"或"全部替换"按钮即可。

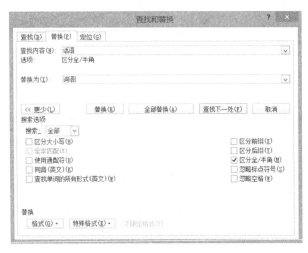

图3.36　"查找和替换"对话框

4. 设置其他字符格式

（1）设置文字或字符的带圈效果

选定单个文字或单个字符，单击"字体"功能区的 按钮，打开"带圈字符"对话框，如图3.37所示。

（2）拼音指南

如果在文档中希望某些文字带有拼音以明确发音，可以单击"字体"功能区的 按钮，打开"拼音指南"对话框，如图3.38所示。

图3.37　"带圈字符"对话框

图3.38　"拼音指南"对话框

3.3.2 段落格式化

以上是对案例 3.1 进行了字符的格式化设置，但有很多时候对字符的格式化已经远远不够，还需要对段落进行整体的设置，因此还需对案例 3.1 进行段落的格式化设置。

操作步骤

第一步：选中正文部分文字，单击"段落"功能区右下角的小箭头，打开"段落"对话框，将"特殊格式"设置为"首行缩进"，"磅值"为"2 字符"，"行距"为"1.5 倍行距"，如图 3.39 所示。单击"确认"按钮，关闭"段落"对话框。

第二步：选中正文第一段文字，在"开始"选项卡的"段落"功能区单击 图标右侧的小箭头，在"标准色"中选择"黄色"，该段落就添加了黄色的底纹，如图 3.40 所示。

图 3.39 "段落"对话框

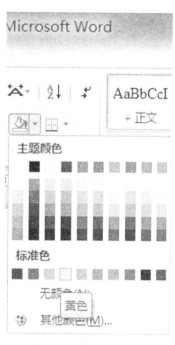

图 3.40 设置底纹颜色

第三步：选中正文第二段文字，在"开始"选项卡的"段落"功能区单击 图标右侧的小箭头，在下拉菜单中选择"边框和底纹"。在"边框和底纹"对话框中，选择"底纹"选项卡，"填充"选择"橙色"，"图案"样式为"5%"，如图 3.41 所示。需要注意的是，选择了"边框和底纹"后，功能区上的该按钮变成了 。

第四步：选中正文第四段文字，打开"开始"选项卡，在"段落"功能区，单击 ，完成文字的分散对齐。在"字体"功能区，单击 **U** 右侧的小箭头，选择"波浪下划线"。如图 3.42 所示。

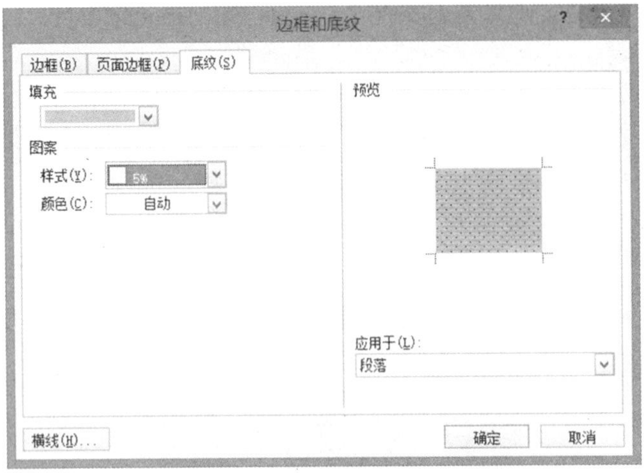

图 3.41 "边框和底纹"对话框

图 3.42 选择波浪下划线

第五步：选中正文第五段至第八段，在"段落"功能区，单击 ⋮≡ 右侧的小箭头，在下拉菜单中，选择"定义新项目符号"打开"定义新项目符号"对话框，如图 3.43 所示。在"符号"中选择图形 📖，在"字体"中设置为"红色"。单击"确定"按钮，关闭该对话框。

图 3.43 "定义新项目符号"对话框

知识点精讲

文本段落格式化其实就是页面上的定位文本，决定文本的位置。它是对段落的分栏、对齐方式、缩进方式、行间距、段间距、设置换行和分页、制表位等段落外观的设置。

1. 段落的对齐方式

段落的对齐方式有左对齐、右对齐、居中对齐、两端对齐和分散对齐五种。

（1）左对齐：文本从左起开始排列，允许右边不齐，通常用于正常文档的排版。

（2）右对齐：文本从右边开始排版，允许左边不齐，通常用于文档结束处的签名或日期等。

（3）居中对齐：文本由中间向两边分布，始终保持文本处在行的中间，通常用于标题的排版。

（4）两端对齐：段落中除最后一行以外的文本都均匀地排列在左右边距之间，段落左右两边都对齐。

（5）分散对齐：将段落中的所有文本（包括最后一行）都均匀地排列在左右边距之间。

段落的对齐方式设置方法有两种，一种是通过单击"开始"选项卡→"段落"功能区的对齐按钮，如图 3.44 所示。

第二种方法是通过"段落"对话框。选中段落，单击"段落"选项卡的右下角箭头，或者右击，打开"段落"对话框。如图 3.45 所示，在"对齐方式"下拉菜单选择相应的对齐方式，然后单击"确定"按钮。

图 3.44　对齐按钮　　　　　　　　　　图 3.45　"段落"对话框

2. 段落的缩进方式

缩进是表示一个段落的首行、左边和右边距离页面左边和右边以及相互之间的距离关系。缩进有以下四种：

（1）左缩进：段落的左边距离页面左边距的距离。

（2）右缩进：段落的右边距离页面右边距的距离。

（3）首行缩进：段落第一行由左缩进位置向内缩进的距离，中文一般习惯首行缩进两个汉字宽度。

（4）悬挂缩进：段落中除第一行以外的其余各行由左缩进位置向内缩进的距离。

段落的缩进方式的设置有三种方法，第一种方法是通过"段落"选项卡的 按钮，来减少或增加缩进量。

第二种方法是通过标尺来设置。如果编辑窗口上没有标尺，则可以通过单击窗口右侧滚动条上方的"标尺"按钮，打开标尺。然后在标尺上进行段落缩进的设置，如图 3.46 所示。

图 3.46　水平标尺

第三种方法是通过"段落"对话框。选中段落，单击"段落"选项卡的右下角箭头，或者右击，打开"段落"对话框，如图 3.45 所示。其中"首行缩进"和"悬挂缩进"在"特殊格式"下拉列表中选择即可。

3. 行间距与段落间距

行间距是指段落中相邻两行间的间隔距离。段间距是指相邻两段间的间隔距离，段间距包括段前间距和段后间距两种。段前间距是指段落上方的间距量，段后间距是指段落下方的间距量，因此两段间的段间距应该是前一个段落的段后间距与后一个段落的段前间距之和。设置的方法有两种，一种是通过"段落"功能区的 按钮，进行行间距和段落间距的设置，如图 3.47 所示。

另一种方法是通过"段落"对话框。选中段落，单击"段落"选项卡的右下角箭头，或者右击，打开"段落"对话框，如图 3.45 所示，设置段前段后间距以及行间距。

4. 项目符号列表和编号列表

列表在文档中可谓神通广大。从汇总信息到使信息通俗易懂，列表用途广泛。列表有项目符号列表与编号列表之分。如果信息有前后顺序，则编号列表必不可少。如果顺序无关紧要，则项目符号列表也许更好。合理使用项目符号和编号，可以使文档的层次结构更清晰、更有条理。

列表可以是单级列表或多级列表：在单级或单层列表中，列表内的所有项都拥有相同的层次结构和缩进；而在多级列表中，列表中还套有列表。图 3.48 给出了项目符号列表、编号列表和多级符号列表的示例。

图 3.47 设置行间距和段落间距

项目符号列表
- 过故人庄
- 九月九忆山东兄弟
- 登高
- 重阳席上赋白菊

编号列表
1. 新建一个 Word 文档
2. 输入文字
3. 保存
4. 关闭文档

多级列表
第 3 章 Word 2010
  3.1 Word 2010 概述
    3.1.1 Word 2010 的新特性
    3.1.2 Word 2010 界面介绍

图 3.48 不同列表的示例

（1）单级列表

要创建单级项目符号列表或编号列表可以在输入文本时自动创建项目符号和编号，也可以给已有文本添加项目符号或编号。

选择要向其添加项目符号或编号的项目，在"开始"选项卡的"段落"功能区中，单击 按钮或 按钮，选择需要的项目符号或编号。如果不想使用符号库里已有的符号，可以单击"定义新项目符号"，打开对话框，选择符号，还可以通过"字体"按钮改变符号的颜色、大小等，如图 3.49 所示。若在接下来的文字输入过程中自动添加了项目符号或编号，可以按"Backspace"键删除。

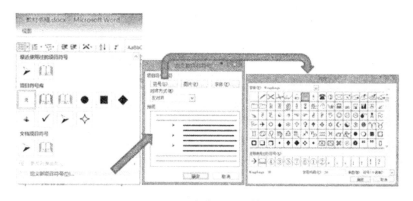

图 3.49 自定义项目符号

（2）多级列表

① 将单级列表转换成多级列表。通过更改列表项的分层级别，可将现有单级列表转换为多级列表。单击要移到其他级别的任何项目。在"开始"选项卡上的"段落"组中，

单击"项目符号"或"编号"旁边的箭头,单击"更改列表级别",然后选择所需的级别。如图 3.50 所示。

② 从库中选择多级列表样式。首先单击列表中的项,在"开始"选项卡上的"段落"组中,单击"多级列表"右侧的小箭头,打开下拉列表,单击所需的多级列表样式即可,如图 3.51 所示。

图 3.50　更改列表级别　　　　　　　　图 3.51　多级列表

5. 边框和底纹

（1）为文本添加边框

选中要添加边框的文本,单击"开始"选项卡的"段落"功能区的 右侧的小箭头,在下拉列表中选择"边框与底纹",如图 3.52 所示。在设置栏中可以根据需要设置不同的边框、线型、颜色和宽度。在"应用于"下拉列表框中有"文字"和"段落"两个选项。可以选择相应的应用范围。

若选择"文字"选项,则将所选的内容按照文字方式围绕成边框；若选择的是"段落",则在段落外围上边框,如图 3.53 所示。需要注意的是,选择过"边框和底纹"后,功能区上的该按钮变成了 。

图 3.52　"边框与底纹"对话框

边框（应用于段落）

　　黑龙江东方学院是国家教育部批准的具有高等学历教育资格的民办普通本科高等学校，是黑龙江省教育厅确定的全省高等教育体制改革试点学校。

边框（应用于文字）

黑龙江东方学院是国家教育部批准的具有高等学历教育资格的民办普通本科高等学校，是黑龙江省教育厅确定的全省高等教育体制改革试点学校。

图 3.53　边框应用于段落和文字

 小知识

　　注意：若为某段添加底纹，可以将光标插入点置于该段段中或选定该段。若为多段添加底纹，可以选定多个待加底纹的段。

（2）为页面添加边框

　　为页面添加边框是指为整个文档添加边框。可以将光标置于文档的任意位置，单击"开始"选项卡的"段落"功能区的 ▦ ▾ 右侧的小箭头，在下拉列表中选择"边框与底纹"，选择"页面边框"选项卡，如图 3.54 所示。除了可以选择各种样式的线型外，还可以为页面选择"艺术型"边框。

图 3.54 "页面边框"选项卡

（3）添加底纹

　　首先选中需要添加底纹的文档,单击"开始"选项卡的"段落"功能区的 右侧的小箭头,在下拉列表中选择"边框与底纹",选择"底纹"选项卡,如图 3.55 所示。同样要注意"应用于"下拉菜单的选择,应用于段落和文字的效果如图 3.56 所示。

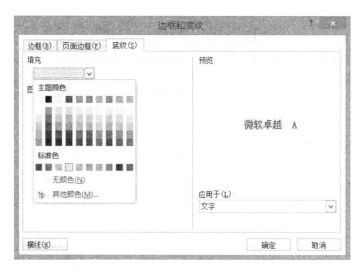

图 3.55 "底纹"选项卡

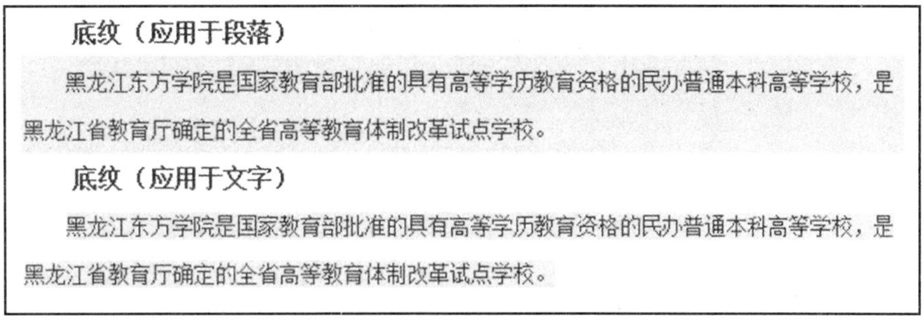

底纹（应用于段落）

黑龙江东方学院是国家教育部批准的具有高等学历教育资格的民办普通本科高等学校，是黑龙江省教育厅确定的全省高等教育体制改革试点学校。

底纹（应用于文字）

黑龙江东方学院是国家教育部批准的具有高等学历教育资格的民办普通本科高等学校，是黑龙江省教育厅确定的全省高等教育体制改革试点学校。

图 3.56　底纹应用于段落和文字

6. 格式刷

格式刷的作用就是使两个或多个区域的字体、颜色、格式等全部相同。比如你想要让第三段文字和第一段文字的格式相同，那么就首先全部选中第一段文字，再单击“开始”选项卡“剪贴板”功能区的按钮，把光标停在第三段文字上，当光标显示有个小刷子时，按住鼠标左键不放一直拖动到第三段文字结束即可。

以上是单击格式刷的用途，刷完后就不能重复使用了。如果有多个区域都需要使用格式刷，那么逐个单击就太麻烦了，这时就可以用到双击了，首先全部选中已改变的一个段落，再双击格式刷，然后把鼠标停在要改变的段落上，照样按住鼠标左键不放，一直拖动到段落结束，然后可以再照这样的方法去改变其他的段落，当全部结束后，单击格式刷按钮就可以了。

7. 设置分页和换行

通过设置 Word 2010 文档段落分页选项，可以有效控制段落在两页之间的断开方式。在 Word 2010 文档中设置段落分页选项的步骤如下：首先选中需要设置分页选项的段落或选中全文。在“开始”选项卡的“段落”功能区的右下角打开“段落”对话框，并切换到“换行和分页”选项卡，如图 3.57 所示。

在“分页”区域含有四个与分页有关的选项，每项的功能如下：

（1）孤行控制：当段落被分开在两页中时，如果该段落在任何页的内容只有 1 行，则该段落将完全放置到下一页。

（2）与下段同页：当前选中的段落与下一段落始终保持在同一页中。

（3）段中不分页：禁止在段落中间分页，如果当前页无法完全放置该段落，则该段落内容将完全放置到下一页。

（4）段前分页：选中此复选框，可以在所选段前插入一个分页符。

根据实际需要选中合适的复选框，并单击“确定”按钮即可。复选框可以同时选择多项。

图 3.57　"换行和分页"选项卡

3.3.3　模板文件

除了通用型的空白文档模板之外，Word 2010 中还内置了多种文档模板，如博客文章模板、书法字帖模板等等。另外，Office.com 网站还提供了证书、奖状、名片、简历等特定功能模板。借助这些模板，用户可以创建比较专业的 Word 2010 文档。因此使用模板文件可以极大提高工作效率。

1. 使用已有的模版

首先打开 Word 2010 文档窗口，单击"文件"选项卡的"新建"按钮，打开"样本模板"列表页，单击合适的模板后，在"新建"面板右侧选中"文档"单选框，然后单击"创建"按钮，打开使用选中的模板创建的文档，用户可以在该文档中进行编辑，如图 3.58 所示。

2. 修改已有模版

首先打开 Word 2010 文档窗口，单击"文件"选项卡的"新建"按钮，打开"样本模板"列表页，单击合适的模板后，在"新建"面板右侧选中"模板"单选框，然后单击"创建"按钮。打开模板后，可以根据需要对模板进行修改。完成后，单击"文件"选项卡的"另存为"按钮，保存为 Word 模板文件，文件需保存到 Office 安装目录的 Templates 文件夹下，如图 3.59 所示。

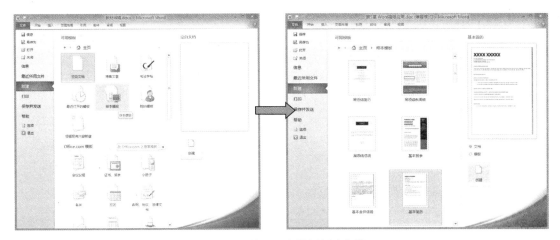

图 3.58　使用已有模板创建文档

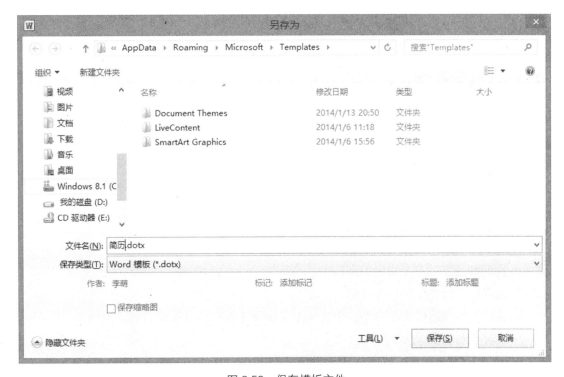

图 3.59　保存模板文件

当需要使用已存储的模板文件时，单击"文件"选项卡的"新建"按钮，打开"我的模板"列表页，即可找到已存储的模板文件，如果需要修改模板文件，则选择新建"模板"，按上述操作；如果要使用模板创建文档，则选择新建"文档"即可。如图 3.60 所示。

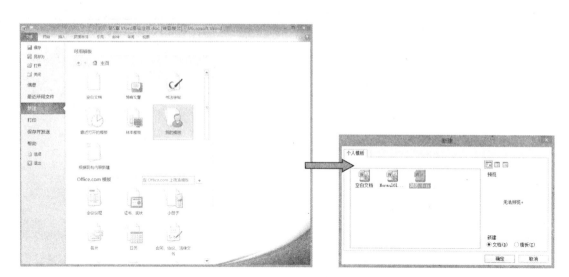

图 3.60　打开"我的模板"

3.4　处理表格

【案例 3.2】——课程表，题目要求如下：

1. 插入一个 6 列 5 行的表格。

2. 按照案例输入除第一列外的所有文字。

3. 设置第一行行高为 2cm。

4. 在最右侧增加一列"星期六"。

5. 如案例所示，对一列表格进行拆分，输入相应文字。

6. 设置单元格对齐方式为中部居中。

7. 设置第一行底纹颜色为黄色。

8. 设置表格外边框为双线型，中线（上午和下午的分界线）也设置为双线。

9. 设置如图 3.61 所示的斜线表头。

10. 将表格下移一行，输入标题"课程表"，设置字体为华文楷体，小二号，居中。

完成后样张如图 3.61 所示。

案例分析

本案例是关于表格的编辑处理的案例。表格由行和列构成，可以在表格中插入文字和图片，可以直观清晰地进行显示。常见的表格有登记表、调查问卷、个人简历、会议日程等。通过本案例的学习可以很好地掌握对表格各项操作。

图 3.61 案例 3.2—课程表

3.4.1 创建表格

操作步骤

第一步：插入表格。单击"插入"选项卡 按钮下方的小箭头，在下拉菜单中选择"插入表格"，打开"插入表格"对话框，如图 3.62 所示。表格尺寸列数和行数分别输入 6 和 5，"自动调整"操作中选择"固定列宽"，按"确定"按钮，就会出现一个 6 列 5 行的空表格。

第二步：在空表格中输入案例中的数据（除了第一列），每输入完一个数据如果想输入数据到水平的下一个格，就按键盘的"→"；如果想输入数据到垂直的下一个格，就按键盘的"↓"，表格制作完毕。

图 3.62　插入表格对话框

知识点精讲

1. 插入表格

将光标置于文档中要插入表格的位置，单击"插入"选项卡，下方的小箭头，打开"表格"下拉菜单，可以使用在网格上选择来创建表格，如图 3.63 所示。

也可以通过"插入表格"对话框来创建表格。如图 3.64 所示。表格尺寸栏中的列数和行数的微调框中输入所需要的列数和行数。

在"插入表格"对话框的"自动调整"操作栏中有三个单选按钮，它们所对应的含义为：

（1）固定列宽

能够使列宽为一个固定的值，其值可通过它右侧的微调框具体输入需要的列宽度值，固定列宽的默认值为自动，这表示表格的宽度与页面的宽度一样，而表格的列宽是相等的。

（2）根据内容调整表格

由在表格中输入的文本内容的多少来调整表格的列宽。

（3）根据窗口调整表格

表格宽度与页面相同，列宽为页面宽度除以列数。在"插入表格"对话框中表格样式默认为网格型。

图 3.63　使用网格创建表格　　　　　图 3.64　"插入表格"对话框

2. 绘制表格

用以上方法建立的表格一般都具有一定的规律，但在日常生活中，有时也需要一些规律性不强的又很复杂的表格，为此 Word 提供了用"表格和边框"工具栏手工绘制表格的功能。可以通过"插入"选项卡的下方的小箭头，打开"表格"下拉菜单，选择"绘制表格"按钮。如果已经存在表格，则当光标处于表格内时，Word 的选项卡会自动多出"设计"选项卡。如图 3.65 所示。当单击"绘制表格"按钮后，光标就会变成笔型，并打开绘制模式。拖动鼠标即可开始绘制。也可以先进行线型、粗细、颜色等的设置。绘制结束后再次单击"绘制表格"按钮，结束绘制模式。

图 3.65　"设计"选项卡

3. 插入快速表格

选择"插入"选项卡的"表格"下拉按钮，在弹出的菜单中选择"快速表格"选项，在弹出的子选项中选择合适的表格，单击即可插入，如图 3.66 所示。快速表格是 Word 里内置的一些表格模板，方便我们进行使用。

图 3.66   插入"快速表格"

3.4.2   编辑表格

表格创建成功之后，可以对表格进行编辑，包括添加或删除一行或一列，设置表格的行高及列宽等。

操作步骤

第一步：按住鼠标左键，选中表格第一行，右击，在菜单中选择"表格属性"，打开"表格属性"对话框后，选择"行"选项卡，如图 3.67 所示。设置行高为指定尺寸 2cm，按"确定"按钮，关闭对话框。

第二步：将光标移动到表格最右侧，右击，选择"插入"→"在右侧插入列"，如图 3.68 所示。

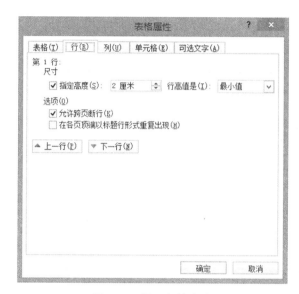

图 3.67 设置行的高度

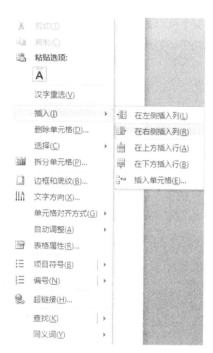

图 3.68 在右侧插入一列

第三步：单击"插入"选项卡按钮下方的小箭头，在下拉菜单中单击"绘制表格"按钮。如图 3.69 所示。当鼠标变成"笔"的形状后，按照样张画线，完成单元格的拆分。完成后，单击，鼠标变回原来的样式。

第四步：选中第一列第二、三单元格，右击，选择"合并单元格"。对第一列第四、五单元格进行同样操作。按照样张，输入相应文字。

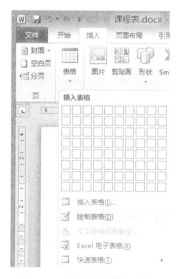

图 3.69 "绘制表格"按钮

知识点精讲

1. 在表格中输入文本

在表格中输入文本的方法与一般文本输入的方法一样，只要把光标定位在一个单元格中，即可输入文本。如果所输入的文本超过一列的宽度，则输入到单元格的右边界时，Word 2010 会将文本自动折到下一行，而不会越过单元格的边界覆盖下一个单元格。同时，该单元格也会自动增加行高，以容纳此新行。同样，如果删除单元格中某些文本，单元格的高度也会自动缩减。因此在表格中输入文本时，表格的高度会自动随着输入的文本调整。因为表格内同一行中各列的高度是相同的，因此如果某一单元格的高度因输入文本而增加，即使其他各列单元格中的文本并未变化或没有文本，该行上的其他单元格的高度也会同步增加。

2. 选定表格的操作对象

（1）使用"选择"按钮选定表格对象

将光标定位在表格内部，右击，单击"选择"单元格、列、行或者表格，如图 3.70 所示。

图 3.70　利用菜单"选择"表格对象

（2）使用鼠标选择表格对象

① 选择单元格：将鼠标指针指向单元格的左边，当鼠标指针变为一个指向右上方的黑色箭头时，单击可以选定该单元格。

② 选择行：将鼠标指针指向行的左边，当鼠标指针变为一个指向右上方的白色箭头时，单击可以选定该行；如拖动鼠标，则拖动过的行被选中。

③ 选择列：将鼠标指针指向列的上方，当鼠标指针变为一个指向下方的黑色箭头时，单击可以选定该列；如水平拖动鼠标，则拖动过的列被选中。

④ 选择连续单元格：在单元格上拖动鼠标，拖动的起始位置和终止位置间的单元格被选定；也可单击位于起始位置的单元格，然后按住"Shift"键单击位于终止位置的单元格，起始位置和终止位置间的单元格被选定。

⑤ 选择整个表格：单击表格左上角的表格移动控点"＋"可选择整个表格。

⑥ 选择不连续单元格：在按住"Ctrl"的键同时拖动鼠标可以在不连续的区域中选择单元格。

3. 移动或复制单元格、行或列中的内容

在单元格中移动或复制文本与在文档中的操作基本相同，不同的是在选中要移动或复制的单元格、行或列并执行"剪切"或"复制"的操作后，"粘贴选项"命令会相应地变成"嵌套表"、"合并表格"、"以新行的形式插入"、"覆盖单元格"、"只粘贴文本"五种选项，用户可以根据预览效果进行选择。

4. 插入单元格、行和列

（1）插入单元格

方法一：将光标置于表格中要插入单元格的位置，选择"布局"选项卡中的"行和列"组的扩展按钮，这也将打开"插入单元格"对话框，如图 3.71 所示。

方法二：将光标置于表格中要插入单元格的位置，右击，打开菜单，选择"插入单元格"按钮后，如图 3.72 所示，会打开"插入单元格"对话框。

图 3.71　"插入单元格"对话框

图 3.72　利用菜单插入单元格

（2）插入行和列

方法一：将光标置于表格中要插入行或列的位置，选择"布局"选项卡的"行和列"组中的"在上方插入"或"在下方插入"按钮插入行，或选择"在左侧插入"或"在右侧插入"来插入一列，如图 3.73 所示。

图 3.73　利用按钮插入行或列

方法二：光标置于表格中要插入行或列的位置，右击，在弹出的菜单中选择"在左侧插入列"、"在右侧插入列"、"在上方插入行"、"在下方插入行"或者"插入单元格"。

选定多行或多列再进行插入操作，则可以插入和选定数量一样多的行或列。

📺 **小知识**

若要在表尾处插入一行，可以将光标置于表尾，也就是最后一行最后单元格的外边，然后按回车键就可以在表尾插入一个空行。

---

5. 删除单元格、行、列和表格

删除单元格、行、列和表格的方法非常相似，在这里一并讲解。

方法一：选中要删除的单元格（行、列、表格），右击，在菜单中选择"删除单元格（行、列、表格）"，会打开"删除单元格"对话框，如图 3.74 所示。选择之后，单击"确定"按钮即可。

方法二：选中要删除的单元格（行、列、表格），在"布局"选项卡的"行和列"功能区单击删除下面的小箭头，在菜单中选择"删除单元格（行、列、表格）"即可，如图 3.75 所示。

图 3.74　"删除单元格"对话框

图 3.75　用按钮删除单元格

小知识

　　要删除整个表格，还可以在选中整个表格后，按"Backspace"键，进行删除。若使用"Delete"键，则是将表格内容清空，而不会删除表格。

6. 调整表格的大小

（1）表格的缩放

　　将鼠标指针指向表格的左、右、下三个外边框线和外边框右下角上，鼠标指针都会变成相应方向的调整光标形状。根据需要向相应的方向拖动鼠标，这时将有虚线框显示，当在拖动鼠标过程中虚框大小为缩放需要的大小时，放开鼠标左键即可。

（2）调整行高和列宽

　　方法一：将鼠标指针指向待调整行高的行边框线上，此时鼠标指针变为调整光标形状，根据需要上下拖动即可调整行高。将鼠标指针指向待调整列的边框线上，此时鼠标指针变成调整光标形状，然后根据需要向左、向右拖动即可调整列宽。

　　若要准确指定表格的行高和列宽，则需要在"表格属性"对话框中进行设置。

　　方法二：选定待调整行高的一行或多行，右击，在菜单中选择"表格属性"选项，单击"行"选项卡，使"表格属性"对话框切换到"行"选项卡中，如图 3.76 所示，在指定高度输入指定高度即可。

图 3.76　设置行高

"行高值是"下拉列表框中的"最小值"选项的含义为当单元格的内容超过最小行值时，将自动增加行的高度。"固定值"选项的含义是行高是一个固定的值，即使单元格中的内容超过设置的行高，其行高也不变，这将导致超出的部分不被显示和打印。若要改变选定行的上一行或下一行的行高，可单击"上一行"或"下一行"按钮进行行高的设置，单击"确定"按钮。如果表格很长，需要分排在好几页上，则可以指定表格中作为标题的行，被指定的行会自动显示在每一页的开始部分，以方便阅读。操作方法是选中标题行，再将"在各页顶端以标题行形式重复出现"复选框选中即可。

选定待调整列宽的一列或多列，右击，在菜单中选择"表格属性"选项，单击"列"选项卡，如图3.77所示。选定"指定列宽"复选框，输入指定列宽，在"度量单位"下拉列表框中选"厘米"，该下拉列表框中还有一个"百分比"选项，它的含义是选定列宽被指定宽度是占表格宽度的百分比。若要改变指定列的前一列或后一列的宽度，可单击"前一列"或"后一列"按钮，最后单击"确定"按钮。

图 3.77　设置列宽

方法三：选中要调整行高或列宽的单元格或表格，打开"布局"选项卡，在"单元格大小"组中 ⬚ 输入行高值，或在 ⬚ 输入列宽值即可。

7. 合并与拆分

（1）合并单元格

选定要合并的两个或多个单元格，右击，在弹出的快捷菜单中选择"合并单元格"；或者在"布局"选项卡的"合并"功能区单击 ⬚ 合并单元格 按钮即可。

（2）拆分单元格

选定待拆分的单元格，右击，在弹出的快捷菜单中选择"拆分单元格"选项；或者选择"布局"选项卡的"合并"功能区中的 ▦拆分单元格按钮，打开"拆分单元格"对话框，在对话框中输入需要拆分的列数和行数，如图3.78所示。

图3.78　"拆分单元格"对话框

（3）拆分表格

选定要拆分处的行，选择"布局"选项卡的"合并"功能区中的"拆分表格"按钮，一个表格就从光标处分成两个表格。若要取消拆分表格，只需用"Delete"键将中间的换行符删掉即可恢复表格。

8. 单元格对齐方式

选中要调整对齐方式的单元格，右击，在弹出的快捷菜单中选择"单元格对齐方式"选择其中一项即可；也可以在"布局"选项卡的"对齐方式"功能区中进行选择，如图3.79所示。对齐方式一共有九种，分别是靠上两端对齐、靠上居中对齐、靠上右对齐、中部两端对齐、水平居中、中部右对齐、靠下两端对齐、靠下居中对齐、靠下右对齐。

图3.79　单元格对齐方式

9. 平均分布各行或各列

方法一：选中要平均分布的各行或各列，右击，在菜单中选择"平均分布各行"或"平均分布各列"，如图3.80所示。

方法二：选中要平均分布的各行或各列，单击"布局"选项卡的"单元格大小"功能区中的 ▦分布行 或 ▥分布列 按钮，即可平均分布各行或各列。

图 3.80   利用菜单平均分布各行或各列   图 3.81   "单元格对齐方式"的选择

3.4.3   表格的格式化

表格的格式化是指对表格的外观进行修饰，使表格具有整体性、突出性、简明美观性。

操作步骤

第一步：将表格全部选中，右击，选择"单元格对齐方式"→"中部居中"，如图 3.81 所示。

第二步：选中第一行，右击，选择"边框与底纹"，打开"底纹"选项卡，设置底纹颜色为"黄色"。如图 3.82 所示。

第三步：选中整个表格，右击，选择"边框与底纹"，打开"边框"选项卡，"设置"为"虚框"，"样式"为双线，"应用于"为"表格"，单击"确定"按钮即可，如图 3.83 所示。

第四步：将光标置于表格内部，单击"设计"选项卡，"线型"选择双线，按下"绘制表格"按钮，在表格中间画线，如图 3.84 所示。

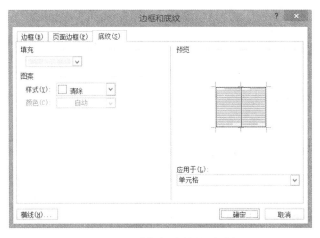

图 3.82　"边框与底纹"对话框

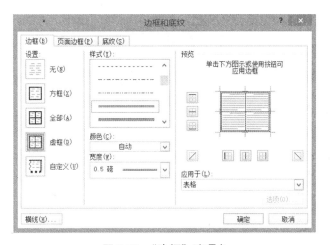

图 3.83　"边框"选项卡

图 3.84　绘制双线

第五步：将表格左上单元格的对齐方式设置为"靠上两边对齐"，利用"绘制表格"按钮画出一条斜线，调整光标位置，并输入文字。

第六步：将光标置于左上第一个单元格，按回车键，表格下移一行，在空行输入标题"课程表"，在"开始"选项卡的"字体"功能区中设置字体为华文楷体、小二号、居中。

知识点精讲

1. 绘制斜线表头

斜线表头是指使用斜线将一个单元格分隔成多个区域，然后在每一个区域中输入不同的内容。选中需要绘制斜线表头的单元格，打开"设计"选项卡，在"表格样式"功能区中单击 ⊞ 边框 ▼ 右侧的小箭头，打开"边框"快捷菜单，如图 3.85 所示。选择适合的线型单击即可。调整光标的位置以及字体的大小，进行表头文字的输入。若要去掉该表头斜线，只需再次单击该线型即可。

图 3.85   "边框"下拉菜单　　　　　　　　图 3.86   "表格属性"对话框

2. 表格对齐方式

选中整个表格，右击，在快捷菜单中选择"表格属性"，打开如图 3.86 所示的"表格属性"对话框。其中表格的对齐方式有三种，分别为："左对齐"、"居中"、"右对齐"，可以根据实际的需求选择相应的项。

3. 设置文字的环绕方式

在文档中使用多个表格时，文字环绕显得非常重要。在"表格属性"对话框的"表格"选项卡的"文字环绕"选项组中可以选择"无"或者"环绕"选项。选择"环绕"选项后，"定位"按钮变为可用。单击该按钮，打开如图 3.87 所示的"表格定位"对话框，以控制默认情况下表格在文档中的位置。

图 3.87　"表格定位"对话框

在"水平"和"垂直"选项组的"位置"下拉列表框中可以设置表格的水平和垂直位置（左侧、右侧、剧中、左侧或外侧），在"相对于"下拉列表框中可以选择与定位表格相关元素。如水平定位选择"页边距"、"页面"或"栏"选项，垂直定位选择"页边距"或"页面"或"段落"选项。在"距正文"选项组中，可以设置表格和环绕文字之间的间距。在"选项"选项组中，可以设置当重设文本格式时，允许表格是固定在原来位置使文本交叠在表格边界，还是随文本移动。

4. 表格的边框和底纹

选中需要设置边框底纹的单元格或整个表格，右击，选择"边框和底纹"，打开如图3.88 所示的对话框。在"边框"选项卡可以设置边框的样式、颜色、宽度等，在"应用于"下拉菜单中选择表格或单元格，单击"确定"按钮即可。打开"底纹"选项卡，可以进行填充颜色、图案及图案颜色的选择，如图 3.89 所示。

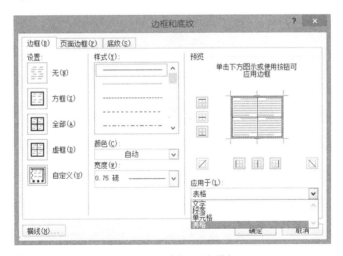

图 3.88　"边框"选项卡

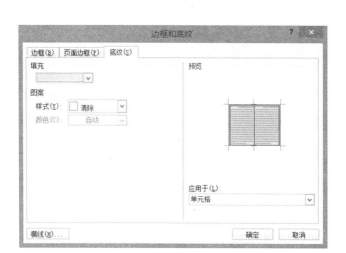

图 3.89 "底纹"选项卡

如果只是简单地进行底纹颜色的设置，也可以在"设计"选项卡单击 底纹 按钮旁边的小箭头，打开如图 3.90 所示的菜单，当光标移动到某个颜色上时，表格上可以看到预览效果，选择合适的颜色直接单击该颜色即可。

在"底纹"的下面还有 边框 按钮，单击右侧的小箭头，打开如图 3.91 所示的菜单，可以进行边框的设置。在菜单的最下面有"边框和底纹"的选项，可以进入"边框和底纹"选项卡，进行更多设置。

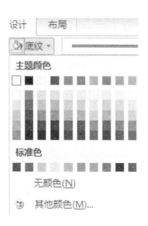

图 3.90 "底纹"菜单 　　　　　　　　图 3.91 "边框"菜单

5. 自动套用格式

自动套用格式是 Word 中提供的一些现成的表格式样，其中已经定义好了表格中的各种格式，用户可以直接选择需要的表格式样，而不必逐个设置表格的各种格式。

将光标置于表格任意位置，打开"设计"选项卡，在"表格样式"组中选择需要的样式，如图 3.92 所示。通过右侧的上下箭头，可以选择更多表格样式。将鼠标置于某个样式上时，表格会自动出现预览效果，如果满意，单击该样式即可。

图 3.92　"表格样式"组

3.4.4　表格的计算与排序

1. 表格的计算

表格的自动求和既可以按行累加也可以按列累加。

单击要存入计算结果的单元格，选择"布局"选项卡，单击"数组"组中的 **ƒₓ 公式** 按钮，打开"公式"对话框，如图 3.93 所示。在"粘贴函数"下拉列表中选择所需的计算公式。如"SUM"，用来求和，则在"公式"文本框内出现"=SUM（ ）"，如果函数的前面没有"="，则需要我们手工输入"="。也可以在"公式"中输入"=SUM（LEFT）"，可以自动求出所有单元格横向数字单元格的和，如果输入"=SUM（ABOVE）"可以自动求出纵向数字单元格的和。

图 3.93　"公式"对话框

2. 表格的排序

Word 提供了对表格数据进行自动排序的功能，可以对表格数据按数字顺序、日期顺序、拼音顺序、笔画顺序进行排序。在排序时，首先选择要排序的单元格区域，然后选择"布局"选项卡，单击"数据"组中的 按钮，弹出"排序"对话框，如图 3.94 所示。在对话框中，我们可以任意指定排序列，并可对表格进行多重排序。"主要关键字"将作为第一

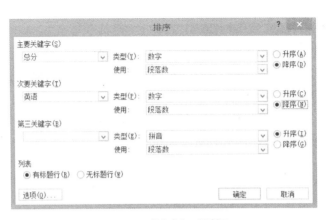

图 3.94 "排序"对话框

排序的依据。"次要关键字"是指如果在第一排序关键字中有相同的数值时，可根据次要关键字中的数值进行排序。第三关键字为同样的道理。

3.4.5 表格与文本之间的转换

Word 可以将具有相同分隔符的文本转换成表格，也可以将表格转换成具有相同分隔符的文本。分隔符可为段落标记、逗号、空格、制表符和其他字符。

1. 表格转换成文本

将光标置于表格中的任意位置，选择"布局"选项卡，单击"数据"组中的 转换为文本 按钮，打开"表格转换成文本"对话框，如图 3.95 所示。设置要当作文本分隔符的符号，单击"确定"即可。

图 3.95 "表格转换成文本"对话框

2. 文本转换成表格

如果要把文字转换成表格，文字之间必须用分隔符分开，分隔符可以是段落标记、逗号、制表符或其他特定字符。选定要转换为表格的文本，选择"插入"选项卡→"表格"组→"表格"下拉按钮→"文本转换成表格"选项，在弹出的"将文本转换成表格"对话框中设置相应的选项，如图 3.96 所示。

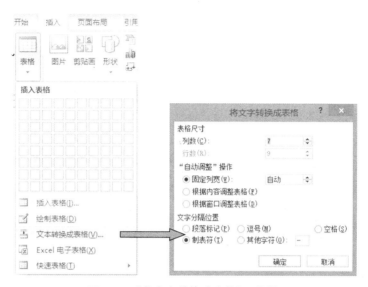

图 3.96　"将文字转换成表格"对话框

3.5　图文混排

【案例 3.3】——图文混排，题目要求如下：

1. 标题居中，设置段落首行缩进 2 字符。

2. 将标题改为艺术字，任意选择一种样式，文字环绕方式设置为"上下型"，水平位置设置为居中，相对于页面。

3. 正文第一段的任意位置插入剪贴画，设置剪贴画大小为 4cm*4cm，环绕方式为"四周型"。

4. 正文第二段任意位置插入竖排文本框，输入内容"北国风光，千里冰封，万里雪飘"。字体设置为"华文行楷"，三号字。文本框文字环绕方式为"四周型"。文本框填充效果为"渐变填充"，预设颜色为"薄雾浓云"。线型设置为宽度 1.5 磅，短划线类型为"长划线"。

5. 插入一个笑脸和一个云形标注，设置形状样式为"彩色 1 轮廓，彩色填充—蓝色，强调颜色 1"，云形标注中输入文字"黑龙江欢迎您"，字体设置为四号。将两个图形组合。

6. 插入 SmartArt，选择流程类别中的"连续块状流程"。输入文字"滑雪、看冰灯、泡温泉"。选择样式为"强烈效果"。颜色设置为"彩色—强调文字效果"。

7. 设置整篇文档页面颜色的填充效果为"新闻纸"纹理。

完成后样张如图 3.97 所示。

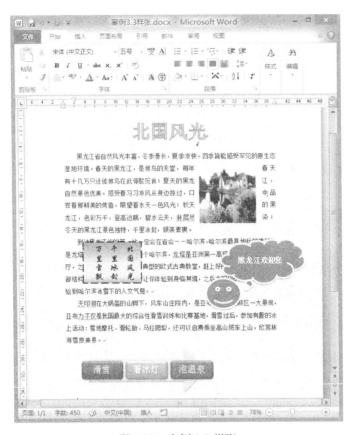

图 3.97　案例 3.3 样张

案例分析

　　有些文档除了文字及段落的设置外，还要添加一些图片、艺术字、文本框等来活跃整篇文档的气氛，便于读者更好地理解该文档，因此本节结合案例 3.3 来介绍这些图形图像文件的编辑及格式化等相关知识。

3.5.1　插入图片和剪贴画

操作步骤

　　第一步：插入剪贴画。将光标置于正文第一段内，选择"插入"选项卡，单击"插图"组中的 按钮，打开"剪贴画"对话框，如图 3.98 所示。单击"搜索"按钮，在列表框中选择某个剪贴画，单击即可插入。

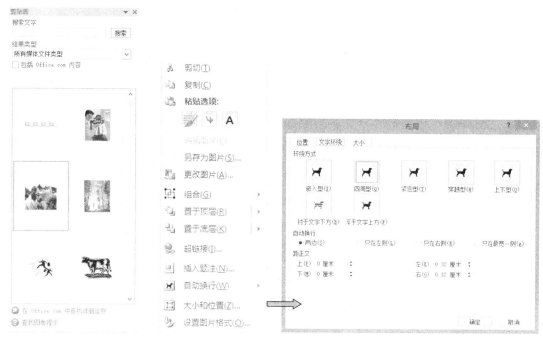

图 3.98　"剪贴画"对话框　　　　　图 3.99　"布局"对话框

第二步：编辑剪贴画。右击剪贴画，在弹出的快捷菜单中选择"大小和位置"，打开"布局"对话框，如图 3.99 所示。选择"文字环绕"选项卡，设置环绕方式为"四周型"。选择"大小"选项卡，设置图片高度和宽度都为 4cm，将"锁定纵横比"复选框前面的勾号去掉，如图 3.100 所示。

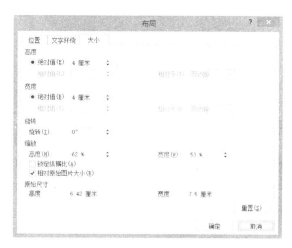

图 3.100　"大小"选项卡

知识点精讲

1. 插入图片

用户可以根据需要向文档中插入图片，图片格式如 ".bmp"、".jpg"、".png"、".gif" 等都可以插入。

首先将光标定位到要插入的图片位置，选择"插入"选项卡，单击"插图"组中的"图片"按钮；弹出的"插入图片"对话框中，选择需要插入的图片，单击"插入"按钮或单击"插入"按钮旁边的下拉按钮，在打开的下拉列表中选择一种插入图片的方式，如图 3.101 所示。

图 3.101　"插入图片"对话框

插入图片的方式有插入、链接到文件、插入和链接。如果选择"插入"命令，不管图片发生什么变化，都不会影响文档；如果选择"链接到文件"命令，则当原始图片位置被移动或图片被重命名时，Word 2010 文档中将不显示图片；如果选择"插入和链接"命令，当原始图片内容发生变化（文件未被移动或重命名）时，重新打开 Word 2010 文档将看到图片已经更新（必须在关闭所有 Word 2010 文档后重新打开插入图片的 Word 2010 文档）。如果原始图片位置被移动或图片被重命名，则 Word 2010 文档中将保留最近的图片版本。

2. 插入剪贴画

Word 的剪贴画存放在剪辑库中，用户可以由剪辑库中选取图片插入到文档中。

首先将光标置于要插入的剪贴画的位置，选择"插入"选项卡，单击"插图"组中的"剪贴画"按钮，弹出"剪贴画"窗格，如图 3.102 所示。在"搜索文字"文本框中输入要搜索的图片关键字，搜索完毕后显示出符合条件的剪贴画，单击需要插入的剪贴画即可完成插入。单击"搜索"按钮前，如选中"包括 Office.com 内容"复选框，可以搜索网站提供的剪贴画。

图 3.102 "剪贴画"窗格　　　　　图 3.103 "屏幕截图"下拉面板

3. 插入屏幕截图

用户除了可以插入电脑中的图片或剪贴画外，还可以对屏幕内容进行截取，作为图片插入到文档中。

首先将光标置于要插入屏幕图像的位置，选择"插入"选项卡，单击"插图"组中的 屏幕截图 按钮，在展开的下拉面板中选择需要的屏幕窗口，即可将截取的屏幕窗口插入到文档中，如图 3.103 所示。如果想截取电脑屏幕上的部分区域，可以在"屏幕截图"下拉面板中选择"屏幕剪辑"选项，这时当前正在编辑的文档窗口自行隐藏，进入截屏状态，拖动鼠标，选取需要截取的图片区域，松开鼠标后，系统将自动重返文档编辑窗口，并将截取的图片插入到文档中。

3.5.2 图片的编辑和格式设置

1. 选定图片

对图片操作前，首先要选定图片，选中图片后图片四边出现四个小方块，对角上出现四个小圆点，这些小方块及圆点称为尺寸控点，可以用来调整图片的大小，图片上方有一个绿色的旋转控制点，可以用来旋转图片，如图 3.104 所示。

2. 设置文字环绕方式

文字环绕方式是指图片与文本的关系。设置文字环绕方式的方法有三种，第一种方法为在设置文字环绕时单击"格式"选项卡"排列"组中的"自动换行"下拉按钮，在弹出的"文字环绕方式"下拉列表中选择一种适合的文字环绕方式即可，如图 3.105 所示。

图 3.104　图片的控制点　　　　　图 3.105　"环绕方式"下拉列表框

第二种方法可以通过在图片上右击，在快捷菜单中选择"自动换行"选项打开"文字环绕方式"下拉列表。

第三种方法是在图片上右击，在快捷菜单中单击"其他布局选项"，打开"布局"对话框的"文字环绕"选项卡也可以设置文字环绕方式，如图 3.106 所示。

图片一共有七种文字环绕方式，分别为嵌入型、四周型、紧密型、穿越型、上下型、衬于文字下方和浮于文字上方。每种环绕的含义如下所述：

（1）嵌入型：图片嵌入到文档中，不能随意移动。

（2）四周型：不管图片是否为矩形图片，文字以矩形方式环绕在图片四周。

（3）紧密型：如果图片是矩形，则文字以矩形方式环绕在图片周围，如果图片是不规则图形，则文字将紧密环绕在图片四周。

图 3.106 "文字环绕"选项卡

（4）穿越型环绕：文字可以穿越不规则图片的空白区域环绕图片。

（5）上下型环绕：文字环绕在图片上方和下方。

（6）衬于文字下方：图片在下、文字在上分为两层，文字将覆盖图片。

（7）浮于文字上方：图片在上、文字在下分为两层，图片将覆盖文字。

3. 调整图片的大小和位置

选中图片后，将鼠标移到所选图片，当鼠标指针变成 形状时拖动鼠标，可以移动所选图片的位置，移动鼠标到图片的某个尺寸控点上，当鼠标变成双向箭头 时，拖动鼠标可以改变图片的形状和大小。

如果要精确图片调整大小，首先选中图片，选择"格式"选项卡的"大小"组，可以直接输入图片的高度和宽度，如图 3.107 所示。

图 3.107 "大小"组

若要进行更多设置，可以单击单下角的小箭头，打开"布局"对话框的"大小"选项卡，如图 3.108 所示。也可以选中图片右击，在快捷菜单中选择大小和位置，同样可以打开"布局"对话框的"大小"选项卡。

图 3.108　"大小"选项卡

4. 设置图片的样式

Word 2010 中加强了图片处理的功能，可以对图片进行锐化和柔和、亮度和对比度的调节，色调、艺术效果、图片样式、图片边框等的设置。当在 Word 2010 文档窗口中插入一张图片，并单击选中该图片后，在"格式"功能区的"图片样式"分组中，可以使用预置的样式快速设置图片的格式。如图 3.109 所示。值得一提的是，当鼠标指针悬停在一个图片样式上方时，Word 2010 文档中的图片会即时预览实际效果。

如果要对图片边框进行设置，则选中图片后单击"格式"选项卡的"图片样式"组中的 图片边框 按钮，进行图片边框的设置，如图 3.110 所示。

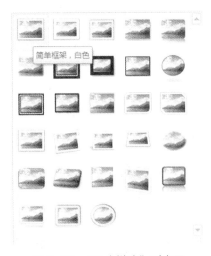

图 3.109　"图片样式"列表区

图 3.110　"图片边框"下拉列表

如果要对图片效果进行设置，则选中图片后单击"格式"选项卡的"图片样式"组中的 图片效果 按钮，进行图片效果设置，如图 3.111 所示。

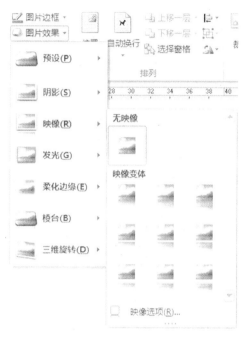

图 3.111　"图片效果"下拉列表

如果感觉插入的图片亮度、对比度、清晰度没有达到自己的要求，可以单击"格式"选项卡的"调整"组中的 更正 按钮，在弹出的效果缩略图中选择自己需要的效果，调节图片的锐化、柔化以及亮度和对比度，如图 3.112 所示。

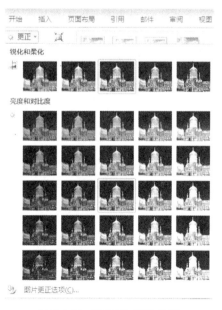

图 3.112　"更正"图片效果

选中图片后，单击"格式"选项卡的"调整"组中的 颜色 按钮，在弹出的效果缩略图中选择自己需要的效果，调节图片颜色的饱和度、色调，还可以重新着色，如图 3.113 所示。

选中图片后，单击"格式"选项卡的"调整"组中的 艺术效果 按钮，可以为图片设置如标记、铅笔素描、混凝土、发光边缘等艺术效果，如图 3.114 所示。

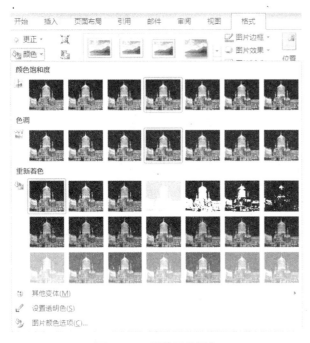

图 3.113　调整图片颜色　　　　　　　　　　图 3.114　图片艺术效果

Word 2010 还提供"删除背景"的功能，类似于 PhotoShop 里的抠图。选中已经插入文档需要去掉背景的图片，单击"格式"选项卡的"调整"组中的 按钮，Word 2010 会对图片进行智能分析，并以红色遮住照片背景。如果发现背景有误遮，可以通过"标记要保留的区域"或"标记要删除的区域"工具手工标记调整抠图范围，当一切设置准备无误之后，单击"保留更改"按钮，即可去除图片背景，完成抠图，如图 3.115 所示。

图 3.115　为图片删除背景　　　　图 3.116　浮动工具栏　　　　图 3.117　图片裁剪控制点

5. 裁剪图片

在图片上右击，会出现如图 3.116 所示的浮动工具栏，单击 按钮，图片会出现 8 个控制点，如图 3.117 所示。用鼠标指针指向与裁剪方向一致的控制点，按住鼠标左键向图片内部拖拽就可以剪掉相应的部分，裁剪结束后，单击文档其他位置即可。

6. 旋转图片

将鼠标移到旋转控制点上，当鼠标变成 形状，按下鼠标左键，此时鼠标变成 形状，拖动即可自由旋转图片。还可以通过在图片上右击，在弹出来的浮动工具栏上选择 按钮，在下拉菜单中选择图片要旋转的方向及角度，如图 3.118 所示。

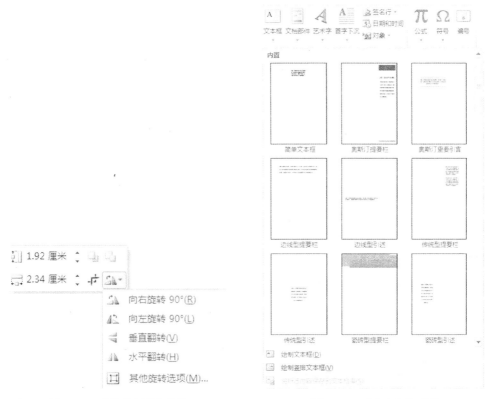

图 3.118 "旋转图片"菜单　　　　　图 3.119 "文本框"菜单

3.5.3　插入文本框

本小节完成对文本框的插入操作与设置。

第一步：插入文本框。将光标定位在正文第二段任意位置，选择"插入"选项卡，在"文本"组中单击 下面的小箭头，在打开的菜单中选择"绘制竖排文本框"，如图 3.119 所示。然后在正文中按住鼠标左键，绘制所需大小的竖排文本框。在文本框内输入文字"北国风光，千里冰封，万里雪飘"。字体设置为"华文行楷"，三号字。

第二步：设置文本框。右击文本框，在打开的快捷菜单中，选择"其他布局选项"，打开"布局"对话框，在"文字环绕"选项卡选择"浮于文字上方"，单击"确认"按钮。再次选中文本框，右击，选择"设置形状格式"，打开"设置形状格式"对话框，如图 3.120 所示。

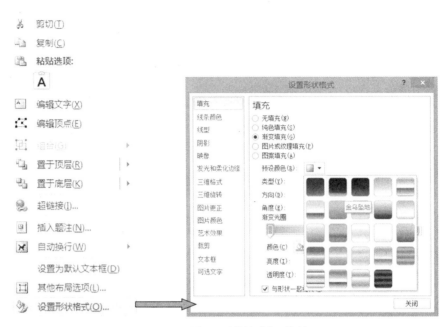

图 3.120　"设置形状格式"对话框

第三步：在填充单选框中，选择"渐变填充"，预设效果选择"薄雾浓云"。左侧菜单选择"线型"，宽度设置为 1.5 磅，短划线类型选择"长划线"，如图 3.121 所示，单击"关闭"按钮即可。

图 3.121　设置文本框线型

知识点精讲

文本框是储存文本的图形框，文本框中的文本可以像页面文本一样进行各种编辑和格式设置操作，而同时对整个文本框又可以像图形、图片等对象一样在页面上进行移动、复制、缩放等操作，并可以建立文本框之间的链接关系。

1. 插入文本框

将光标置于要插入文本框的位置，选择"插入"选项卡，单击"文本"组中的"文本框"下拉按钮，在弹出的下拉面板中选择要插入的文本框样式，或者绘制文本框及竖排文本框，此时，在文本档中已经插入该样式的文本框，在文本框中可以输入文本内容并编辑格式，如图 3.122 所示。

图 3.122　插入文本框面板

2. 编辑文本框

编辑文本框包括调整文本框的大小，移动文本框的位置以及设置文本框的效果等，这些与编辑图片的方法一样，在这里就不赘述了。

3. 链接文本框

如果一个文本框显示不了过多的内容，可以在文档中创建多个文本框，然后将它们链接在一起，链接后的文本框中的内容是连续的，一篇连续的文章可以以链接顺序排在多个文本框中。

操作方法是首先插入两个或更多文本框，在第一个文本框中插入文本内容（内容应大于文本框的容量）。将光标置于第一个文本框内，选择"格式"选项卡的"文本"组中的 创建链接 按钮，将鼠标移动到第二个文本框时，鼠标会变成 的形状，单击第二个文本框，就可以将第一个文本框中不能显示全的内容移动到第二个以及后面的文本框中，从而建立链接。效果如图 3.123 所示。当对某一个文本框中的内容进行插入、删除等操作时，各文本框间的内容都会随着改变，保持文章的完整性。当不需要文档链接时，可以直接将后面的文本框删除，或者单击 断开链接 按钮，文字内容会重新回到第一个文本框中。

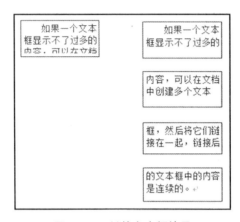

图 3.123   链接文本框效果

小知识

创建文本链接时，要链接的文本框应该是空的。链接之后，下一个文本框不能直接输入文字。

3.5.4 插入艺术字

本小节完成案例 3.3 中艺术字的插入与设置。

第一步：插入艺术字。选中标题文字，选择"插入"选项卡的"文本"组中的 艺术字 右侧的小箭头，选择一种艺术字的样式，单击即可，如图 3.124 所示。

第二步：设置艺术字。在艺术字的外边框右击，在弹出的快捷菜单中选择"其他布局选项"，打开"布局"对话框，如图 3.125 所示。在"位置"选项卡中选择水平对齐方式为"居中"，"相对于"为"页面"。打开"文字环绕"选项卡，设置环绕方式为"上下型"，如图 3.126 所示，单击"确定"按钮即可。

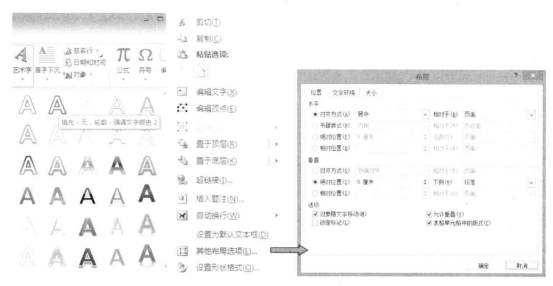

图 3.124　选择艺术字样式　　　　　　　　图 3.125　"布局"对话框

图 3.126　"文字环绕"选项卡

知识点精讲

艺术字是指将一般文字经过各种特殊的着色、变形处理得到的艺术化的文字。在 Word 中可以创建出漂亮的艺术字，并作为一个对象插入到文档中。Word 2010 将艺术字作为文本框插入，用户可以任意编辑文字。

1. 插入艺术字

将光标置于要插入艺术字的位置，选择"插入"选项卡的"文本"组中的 ![艺术字] 按钮，打开"艺术字"下拉面板，如图 3.127 所示。选择一种 Word 2010 内置的艺术字样式后，文档中将自动插入含有默认文字"请在此放置您的文字"和所选样式的艺术字，修改文字内容即可。

图 3.127　"艺术字"下拉面板　　　　　图 3.128　"艺术字样式"组

2. 编辑艺术字

选中艺术字，打开"格式"选项卡，"艺术字样式"组如图 3.128 所示。"文本填充"按钮是对艺术字的填充颜色进行设置，可以设置为纯色或其他填充颜色，以及系统预设的渐变效果，如图 3.129 所示。"文本轮廓"是对艺术字轮廓进行设置，可以设置颜色、线型和粗细等，如图 3.130 所示。"文本效果"可以设置如阴影、映像、发光等，如图 3.131 所示。

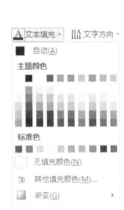
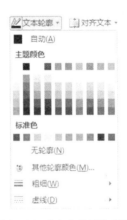
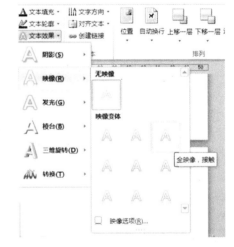

图 3.129　"文本填充"菜单　　图 3.130　"文本轮廓"菜单　　　图 3.131　"文本效果"面板

在"形状样式"分组里，可以修改艺术字外部的样式，并可以设置形状的填充、轮廓及形状效果；在"文本"分组里，可以对艺术字文字设置链接、文字方向、对齐文本等；在"排列"分组里，可以修改艺术字的排列次序、环绕方式、旋转及组合；在"大小"分组里，可以设置艺术字的宽度和高度，这些设置与图片和文本框的设置方法一致，这里就不再赘述了。

3.5.5　插入形状

本节介绍如何在文档中插入形状以及对其进行设置。

第一步：插入自选图形。选择"插入"选项卡，单击"插图"组的 下面的小箭头，打开"形状"菜单，如图 3.132 所示。单击笑脸图形，在文档中按住鼠标左键绘制图形。以同样方法绘制云形标注，并输入文字，设置字体大小为四号字。

第二步：设置自选图形。鼠标单击"笑脸"形状，按住"Ctrl"键的同时单击"云形标注"，将两个图形同时选中，选择"格式"选项卡，在"形状样式"组中进行样式的选择，如图 3.133 所示。

图 3.132　"形状"菜单

图 3.133　"形状样式"菜单

第三步：组合自选图形。同时选中两个图形，右击，选择"组合"，如图 3.134 所示。

图 3.134 "组合"图形

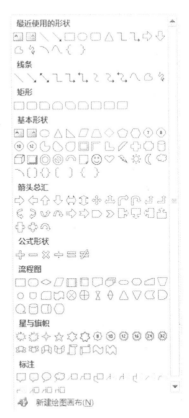

图 3.135 "形状"面板

知识点精讲

Word 提供了绘制图形的功能，可以在文档中绘制各种线条、基本图形、箭头、流程图、星、旗帜、标注等等。对绘制出来的图形还可以设置线型、线条颜色、文字颜色、图形或文本的填充效果、阴影效果、三维效果线条端点风格。

1. 绘制形状

将鼠标置于要绘制形状的位置，选择"插入"选项卡的"形状"按钮，打开"形状"面板，如图 3.135 所示。选中一个形状后，鼠标变成十，按住鼠标左键拖拽即可绘制该图形。

 小知识

调整图形的位置可以用键盘上的 ↑↓← →，还可以用"Ctrl"+键盘上的 ↑↓← →进行微调。

2. 编辑形状

选中需要编辑的形状，打开"格式"选项卡，在"形状样式"组中可以进行形状样式、填充颜色、轮廓颜色、形状效果的设置，如图3.136所示。设置方法与图片、艺术字十分类似，这里不再赘述。

图 3.136 "形状样式"组

3. 添加文字

用户可以根据需要为形状添加文字，并设置文字格式。要添加文字，需要选中相应的形状并右击，在弹出的快捷菜单中选择"添加文字"选项，此时，该形状中出现光标，并可以输入文本，输入后，可以对文本格式和文本效果进行设置。

4. 对象的层次关系

在已绘制的图形上再绘制图形，则产生重叠效果，一般先绘制的图形在下面，后绘制的图形在上面。要更改叠放次序，先需要选择要改变叠放次序的对象，选择"格式"选项卡，单击"排列"组的"上移一层"按钮和"下移一层"按钮选择本形状的叠放位置，如图3.137所示。或在图形上右击，在弹出的快捷菜单中进行选择，如图3.138所示。

图 3.137 "排列"组 图 3.138 快捷菜单设置层次关系

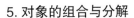

5. 对象的组合与分解

若要将多个图形组合到一起，按住"Shift"键，用鼠标左键依次选中要组合的多个对象，选择"格式"选项卡，单击"排列"组中的 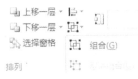 按钮，在弹出的下拉菜单中选择"组合"选项，如图 3.139 所示；或右击，在弹出来的快捷菜单中选择"组合"下的"组合"选项，即可将多个图形组合为一个整体。

图 3.139　"组合"菜单

分解是选中需分解的组合对象后，选择"格式"选项卡，单击"排列"组中的"组合"下拉按钮，在弹出的下拉菜单中选择"取消组合"选项；或右击，在弹出来的快捷菜单中选择"组合"下的"取消组合"选项。

3.5.6　插入 SmartArt 图形

本小节完成案例 3.3 中的 SmartArt 图形的插入及设置。

第一步：插入 SmartArt 图形。选择"插入"选项卡，在"插图"组单击 <img> 按钮，打开"选择 SmartArt 图形"对话框，如图 3.140 所示。左侧类别选择"流程"，中间区域选择"连续块状流程"，单击"确定"按钮后出现 SmartArt 图形区域，将鼠标置于外边框右下角，调整大小。

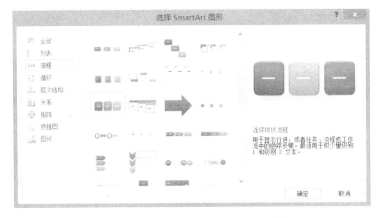

图 3.140　"选择 SmartArt 图形"对话框

第二步：在 SmartArt 图形中输入文字。单击 SmartArt 图形，输入文字"滑雪、看冰灯、泡温泉"，如图 3.141 所示。

图 3.141　SmartArt 中输入文字

第三步：设置 SmartArt 图形。单击 SmartArt 图形，选择"设计"选项卡，在"SmartArt 样式"组中选择"强烈效果"，如图 3.142 所示。单击 按钮下方的小箭头，打开"主题颜色"列表，选择"彩色—强调文字效果"，如图 3.143 所示。

图 3.142　选择"SmartArt 样式"

图 3.143　设置"SmartArt 图形"颜色

知识点精讲

SmartArt 图形用来表明对象之间的从属关系、层次关系等。SmartArt 图形分为七类：列表、流程、循环、层次结构、关系、矩阵和棱锥图。用户可以根据自己的需要创建不同的图形。

1. 创建 SmartArt 图形

首先将光标置于要创建 SmartArt 图形的位置，选择"插入"功能区，在"插图"分组中单击 按钮。在打开的"选择 SmartArt 图形"对话框中，单击左侧的类别名称选择合适的类别，然后在对话框右侧单击选择需要的 SmartArt 图形，并单击"确定"按钮，如图 3.144 所示。返回文档窗口，在插入的 SmartArt 图形中单击文本占位符输入需要的文字即可。

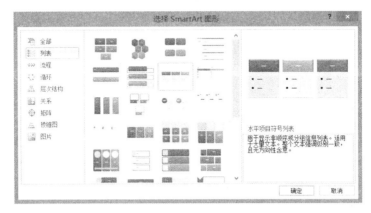

图 3.144　"选择 SmartArt 图形"对话框

2. 更改布局

（1）添加或删除形状

默认情况下，Word 2010 中的每种 SmartArt 图形布局均有固定数量的形状，但用户也可以根据实际工作需要删除或添加形状。

首先在 SmartArt 图形中单击选中与新形状相邻或具有层次关系的已有形状，在"SmartArt 工具"的"创建图形"分组中，单击 添加形状 右侧的下拉三角按钮，如图 3.145 所示。

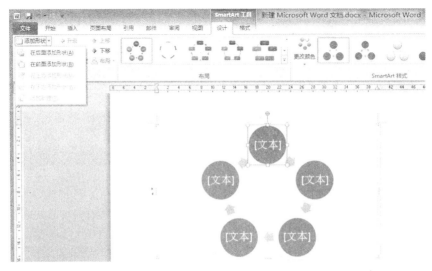

图 3.145　为 SmartArt"添加形状"

在打开的添加形状下拉菜单中包含五种命令，分别代表不同的意义：

在后面添加形状：在选中形状的右边或下方添加级别相同的形状；

在前面添加形状：在选中形状的左边或上方添加级别相同的形状；

在上方添加形状：在选中形状的左边或上方添加更高级别的形状，如果当前选中的形状处于最高级别，则该命令无效；

在下方添加形状：在选中形状的右边或下方添加更低级别的形状，如果当前选中的形状处于最低级别，则该命令无效；

添加助理：仅适用于层次结构图形中的特定图形，用于添加比当前选中的形状低一级别的形状。

根据需要添加合适级别的新形状即可，添加后的效果如图 3.146 所示。

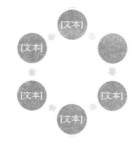

图 3.146 添加形状效果

 小知识

若要删除图形，只需选中该图形，并按下"Delete"键即可。

（2）为项目升级或降级

为了让用户能更方便地使用 SmartArt 图形，更符合实际要求，SmartArt 图形中的形状可以升级或降级，这在层次结构图形中尤其适用。

首先选中准备升级或降级的 SmartArt 图形形状，在"设计"选项卡的"创建图形"分组中单击 升级 或 降级 按钮即可升一个级别或降一个级别。图 3.147 为将形状 E 升级后的对比图。

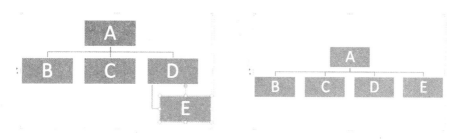

图 3.147 形状 E 升级对比

（3）更改布局

如果对已插入的 SmartArt 图形布局不满意，要进行更改，则首先选中该图形，在"设计"选项卡的"布局"组中选择一种新的布局即可，布局选项面板如图 3.148 所示。

还可以通过"创建图形"组的 品 布局 · 按钮进行设置，如图 3.149 所示。

图 3.148   布局选项面板

图 3.149   "布局"下拉菜单

该下拉菜单下共有四个选项，分别是：

标准：将位于所选形状下面的附属形状水平居中排列；

两者：将位于所选形状下面的附属形状垂直居中排列；

左悬挂：将位于所选形状下面和左侧的附属形状垂直排列；

右悬挂：将位于所选形状下面和右侧的附属形状垂直排列。

3.5.7   插入公式

【案例 3.4】——编辑公式。完成后如图 3.150 所示。

$$(x + a)^n = \sum_{k=0}^{n} \binom{n}{k} x^k a^{n-k}$$

图 3.150   二项式定理

案例分析

Word 2010 包括编写和编辑公式的内置支持。可以方便地输入复杂的数学公式、化学方程式等。本小节结合案例 3.4 来讲解如何创建及编辑公式。

操作步骤

第一步：将光标置于要插入公式的位置，选择"插入"选项卡，在"符号"分组中单击"公式"按钮下面的下箭头，打开"公式"菜单，可以在这里选择 Word 内置的常用公式，也可以选择"插入新公式"，如图 3.151 所示。单击"插入新公式"，进入"公式工具"功能界面，其功能区如图 3.152 所示。

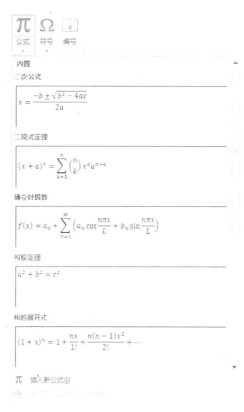

图 3.151 "公式"下拉菜单

图 3.152 "公式工具"功能区

第二步：单击公式编辑区，然后选择"结构"组里的"上下标"按钮，在下拉列表框中选择"上标"，如图 3.153 所示。在前面的小方框内输入"（x+a）"，在上标框内输入"n"。

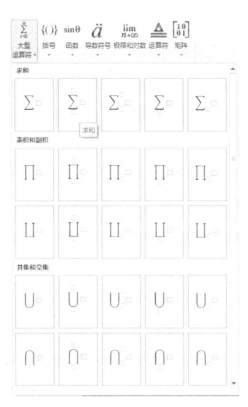

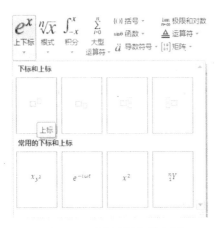

图 3.153　"上下标"列表框　　　　　图 3.154　"大型运算符"列表框

小知识

　　如果要输入的字符是键盘上有的，则通过键盘输入；若键盘上没有，可以在"符号"组中插入。

　　第三步：在"大型运算符"列表框里，选择适合的求和符号，如图 3.154 所示。分别在求和符号的上面和下面输入"n"和"$k=0$"，将光标移动到求和符号右侧的小方框，单击 {()}括号 按钮，在下拉列表框里选择适合的括号，如图 3.155 所示。在括号里的上下方框分别输入"n"和"k"。

　　第四步：将光标置于"）"的右侧，选择上标，输入 x^k，再次选择上标，输入 a^{n-k}。

　　第五步：完成了公式的输入，只需将鼠标单击文档中的其余位置即可。

小知识

　　如果要对公式作出修改，只需单击公式所在的位置，就可以进入公式编辑状态。

图 3.155　"括号"下拉列表框

如果创建了某个公式后，该公式要经常被使用，则可以将其保存到公式库中。首先选择已经创建好的公式，单击公式右下角的小箭头，在下拉菜单中选择"另存为新公式"，如图 3.156 所示。在打开的"新建构建基块"对话框中输入名称，如图 3.157 所示，单击"确定"即可。再次打开函数下拉列表即可看到该公式，如图 3.158 所示。

图 3.156　"公式"下拉菜单

图 3.157　"新建构建基块"对话框

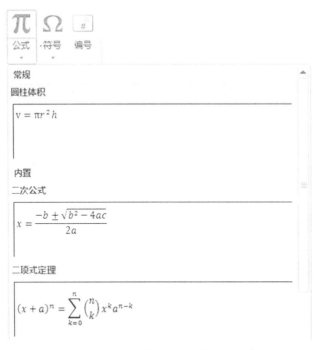

图 3.158　公式库存入自定义公式

3.6　邮件合并

【案例 3.5】已知考生信息表如图 3.159 所示，利用邮件合并功能来生成所有考生的信息单，样张如图 3.160 所示。

准考证号	姓名	性别	年龄
15198001	王阳	男	20
15198002	张超	女	18
15198003	李欣	女	19
15198004	付冰	女	20
15198005	郭少华	男	21
15198006	赵宇	男	19

图 3.159　考生信息

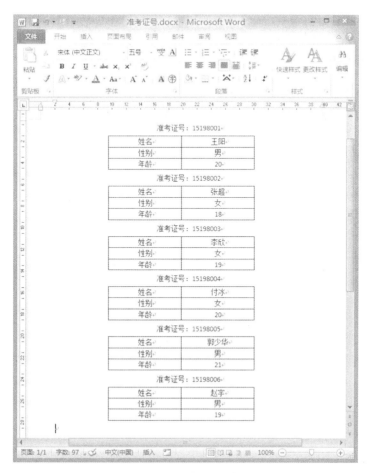

图 3.160　案例 3.5 样张

案例分析

邮件合并是 Word 提供的一项高级功能，是现代化办公中非常实用的功能，它将数据从所在的数据源文件中提取出来，放在主文档中用户指定的位置上，从而把数据库记录和文本组合在一起。对一批文档，如果只有某些数据不同，就可以用邮件合并功能来生成。合并后的文件根据用户自己的需求，可以保存、打印，也可以邮件形式发送出去。本小节通过案例 3.5 介绍如何使用邮件合并功能提高工作效率。

操作步骤

第一步：创建数据源。数据源就是数据记录表，其中包含相关的字段和记录内容。一般情况下，通过邮件合并来提高效率，是因为已经有了相关的数据源，可以打开或者重新建立数据源。邮件合并可以使用的数据源有 Excel 工作簿、Access 数据库、SQL Server 数据库等。如果数据文件已经存在，在邮件合并时就不需要创建新的数据源，直接使用即可。

因为 Excel 在工作中运用广泛，所以经常使用 Excel 表格作为数据源。作为数据源的 Excel 表格的第一行应该是标题行，且中间不能有空行，因为要使用这些字段名称来引用数据表中的记录。

打开 Excel 程序，在 Sheet1 工作表中输入考生信息资料，然后保存，关闭 Excel 程序，如图 3.161 所示。

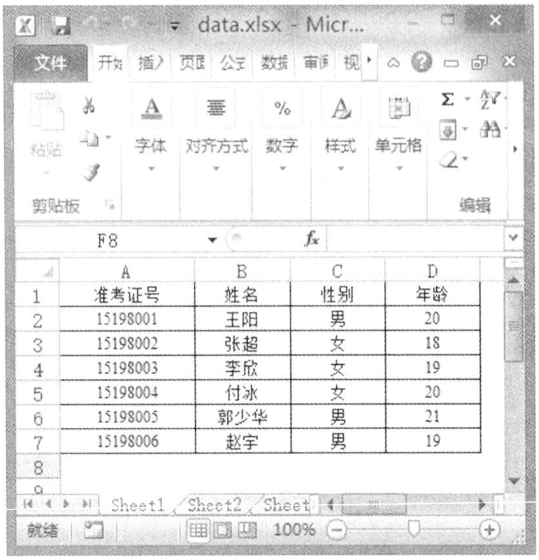

图 3.161　在 Excel 中制作数据源

第二步：创建主文档。主文档指在邮件合并操作中，所含内容对合并文档的每个版本都相同的文档，即邮件合并内容的固定不变的部分，如学生成绩单的课程内容、工资条的科目部分、录取通知书的主要内容等。创建主文档的过程就和平时新建一个 Word 文档一样，通常在使用邮件合并之前建立主文档，这样不但可以考察该项工作是否适合使用邮件合并，而且主文档的建立为数据源的建立或选择提供了标准。

新建一个 Word 文档，创建一个如图 3.162 所示的表格。

图 3.162　在主文档中创建表格

第三步：邮件合并。利用邮件合并工具，可以将数据源合并到主文档中，得到目标文档。合并完成的文档分数取决于数据表中合并的记录条数。它可以是全篇文档，也可以是其中的一部分记录。合并操作过程可以利用"邮件合并分步向导"根据提示进行。

（1）打开"邮件"选项卡，单击"开始邮件合并"组中的 按钮，从弹出的菜单中选择"信函"命令，如图 3.163 所示。

图 3.163 "开始邮件合并"菜单 图 3.164 "选择收件人"菜单

（2）在"邮件"选项卡，单击"开始邮件合并"组的 按钮，从弹出的菜单中选择"使用现有列表"命令，如图 3.164 所示。打开"选取数据源"对话框。在该对话框中，选择前面步骤建立的数据源文档，如图 3.165 所示。再单击"打开"按钮，打开"选择表格"对话框，在该对话框中选择"Sheet1"，如 3.166 所示，单击"确定"按钮。

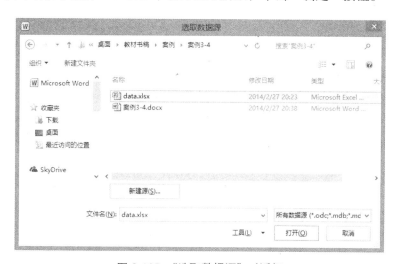

图 3.165 "选取数据源"对话框

（3）将光标定位在文本"准考证号："之后，在"邮件"选项卡下，单击"编写和插入域"选项组中的 按钮，从弹出的菜单中选择"准考证号"，如图 3.167 所示。此时，文本"准考证号："之后出现了《准考证号》。同理，在"姓名"、"性别"、"年龄"之后分别插入合并域。

图 3.166　"选择表格"对话框　　　　　图 3.167　"插入合并域"菜单

（4）单击"完成"选项组中的"完成并合并"按钮，从弹出的菜单中选择"编辑单个文档"命令，如图 3.168 所示，打开"合并到新文档"对话框。在该对话框中确认选择单选按钮"全部"，如图 3.169 所示，单击"确定"按钮，生成一个合并后的新文档，该新文档的各页分别保存了各个考生的情况，如图 3.170 所示，将该文档保存即可。

图 3.168　"完成并合并"菜单　　　图 3.169　"合并到新文档"对话框

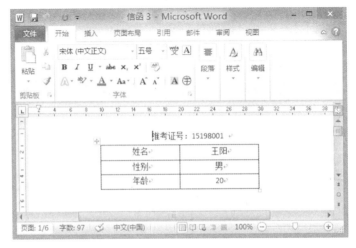

图 3.170　目标文档

知识点精讲

1.选择文档类型

新建一个 Word 文档，选择"邮件"选项卡，单击"开始邮件合并"下的小箭头，选择"邮件合并分步向导"，打开"邮件合并"对话框，进入第一步，选择文档类型。如图 3.171 所示。

文档类型有五种，分别是：

信函：将信函发给一组人，可以单独设置每个人收到信函的格式。

电子邮件：将电子邮件发送给一组人。可以单独设置每个人收到的电子邮件的格式。

信封：打印成组邮件的带地址信封。

标签：打印成组邮件的带地址标签。

目录：创建包含目录或地址打印列表的单个文档。

图 3.171　选择文档类型对话框

 小知识

如果计算机上安装了传真支持和传真调制解调器，则文档类型列表中还将显示"传真"。选择需要的文档类型后，单击任务窗格底部的"下一步"。

2.选择开始文档

在如图 3.172 所示的对话框中，如果已打开主文档（在任务窗格中称作"开始文档"），或者从空白文档开始，则可以单击"使用当前文档"。否则，单击"从模板开始"或"从现有文档开始"，然后定位到要使用的模板或文档。

3.选择收件人

这个步骤中是将数据信息合并到主文档。如果具有包含客户信息的 Microsoft Office Excel 工作表或 Microsoft Office Access 数据库，请单击"使用现有列表"，然后单击"浏览"来定位该文件。

如果在 Microsoft Office Outlook 联系人列表中保存了完整的最新信息，则联系人列表是客户信函或电子邮件的最佳数据文件。只需单击任务窗格中的"从 Outlook 联系人中选择"，然后选择"联系人"文件夹即可。

如果没有数据文件，请单击"键入新列表"，然后使用打开的窗体创建列表。该列表将被保存为可以重复使用的邮件数据库（.mdb）文件。"选择收件人"对话框如图 3.173 所示。

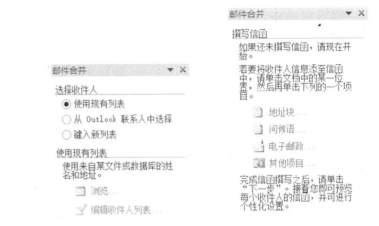

图 3.172 "选择开始文档"对话框　　图 3.173 "选择收件人"对话框　　图 3.174 "撰写信函"对话框

如果正在创建合并邮件或传真，一定要确保数据文件包含电子邮件地址列或传真号列，在后续过程中要使用该列。

4. 撰写信函

将主文档连接到数据文件之后，就可以开始添加域，域表示合并时在所生成的每个文档副本中显示唯一信息的位置。为了确保 Word 在数据文件中可以找到与每一个地址或问候元素相对应的列，我们可能需要匹配域。如图 3.174 所示。

（1）添加域

如果主文档仍为空白文档，请键入要在每一个副本中显示的信息。然后，通过单击任务窗格中的超链接来添加域。域是插入主文档中的占位符，在其上可显示唯一信息。例如，单击任务窗格中的"地址块"或"问候语"链接可在新产品信函的顶部附近添加域，从而使每个收件人的信函都包括个性化的地址和问候。

如果单击任务窗格中的"其他项目"，则可以添加与数据文件中任意列相匹配的域。例如，数据文件可能包含名为"姓名"的列。通过将"姓名"域放在信件的首行，可进一步个性化每一副本。

 小知识

　　域在文档中显示在 V 形符号内，例如：《地址块》。

（2）匹配域

如果向文档中插入地址块域或问候语域，则将提示你选择喜欢的格式。例如，单击任务窗格中的"问候语"，打开"问候语"对话框，可以使用"问候语格式"下的列表进行选择。如图 3.175 所示。

 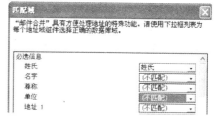

图 3.175　设置问候语对话框　　　　　图 3.176　"匹配域"对话框

如果 Word 不能将每一问候或地址元素与数据文件中的列相匹配，则将无法正确地合并地址和问候语。为了避免出现问题，请单击"匹配域"。这将打开"匹配域"对话框，如图 3.176 所示。

为主文档添加和匹配域之后，就可以进入下一步。

5. 预览信函

为主文档添加域之后，就可以预览合并结果了。如图 3.177 所示。使用任务窗格中的下一页和上一页按钮来浏览每一个合并文档。通过单击"查找收件人"来预览特定的文档。如果不希望包含正在查看的记录，请单击"排除此收件人"。单击"编辑收件人列表"可以打开"邮件合并收件人"对话框，如果看到不需要包含的记录，则可在此处对列表进行筛选。如果需要进行其他更改，请单击任务窗格底部的"上一步"后退一步或两步。如果对合并结果感到满意，请单击任务窗格底部的"下一步"。

图 3.177　"预览信函"对话框　　　图 3.178　"完成合并"对话框

6. 完成合并

如果对预览结果感到满意，则可以完成合并。如图 3.178 所示。

如果合并信函，你可以单独打印或修改信函。如果选择修改信函，Word 将把所有信函保存到单个文件中，每页一封。保存的合并文档与主文档是分开的。如果要将主文档用于其他的邮件合并，最好保存主文档。

如果创建合并电子邮件，在完成合并之后，Word 将立即发送这些邮件。因此，当你选择完要发送的邮件之后，将提示 Word 可从你指定数据文件中找到收件人电子邮件地址的列，并且还将提示你键入邮件的主题行。

保存主文档时，除了保存内容和域之外，还将保存与数据文件的链接。下次打开主文档时，将提示你选择是否要将数据文件中的信息再次合并到主文档中。如果单击"是"。则在打开的文档中将包含合并的第一条记录中的信息；如果单击"否"，则将断开主文档和数据文件之间的链接。主文档将变成标准 Word 文档。域将被第一条记录中的唯一信息替换。

3.7 页面设计与输出

【案例 3.6】——论文排版，题目要求如下：

1. 对正文进行排版

（1）正文小四号字，中文字体为宋体，英文字体为 Times New Roman。

（2）段首空 2 格。

（3）使用多级符号对章名、节、小节名进行自动编号。要求：

章号的自动编号格式为：第 X 章（例：第 1 章），其中 X 为自动排序。阿拉伯序号。对应级别 1。小二号、黑体、居中、书写。

节名自动编号格式为：X.Y，X 为章数字序号，Y 为节数字序号（例：1.1），X、Y 均为阿拉伯数字序号，对应级别 2。四号、黑体、左对齐显示。

小节名自动编号格式为：X.Y.Z，X 为章数字序号，Y 为节数字序号，Z 为小节数字序号（例：1.1.1），X、Y、Z 均为阿拉伯数字序号，对应级别 3。小四号、黑体、左对齐显示。

编号和章节名称之间空一格。

2. 目录设置

在正文前插入一节作为目录：

（1）"目录"使用样式"标题 1"，并居中。

（2）"目录"下为目录项，目录项为自动生成。

（3）标题顶格显示。

3. 使用适合的分节符，对正文进行分节，每章为单独一节。

4. 添加页眉页脚，居中显示。

页眉：

（1）摘要部分的页眉的文字为"摘要"。

（2）正文部分的页眉的文字为"毕业论文"。

（3）字体为黑体、五号。

（4）段落下边框为上细下粗双线。

页脚：

（1）中英文摘要，页码采用"I，II，…"格式，页码连续。

（2）正文中的节，页码采用"1，2，…"格式，页码连续。

样张如图 3.179 所示。

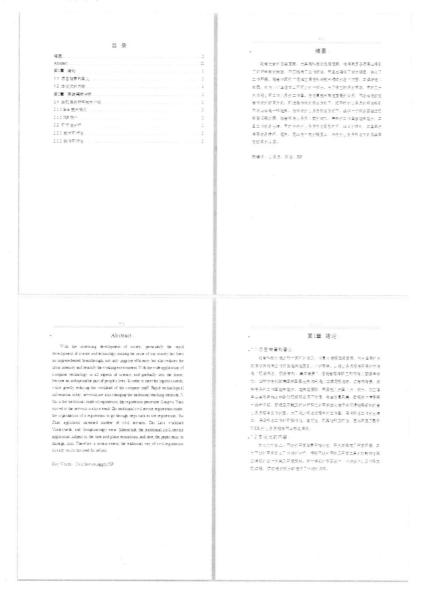

图 3.179　论文排版案例样张

案例分析

通过之前的学习，我们学会了制作各种效果的文档，但对于类似于毕业论文这样的长文档来说，可能需要许多重复性操作和一系列排版操作。案例 3.6 主要介绍普通论文的格式编排，包括样式的创建和应用，不同页眉页脚设置及目录的生成等。

操作步骤

第一步：使用分节符划分文档。首先打开已经写好的毕业论文文档，将光标定位到整篇文档的最开始的位置，然后单击"页面布局"→"页面设置"→"分隔符"按钮，在弹出的菜单中选择"分节符"列表中的"下一页"命令，如图 3.180 所示。如图 3.181 所示的页面就是利用分节实现的，空白页为文档的第 1 节，后面的页面为文档的第 2 节。采用相同的方法在"第 1 章 绪论"页之前和"第 2 章"之前分别插入一个"下一页"，这时整个文档划分为 4 节。如图 3.182 所示。

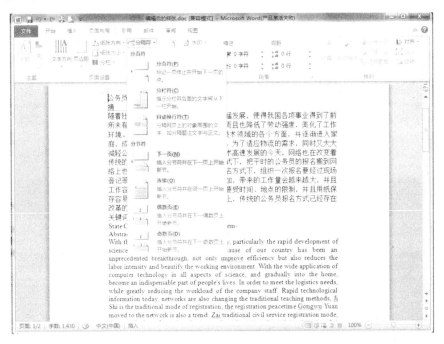

图 3.180　分隔符菜单

图 3.181　插入分节符后的效果

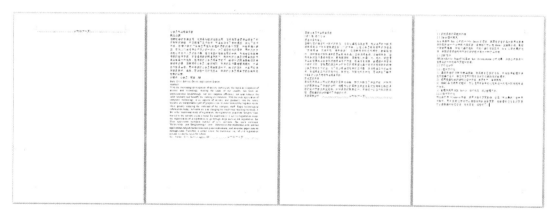

图 3.182　分节符设置完成后的效果

第二步：设置摘要页眉。将光标定位到"摘要"页中，然后单击"插入"→"页眉页脚"→"页面"按钮，如图 3.183 所示。在打开的下拉菜单中选择"编辑页眉"选项，进入"页眉页脚"视图。单击"页眉和页脚工具 / 设计"→"导航"→"链接到前一条页眉"按钮，使按钮弹起呈"不选中"状态，在摘要页眉处输入"摘要"，完成摘要页眉的设置，如图 3.184 所示。

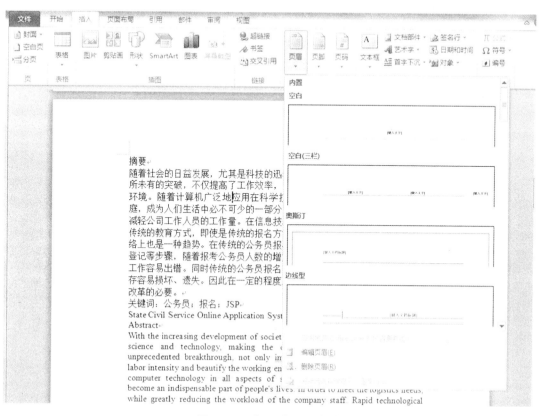

图 3.183　"页眉"设置菜单

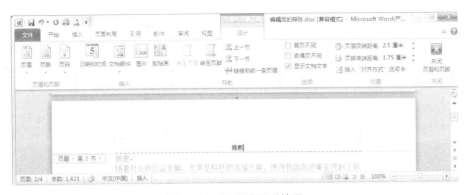

图 3.184　页眉设置后效果

第三步：在页脚中输入页码。单击"导航"→"转到页脚"按钮，同样取消"上一节相同功能"，如图 3.185 所示。单击"页眉页脚"→"页码"按钮，在弹出的下拉菜单中选择"设置页码格式"选项命令，如图 3.186 所示。在弹出的"页码格式"对话框中，选择"编码"下拉列表中的大写罗马数字编码，单击"确定"按钮，如图 3.187 所示。再次单击"页眉页脚"→"页码"按钮，在弹出的下拉菜单中选择"当前位置"选项命令→"普通数字"，如图 3.188 所示。选中页码，右击，在弹出的快捷工具栏中设置页码为居中对齐，如图 3.189 所示。设置完页眉页脚后，单击菜单栏中"关闭页眉页脚"按钮返回页面视图。

图 3.185　转至页脚

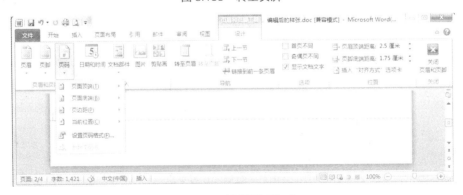

图 3.186　设置页码格式

图 3.187 选择编码格式

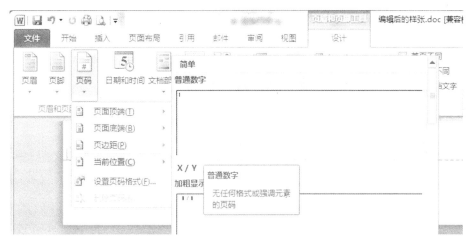

图 3.188 输入页码

图 3.189 设置页码居中

　　第四步：设置页眉的边框。在文档编辑的页面视图下，双击页眉位置，进入到"页眉页脚"视图。然后单击"段落"中的"边框"快捷图标按钮，在弹出的下拉菜单中选择"边框和底纹"选项命令，如图 3.190 所示。在弹出的"边框和底纹"对话框中先选择样式中的上细下粗的边框，再单击预览中下边框按钮，如图 3.191 所示，单击"确定"按钮。

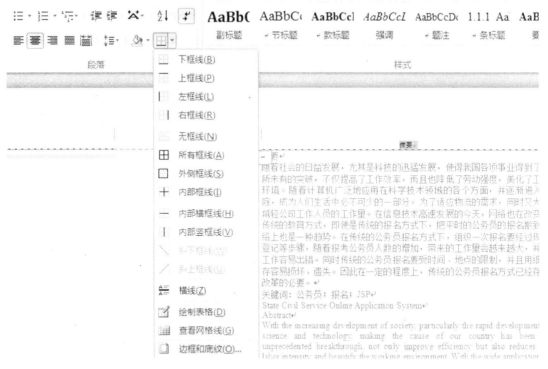

图 3.190　边框菜单

图 3.191　边框设置对话框

第五步：其他页的页眉页脚设置。基本设置步骤与"摘要"页的设置步骤相同，只需将后面页的页眉内容输入为"毕业论文"，页码设置为从"1"开始的阿拉伯数字。设置完成后的最终样式如图 3.192 所示。

图 3.192 页眉页脚设置完的样式图

第六步：设置正文样式。切换到功能区中的"开始"选项卡，在"样式"选项组中单击"对话框启动器"按钮 ，打开如图 3.193 所示的"样式"窗格，然后在"样式"窗格中，单击样式"正文"右侧的下拉按钮 ，在弹出的菜单中选择"修改"命令，如图 3.194 所示。在弹出的"修改样式"对话框中，在"格式"区域中设置中文字体为"宋体"，英文字体为"Times New Roman"，字号为小四，行距为 1.5 倍，如图 3.195 所示。

图 3.193 "样式"窗格

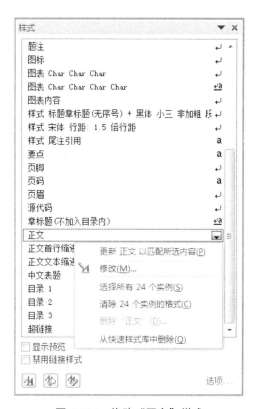

图 3.194 修改"正文"样式

图 3.195 "正文"样式修改对话框

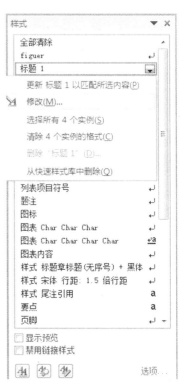

图 3.196 修改"标题 1"样式

第七步：设置章号样式，即"标题 1"的样式。在打开的"样式"窗格中，单击样式"标题 1"右侧的下拉按钮，在弹出的菜单中选择"修改"命令，如图 3.196 所示，打开"修改样式"对话框。在"修改样式"对话框中，单击窗口中部的"格式"区域中的"居中"按钮，设置字体为黑体，小三号，如图 3.197 所示。在"修改样式"对话框中，单击左下角的"格式"按钮，选择"编号"选项，如图 3.198 所示。在打开的"项目符号和编号"对话框中，单击"编号"选项卡中的"定义新编号格式"

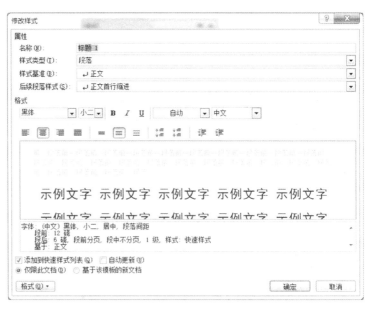

图 3.197 修改"章号"格式对话框

图 3.198 "格式"菜单选项

图 3.199 定义"标题 1"的新编号格式

按钮，打开"定义新编号格式"对话框，保持默认的"编号样式"，修改"编号格式"：输入"1"之外的"第"和"章"（带灰色底纹的"1"，不能自行删除或添加），如 3.199 所示。单击"确定"按钮，返回"编号和项目符号"对话框。再单击"确定"按钮，返回"修改样式"对话框。单击"确定"按钮完成"标题 1"样式的设置。

第八步：设置其他标题样式。按照"标题1"格式设置方法，分别修改"标题2"的样式为左对齐、黑体、四号字体，"标题3"的样式修改为左对齐。

第九步：设置自动编号。

（1）先打开"定义新多级列表"对话框。切换到功能区中的"开始"选项卡，在"段落"选项组中单击"多级列表"按钮，打开"多级列表"的下拉菜单，如图3.200所示。先在样式列表库中选择一种合适的样表，使之成为当前列表，在"多级列表"下拉菜单中选择"定义新的多级列表"命令，在打开的"定义新多级列表"对话框中单击"更多"按钮，打开完整的"定义新多级列表"对话框。

图3.200 "多级列表"的下拉菜单

（2）设置级别"1"的编号格式。选择"单击要修改的级别"为"1"。在"输入编号的格式"的文本框中输入"第"和"章"（带灰色底纹的"1"，不能自行删除或添加），将"将级别链接到样式"选择为"标题1"，将"要在库中显示的级别"选择为"级别1"，"起始编号"为"1"，如图3.201所示。

（3）在"定义新多级列表"对话框中选择"单击要修改的级别"为"2"，保持默认的"输入编号的格式"，将"将级别链接到样式"选择为"标题2"，将"要在库中显示的级别"选择为"级别2"，"起始编号"为"1"，编号对齐方式为"左对齐"，对齐位置为"0厘米"，如图3.202所示。

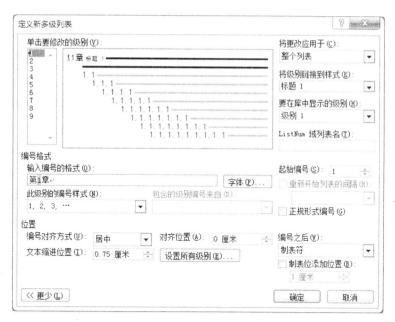

图 3.201 级别"1"的编号格式设置

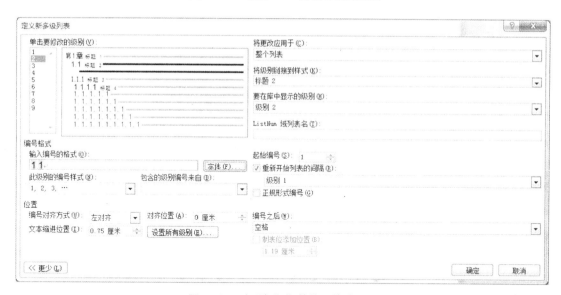

图 3.202 级别"2"的编号格式设置

（4）在"定义新多级列表"对话框中选择"单击要修改的级别"为"3"；保持默认的"输入编号的格式"；将"将级别链接到样式"选择为"标题3"，将"要在库中显示的级别"选择为"级别3"，"起始编号"为"1"，编号对齐方式为"左对齐"，对齐位置为"0厘米"，如图3.203所示。

（5）设置完三个编号级别之后，单击"确定"按钮。

图 3.203 级别 "3" 的编号格式设置

第十步：应用样式。

（1）应用 "标题 1" 样式。单击文档的章名所在行的任何位置，再单击应用 "样式" 窗格中的样式 "标题 1"，如图 3.204 所示。其余各章按序同理。

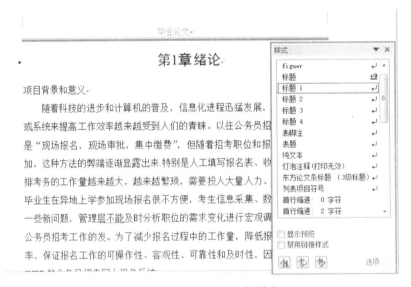

图 3.204 应用 "标题 1" 样式

（2）应用 "标题 2" 样式。单击文档中节所在的行，再单击应用 "样式" 窗格中的样式 "标题 2"，如图 3.205 所示。其余各节按序同理。

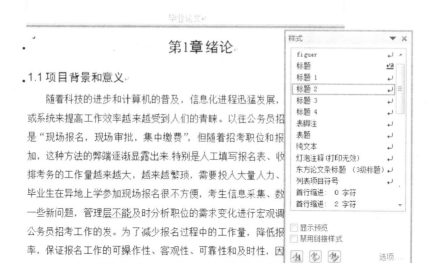

图 3.205 应用"标题 2"样式

（3）应用"标题 3"样式。单击文档的款所在的行，再单击应用"样式"窗格中的样式"标题 3"，如图 3.206 所示。其余各款按序同理。

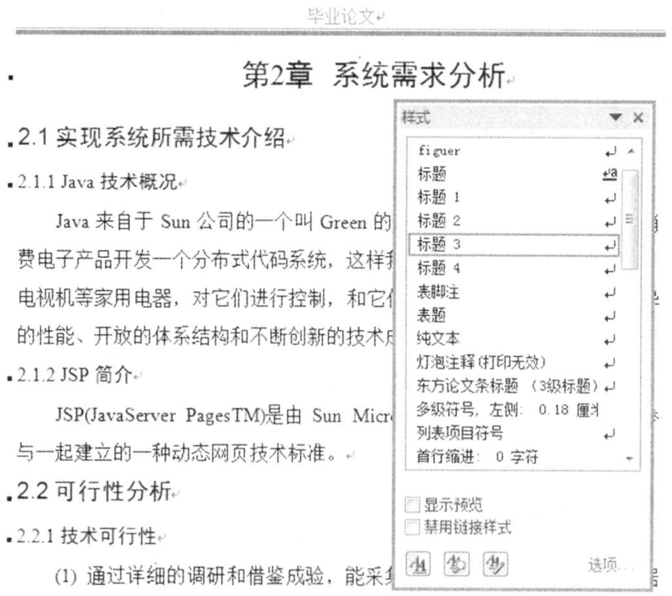

图 3.206 应用"标题 3"样式

各标题应用样式后效果如图 3.207 所示。

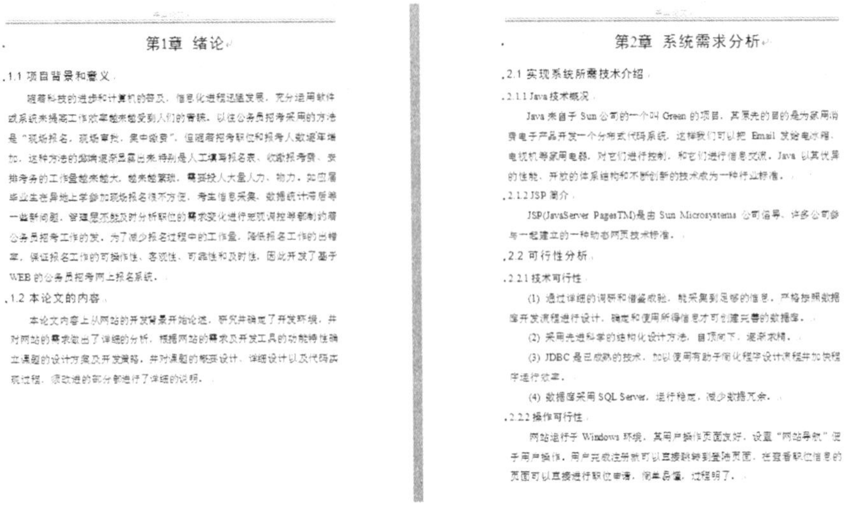

第1章 绪论

1.1 项目背景和意义

随着科技的进步和计算机的普及，信息化进程迅猛发展，充分运用软件或系统来提高工作效率越来越受到人们的青睐。以往公务员招考采用的方法是“现场报名，现场审核，集中缴费”。但随着招考职位和报考人数逐年增加，这种方法的弊端逐渐显露出来，特别是人工填写报名表、收缴报考费、安排考务的工作量越来越大，越来越繁琐，需要投入大量人力、物力。如应届毕业生在异地上学参加现场报名很不方便，考生信息采集、数据统计将带来一些新问题，管理层不能及时分析职位的需求变化进行宏观调控等都制约着公务员招考工作的发展。为了减少报名过程中的工作量，降低报名工作的出错率，保证报名工作的可操作性、客观性、可靠性和及时性，因此开发了基于WEB的公务员招考网上报名系统。

1.2 本论文的内容

本论文内容上从网站的开发背景开始论述，研究并确定了开发环境，并对网站的需求做出了详细的分析，根据网站的需求及开发工具的功能特性确立课题的设计方案及开发策略，并对课题的概要设计、详细设计以及代码实现过程、须改进的部分都进行了详细的说明。

第2章 系统需求分析

2.1 实现系统所需技术介绍

2.1.1 Java技术概况

Java来自于Sun公司的一个叫Green的项目，其原先的目的是为家用消费电子产品开发一个分布式代码系统，这样我们可以把Email发给电冰箱、电视机等家用电器，对它们进行控制，和它们进行信息交流。Java以其优异的性能、开放的体系结构和不断创新的技术成为一种行业标准。

2.1.2 JSP简介

JSP(JavaServer PagesTM)是由Sun Microsystems公司倡导、许多公司参与一起建立的一种动态网页技术标准。

2.2 可行性分析

2.2.1 技术可行性

(1) 通过详细的调研和借鉴成熟，能采集到足够的信息，严格按照数据库开发流程进行设计，确定和使用所得信息才可创建完善的数据库。

(2) 采用先进科学的结构化设计方法，自顶向下，逐渐求精。

(3) JDBC是已成熟的技术，加以使用有助于简化程序设计流程并加快程序运行效率。

(4) 数据库采用SQL Server，运行稳定，减少数据冗余。

2.2.2 操作可行性

网站运行于Windows环境，其用户操作页面友好，设置“网站导航”便于用户操作，用户完成注册就可以直接跳转到登陆页面，在查看职位信息的页面可以直接进行职位申请，简单易懂，过程明了。

图 3.207 应用标题样式效果图

第十一步：生成目录。对文档中的标题进行样式格式化后就可以自动生成目录了。将光标定位到第一页空白页上，输入“目录”两字后回车，然后单击“引用”→“目录”按钮，在弹出的下拉菜单中选择“插入目录”命令，如图 3.208 所示。在打开的“目录”对话框中，先去除“使用超链接而不使用页码”前复选框的勾选，如图 3.209 所示，然后单击“确定”按钮，即在当前光标处插入自动生成的目录，如图 3.210 所示。

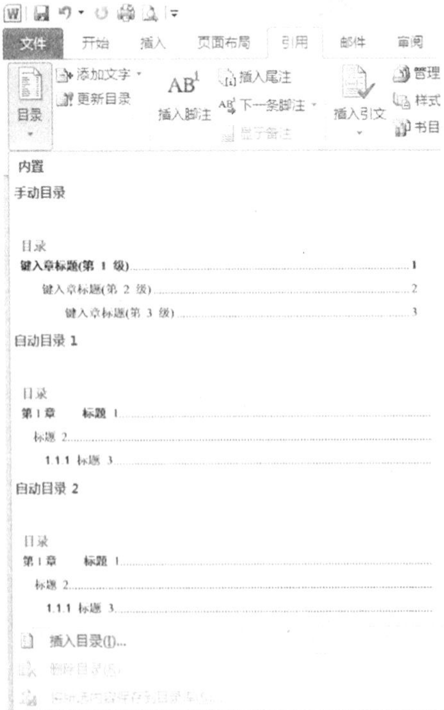

图 3.208 “目录”选项

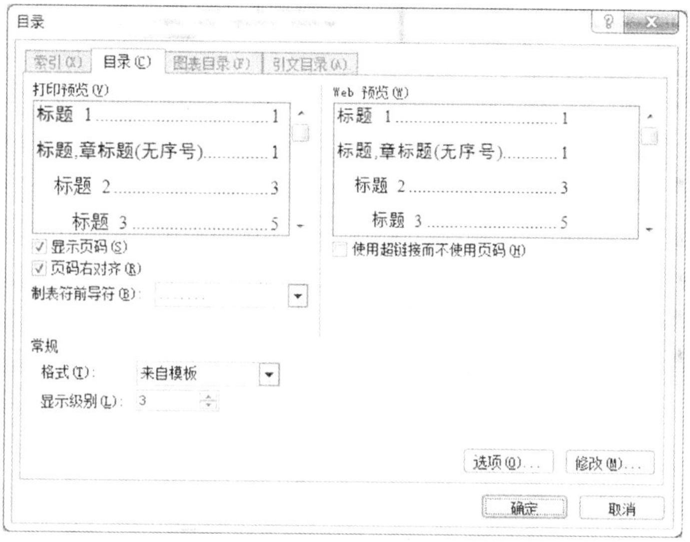

图 3.209　"目录"对话框

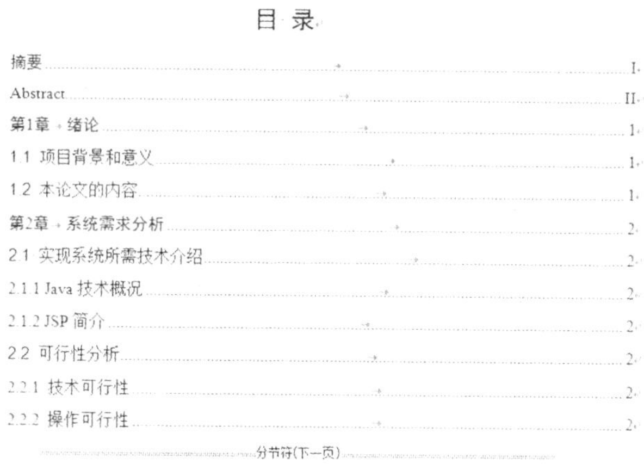

目 录

分节符(下一页)

图 3.210　生成的目录

　　第十二步：设置页面边距。单击"页面布局"→"页边距"按钮，弹出如图 3.211 所示的下拉菜单，然后选择"自定义边距"选项，弹出如图 3.212 所示的"页面设置"对话框，并在页边距的上下左右中分别输入 4 厘米、3.5 厘米、3 厘米和 3 厘米，装订线 1 厘米，"应用于"下拉列表选择"整个文档"。

图 3.211 "页边距"菜单　　　　　图 3.212 "页边距"设置

知识点精讲

3.7.1　样式

样式是事先制作完成的一组"格式"的集合，是 Word 提供的一个非常实用的功能。每个样式都有不同的名称，只要将这些样式应用到指定的文字之中，便可以将该样式中所有的格式都加载进来。样式可以快速完成长文档的格式化排版，帮助用户确定格式编排的一致性。

样式通常分为段落、字符、表格和列表四种类型，段落样式主要指对整个段进行格式化，即段落的对齐方式等的格式化，但不包括文的格式化；字符样式指对文本的格式化；表格的样式指对表格的格式化，包括对表格文字格式化，表格的边框和底纹，单元格内容的对齐方式等；列表样式。指项目符号和编号的格式化，级别格式化。

Word 本身带有许多样式，成为内置样式。除了可以直接使用定义好的内置样式外，还可以根据具体需求新建样式、删除样式以及对内置样式修改后再使用等。

1. 新建样式

用户可以新建一种全新的样式。选择功能区中的"开始"选项卡，在"样式"选项组中单击"对话框启动器"按钮，打开"样式"窗格。单击窗格下侧的"新建样式"按钮 ，打开如图 3.213 所示的"根据格式设置创建新样式"对话框。在这个对话框中可以设置样式的属性以及样式的格式。

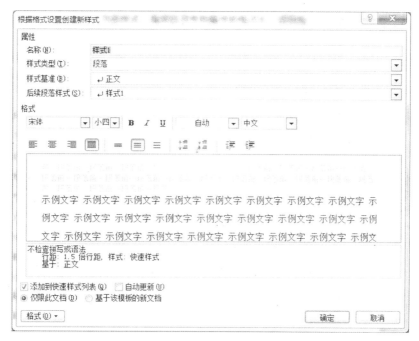

图 3.213 "根据格式设置创建新样式"对话框

下面针对"新建样式"中的各个选项做如下介绍。

（1）在样式"属性"项的"名称"的命名时最好取有意义的名称，并且不能与系统默认的样式同名。

（2）在"样式类型"下拉列表框中选择样式类型，创建样式设置的类型不同，其应用范围也不同。

（3）"样式基准"下拉列表框中列出了当前文档中的所有样式，如果创建的样式与其中样式比较接近，可以选择列表中已有的样式，新建样式会继承选择样式中的格式。

2. 删除样式

用户不能删除 Word 提供的内置样式，而只能删除用户自定义的样式。删除样式的方法很简单，在打开的"样式"窗格里，右击要删除的样式并在打开的快捷菜单中选择"删除"命令即可。

3. 修改样式

修改样式的方法与创建样式稍有不同。

（1）打开"样式"窗格，将鼠标移至要更改的样式名称上，右击或单击其后面的下拉按钮，弹出快捷菜单，在菜单中单击"修改"，打开"修改样式"对话框。

（2）在"名称"框中键入样式的新名称，如果是内置样式，则新加文本只能附加在原样式名后；如果是自定义的样式，则名称可以更改。

（3）"修改样式"对话框中的"样式类型"和"新建样式"对话框不同，下拉列表框是灰色的，即无法选择修改样式的类型。如果要更改基准样式，可在"样式基于"列表框中选择一种样式作为基准。

（4）如果要更新该样式的指定后续段落样式，可在"后续段落样式"列表框中选择要指定给后续段落的样式。

（5）在对话框中设置样式所需的各种格式，单击"格式"按钮，选择菜单上的相应命令可以为样式定义更多的格式。

（6）如果选中"自动更新"复选框，则在对设置此样式的任何段落应用其他新格式时，都将自动重新定义该样式，同时 Word 2010 自动更新当前文档中应用了此样式的所有段落；如果要将所进行的修改添加到创建该文档的模板中，可选中"添至模板"复选框，否则，所进行的修改只对当前文档有效。

另外用户也可以用管理样式来新建和修改样式。单击样式按钮，弹出"管理样式"对话框，如图 3.214 所示。单击"修改"或"新建样式"按钮，进行修改和新建样式操作。

图 3.214　"管理样式"对话框

3.7.2　分隔符

分隔符主要用于标识新行或新列的起始位置，分为分页符和分节符。分页符类型有分页符、分栏符和换行符；分节符类型有下一页、连续、偶数页和奇数页。

1. 分页符

当文本或图形等内容填满一页时，Word 会插入一个自动分页符并开始新的一页。如果要在某个特定位置强制分页，可插入"手动"分页符，这样可以确保章节标题总在新的一页开始。

首先，将插入点置于要插入分页符的位置，然后下面的任何一种方法都可以插入"手动"分页符：

（1）按"Ctrl"＋"Enter"组合键。

（2）执行"页面布局"→"分隔符"，打开"分隔符"下拉列表，单击"分页符"选项。如图 3.215 所示。

图 3.215　插入分页符

2. 分栏符

对文档（或某些段落）进行分栏后，Word 文档会在适当的位置自动分栏，若希望某一内容出现在下栏的顶部，则可用插入分栏符的方法实现，以分为两栏的段落，以图 3.216 为例说明，具体步骤如下：

（1）将插入点置于另起新栏的位置，光标放在"在传统的公务员报名方式下…"之前。

（2）执行"页面布局"→"分隔符"。

（3）在"分隔符"下拉列表中选择"分栏符"项。

此时"在传统的公务员报名方式下…"文字出现在第二栏的顶部，效果如图 3.217 所示。

随着社会的日益发展，尤其是科技的迅猛发展，使得我国各项事业得到了前所未有的突破，不仅提高了工作效率，而且也降低了劳动强度，美化了工作环境。随着计算机广泛地应用在科学技术领域的各个方面，并逐渐进入家庭，成为人们生活中必不可少的一部分。为了适应物流的需求，同时又大大减轻公司工作人员的工作量。在信息技术高速发展的今天，网络也在改变着传统的教育方式，即使是传

统的报名方式下，把平时的公务员的报名搬到网络上也是一种趋势。在传统的公务员报名方式下，组织一次报名要经过现场登记等步骤，随着报考公务员人数的增加，带来的工作量会越来越大，并且工作容易出错。同时传统的公务员报名要受时间、地点的限制，并且用纸保存容易损坏、遗失。因此在一定的程度上，传统的公务员报名方式已经存在改革的必要。

图 3.216　分两栏的段落

随着社会的日益发展，尤其是科技的迅猛发展，使得我国各项事业得到了前所未有的突破，不仅提高了工作效率，而且也降低了劳动强度，美化了工作环境。随着计算机广泛应用在科学技术领域的各个方面，并逐渐进入家庭，成为人们生活中必不可少的一部分。为了适应物流的需求，同时又大大减轻公司工作人员的工作量。在信息技术高速发展的今天，网络也在改变着传统的教育方式，即使是传统的报名方式下，把平时的公务员的报名搬到网络上也是一种趋势。

在传统的公务员报名方式下，组织一次报名要经过现场登记等步骤，随着报考公务员人数的增加，带来的工作量会越来越大，并且工作容易出错。同时传统的公务员报名要受时间、地点的限制，并且用纸保存容易损坏、遗失。因此在一定的程度上，传统的公务员报名方式已经存在改革的必要。

图 3.217　插入分栏符后的效果

3. 换行符

通常情况下，文本到达文档页面右边距时，Word 自动将换行。如果结束当前行，并强制文字在图片、表格或其他项目的下方继续。文字将在下一个空行上继续，则在"分隔符"对话框中选择"换行符"或直接按"Shift"+"Enter"组合键，在插入点位置可强制断行（换行符显示为灰色"↓"形）。换行符与直接按回车键不同，这种方法产生的新行仍将作为当前段的一部分。

4. 分节符

节是文档的一部分，分节符是文档的最小格式化单位，插入分节符之前，Word 将整篇文档视为一节。在需要改变行号、分栏数或页面页脚、页边距等特性时，需要创建新的节。分节符为文档分节的主要目的是能更灵活地设置页眉页脚，若文档不需要复杂的页眉页脚效果，也可以不使用分节符，而使用分页符来制作分页效果。操作方法与分页符一样。

下一页：选择此项，光标当前位置后的全部内容将移到下一页面上。

连续：选择此项，Word 将在插入点位置添加一个分节符，新节从当前页开始。

偶数页：光标当前位置后的内容将转至下一个偶数页上，Word 自动在偶数页之间空出一页。

奇数页：光标当前位置后的内容将转至下一个奇数页上，Word 自动在奇数页之间空出一页。

5. 显示分隔符

如果在页面视图中显示分隔符标志，选择功能区"文件"选项卡，单击"选项"选项，弹出对话框，选择"显示"命令，如图 3.218 所示，可单击"显示所有格式标记"复选框进行显示。

6. 删除分隔符

选择分隔符或将光标置于分隔符前面，然后按"Delete"键，可删除分隔符。

3.218 Word 选项

3.7.3 页面设置

在建立显得文档时，Word 已经自动设置了默认的页面属性，但是在打印或文档要求等其他情况下，用户需要对编辑好的文档的纸张的方向、页边距、纸型等属性进行页面设置。

选择功能区中的"页面布局"选项卡，就可看到对页面设置的各个选项，如图 3.219 所示。

图 3.219　"页面布局"选项卡

1. 设置页边距

页边距是页面周围的空白区域。设置页边距能够控制文本输入区域的宽度和长度。设置页边距的方法有以下两种：

（1）.在"页面布局"功能区中单击"页边距"按钮，在下拉列表中即可设置页面边距，如图 3.220 所示。

（2）在"页面设置"选项组中单击"页面设置"按钮，打开"页面设置"对话框。在"页面设置"对话框中的"页边距"选项卡中可以设置，如图 3.221 所示。

图 3.220　"页边距"下拉列表

图 3.221　"页边距"选项卡

2. 纸张方向

纸张方向主要是指文档页面纸张的纵向（垂直）或横向（水平）方向。设置方法有以下两种：

（1）在"页面布局"功能区中单击"纸张方向"按钮，在下拉列表中即可设置纸张方向，如图 3.222 所示。

图 3.222 "纸张方向"下拉列表

（2）在图 3.221 所示的"页边距"选项卡设置纸张方向。

3. 设置纸张大小

Word 2010 默认的纸张为 A4，其宽度是 21 厘米，高度为 29.7 厘米。若文档需要的纸张大小与默认的不一致就会造成错误，需要重新设置纸张的大小。设置纸张大小的方法有以下两种：

（1）在"页面布局"功能区中单击"纸张大小"按钮，在下拉列表中提供了常用的纸张大小，用户按照需要选择即可，如图 3.223 所示。

（2）在"纸张大小"下拉列表中选择"其他页面大小"选项，弹出"页面设置"对话框,或在"页面设置"选项组中单击"页面设置"按钮,打开"页面设置"对话框。在"页面设置"对话框的"纸张"选项卡中可以设置纸张的大小，如图 3.224 所示。

图 3.223 "纸张大小"下拉列表

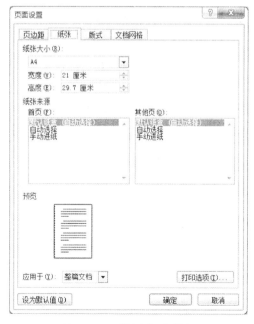

图 3.224 "纸张"选项卡

4. 设置版式

在版式中可以设置页眉页脚、垂直方式、行号等特殊的版式选项。打开“页面设置”对话框后，在“版式”选项卡中对版式进行设置，如图 3.225 所示。

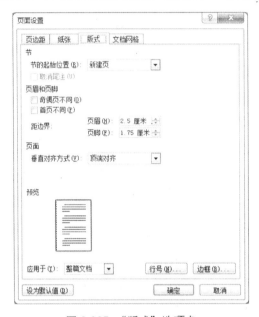

图 3.225 “版式”选项卡

（1）在“节的起始位置”下拉列表中选择节的起始位置，用于对文档分节。

（2）在“页眉页脚”选区中设置页眉页脚的显示方式。

（3）在“垂直对齐方式”中设置页面的一种对齐方式。顶端对齐指正文的第一行与上页边距对齐；居中对齐指正文的上下边距之间居中对齐；两端对齐指正文不足一页时增大段间距，使第一行与上边距对齐，最后一行与下边距对齐；底端对齐指正文最后一行与下边距对齐。

（4）在“预览”区域单击“行号”按钮，弹出“行号”对话框，选中添加行号复选框，如图 3.226 所示，单击“确定”按钮即可在文档的每行文字前显示行号，如图 3.227 所示。

图 3.226 “行号”对话框

1 摘要
2 随着社会的日益发展，尤其是科技的迅猛发展，使得我国各项事业得到了前所未
3 有的突破，不仅提高了工作效率，而且也降低了劳动强度，美化了工作环境。随
4 着计算机广泛地应用在科学技术领域的各个方面，并逐渐进入家庭，成为人们生
5 活中必不可少的一部分。为了适应物流的需求，同时又大大减轻公司工作人员的
6 工作量。在信息技术高速发展的今天，网络也在改变着传统的教育方式，即使是
7 传统的报名方式下，把平时的公务员的报名搬到网络上也是一种趋势。在传统的
8 公务员报名方式下，组织一次报名要经过现场登记等步骤，随着报考公务员人数
9 的增加，带来的工作量会越来越大，并且工作容易出错。同时传统的公务员报名
10 要受时间、地点的限制，并且用纸保存容易损坏、遗失。因此在一定的程度上，
11 传统的公务员报名方式已经存在改革的必要。
12

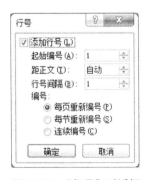

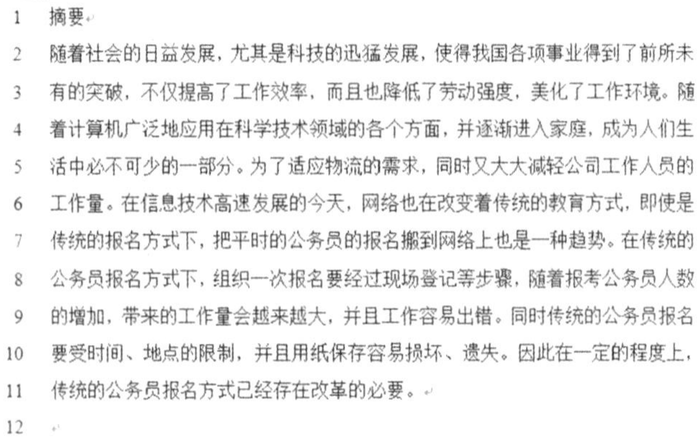

图 3.227 添加行号效果图

3.7.4 页眉页脚设置

页眉和页脚通常用来显示文档的附加信息，例如时间、日期、页码、单位名称和微标等。其中，页眉在页面的顶部，页脚在页面的底部。页眉和页脚也用作提示信息，特别是其中插入的页码，通过这种方式能够快速定位所要查找的页面。

页眉页脚设置方法相同，以下以页眉设置为例讲解页眉页脚的设置方法。

1. 编辑页眉

（1）选择功能区中的"插入"选项卡，在"页眉和页脚"选项组中单击"页眉"或"页脚"按钮，选择"编辑页眉"或"编辑页脚"选项，进入页眉页脚编辑状态，如图 3.228 所示。

（2）在 Word 文档页面上部 / 下部空白处双击鼠标左键，即可编辑页眉 / 页脚内容，如图 3.229 所示。编辑完成后，双击文档编辑区域，或单击上方关闭页眉页脚按钮，就完成了。

图 3.228　页眉页脚编辑区

图 3.229　插入页眉

编辑页眉/页脚时，上方会显示相关的菜单，页眉编辑界面如图3.230所示，页脚编辑界面如图3.231所示。

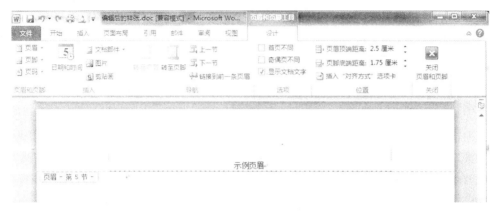

图3.230   页眉菜单

图3.231   页脚菜单

在设置页眉页脚时，Word的部分功能菜单也依旧可以使用，例如左对齐、居中等选项；在编辑页眉时，如要切换到页脚编辑，则单击上方菜单的相应选项即刻，反之亦然。

2. 删除页眉

（1）选择功能区中的"插入"选项卡，在"页眉和页脚"选项组中单击"页眉"按钮，选择"删除页眉"选项，删除当前节的页眉。

（2）进入页眉页脚编辑状态，选中页眉/页脚内容。按"Delete"键删除。

3.7.5   自动生成目录

目录是文档中标题的列表。通过目录，可以了解一片文档中叙述了哪些主题，并可以快速地定位到某个主题。Word 2010 跟之前版本一样，根据用户编辑的文档会自动生成目录，并可通过目录直接定位到某个章节。

1. 新建目录

自动生成目录前须要设置文档的各级标题。设置完文档各级标题后，将光标定位目录生成页上，然后单击"引用"→"目录"按钮，如图 3.208 所示。在弹出的下拉菜单中选择"插入目录"命令,打开如图 3.209 所示的"目录"对话框,先单击去除"使用超链接而不使用页码"前复选框的勾选，然后单击"确定"按钮，即在当前光标处插入自动生成的目录。

"目录"对话框中可以对显示页码、页码右对齐，以及制表符前导符等进行设置。如果想修改生成目录的外观格式，可以在"目录"对话框中单击"修改"按钮，打开如图 3.232 所示的目录"样式"对话框。选择需要修改的目录级别，然后单击"修改"按钮，在打开的"修改"对话框中修改格式，单击"确定"按钮返回上一级窗口。目录设置即完成。

2. 更新目录

若更改文档后，需要更新目录，先选中现有的目录单击"引用"→"目录"→"更新目录"按钮或右击弹出快捷菜单，如图 3.233 所示，选择"更新域"选项，打开如图 3.234 所示的"更新目录"对话框。通过单击对应的单选按钮，可以设置更新的内容，按"确定"按钮将重新生成目录。

3. 删除目录

首先选中目录，然后单击删除键或"Delete"键即可删除。

图 3.232 "目录"修改样式对话框   图 3.233 "更新域"菜单   图 3.234 "更新目录"对话框

习题与实验

一、选择题

1. Word 2010 是（　　）
   A. 文字处理软件　　B. 操作系统　　　　C. 演示文稿　　　D. 硬件

2. 能显示页眉和页脚的视图方式是（　　）
   A. 阅读版式视图　　B. 页面视图　　　　C. 大纲视图　　　D. 草稿视图

3. 在 Word 2010 的文档窗口进行最小化操作（　　）
   A. 会将指定的文档关闭
   B. 会关闭文档及其窗口
   C. 文档的窗口和文档都没关闭
   D. 会将指定的文档从外存中读入，并显示出来

4. 用 Word 2010 进行编辑时，要将选定区域的内容放到的剪贴板上，可单击工具栏中（　　）
   A. 剪切或替换　　　B. 剪切或清除　　　C. 剪切或复制　　D. 剪切或粘贴

5. 在使用 Word 2010 进行文字编辑时，下面叙述中（　　）是错误的。
   A. Word 可将正在编辑的文档另存为一个纯文本（TXT）文件。
   B. 使用"文件"菜单中的"打开"命令可以打开一个已存在的 Word 文档。
   C. 打印预览时，打印机必须是已经开启的。
   D. Word 允许同时打开多个文档。

6. 将插入点定位于句子"黑龙江东方学院"中的"龙"与"江"之间,按一下 DEL 键，则该句子（　　）
   A. 变为"黑龙江方学院"　　　　　　B. 变为"黑龙东方学院"
   C. 整句被删除　　　　　　　　　　D. 不变

7. 在 Word 中要删除单元格正确的操作是（　　）
   A. 选中要删除的单元格，按"DEL"键
   B. 选中要删除的单元格，按剪切按钮
   C. 选中要删除的单元格，使用"Shift"+"DEL"
   D. 选中要删除的单元格，使用右键的"删除单元格"

8. 在 Word 2010 中，插入一幅图片，其默认的文字环绕方式是（　　）
   A. 四周型　　　　　B. 嵌入式　　　　　C. 浮于文字上方　D. 衬于文字下方

9. 新建 Word 文档的快捷键是（   ）

    A."Ctrl"+"N"   B."Ctrl"+"O"   C."Ctrl"+"C"   D."Ctrl"+"S"

10. Word 2010 在编辑一个文档完毕后，要想知道它打印后的结果，可使用(   )功能。

    A.打印预览   B.模拟打印   C.提前打印   D.屏幕打印

11. 使用 Word 2010 创建的文档默认的后缀是（   ）

    A.doc   B.docx   C.docs   D.txt

12. 以下关于文本选定说法错误的是（   ）

    A.如果要选定整篇文档，可以通过键盘上按"Ctrl"+"A"

    B.如果要选定一个词，可以在词中任意位置双击鼠标

    C.要选定不连续的文本，按住"Shift"键，再选择其他文本区域

    D.要选定一段文本，在段内任意位置三击鼠标

13. 在字体功能区的 按钮，表示（   ）

    A.加粗   B.倾斜   C.下划线   D.大写

14. 字体设置中，可以对字符间距做出设置，除了以下哪项（   ）

    A.缩放   B.间距   C.提升   D.更改样式

15. 段落的对齐方式说法错误的是（   ）

    A.居中对齐多用于标题的排版

    B.正常文档的排版多用左对齐

    C.两端对齐和分散对齐效果一致

    D.两端对齐除段落最后一行外均匀排列在左右边距中间

二、按要求完成下列文字和段落的格式化设置。原文档如图 1 所示，目标文档如图 2 所示。

要求：

1. 标题设置为华文行楷，三号字，加粗，紫色。

2. 正文部分每个段落设置为首行缩进 2 字符，段落间距 1.5 倍。

3. 正文第一段设置橙色的段落底纹。

4. 正文第二段分为两栏，加分隔线。

5. 正文第三段首字下沉两行，距正文 0.5cm。

6. 正文第四段设置文字间距加宽 2 磅。

7. 正文第五段"总""之"设置为带圈字符，增大圈号。

8. 全文查找"中国饮食文化"，替换为"中华饮食文化"并加着重号。

9. 全篇文档加双波浪形页面边框。

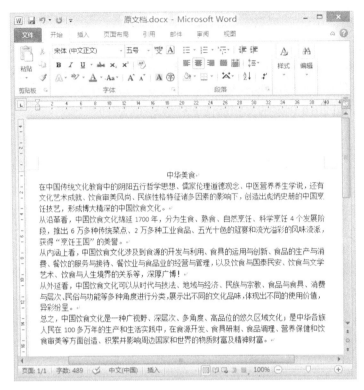

图 1

图 2

三、完成如图 3 所示的个人简历表格。

四、按要求进行图文混排，原文档如图 4，目标文档如图 5 所示。

个 人 简 历

姓 名		性 别		
出生年月		民 族		
政治面貌		身体状况		
毕业学校		学 历		
专 业		电 话		
工作经验				
自我评价				

图 3

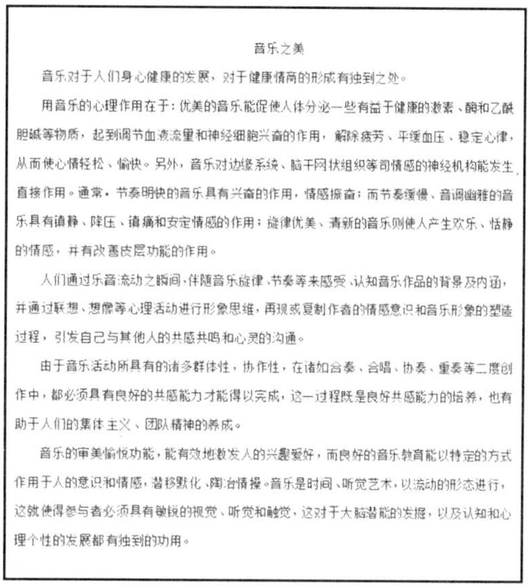
音乐之美

音乐对于人们身心健康的发展，对于健康情商的形成有独到之处。

用音乐的心理作用在于：优美的音乐能促使人体分泌一些有益于健康的激素、酶和乙酰胆碱等物质，起到调节血液流量和神经细胞兴奋的作用，解除疲劳、平缓血压、稳定心律，从而使心情轻松、愉快。另外，音乐对边缘系统、脑干网状组织等司情感的神经机构能发生直接作用。通常，节奏明快的音乐具有兴奋的作用，情感振奋；而节奏缓慢、音调幽雅的音乐具有镇静、降压、镇痛和安定情感的作用；旋律优美、清新的音乐则使人产生欢乐、恬静的情感，并有改善皮层功能的作用。

人们通过乐音流动之瞬间，伴随音乐旋律、节奏等来感受、认知音乐作品的背景及内涵，并通过联想、想像等心理活动进行形象思维，再现或复制作者的情感意识和音乐形象的塑造过程，引发自己与其他人的共感共鸣和心灵的沟通。

由于音乐活动所具有的诸多群体性，协作性，在诸如合奏、合唱、协奏、重奏等二度创作中，都必须具有良好的共感能力才能得以完成，这一过程既是良好共感能力的培养，也有助于人们的集体主义、团队精神的养成。

音乐的审美愉悦功能，能有效地激发人的兴趣爱好，而良好的音乐教育能以特定的方式作用于人的意识和情感，潜移默化、陶冶情操。音乐是时间、听觉艺术，以流动的形态进行，这就使得参与者必须具有敏锐的视觉、听觉和触觉，这对于大脑潜能的发掘，以及认知和心理个性的发展都有独到的功用。

图 4

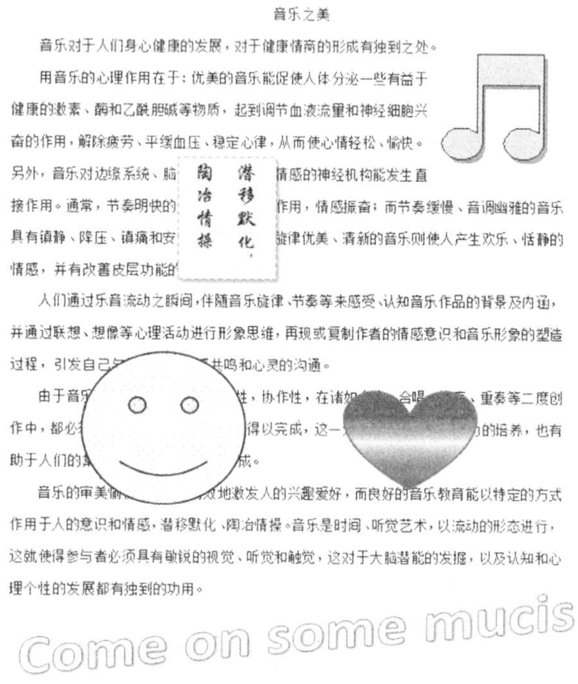

图 5

要求：

1. 插入音符形状的剪贴画，设置大小为 3cm*3cm，环绕方式为四周型。
2. 插入竖排文本框，输入文字“潜移默化，陶冶情操”，设置字体为华文行楷，小三号。边框设置为绿色，线型为短划线。填充颜色为黄色，阴影为预设“右下斜偏移”。
3. 插入形状“笑脸”和“心形”。笑脸设置为“图案填充”5%；心形填充效果设置为渐变填充，预设值“彩虹出岫”。将两个图形组合起来。
4. 插入艺术字“come on some music”，设置艺术字样式为“转换”→“左领章”

五、使用邮件合并功能，新建一个大学录取通知书，生成所有学生的录取通知书。通知书范本如图 6 所示。数据源如图 7 所示。

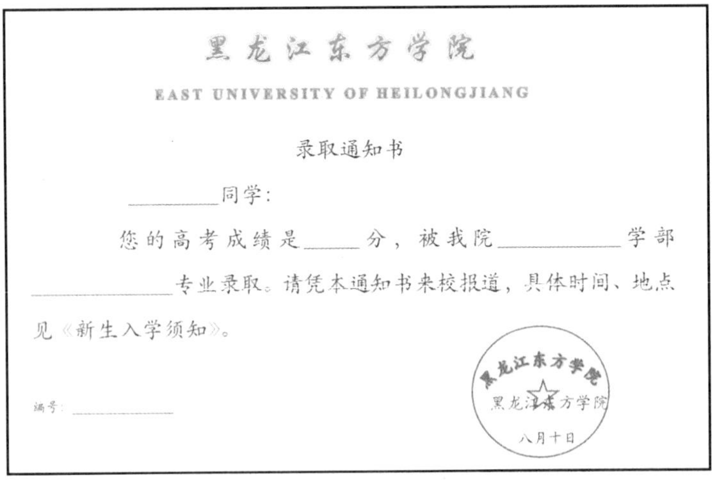
黑龙江东方学院

EAST UNIVERSITY OF HEILONGJIANG

录取通知书

________同学：

您的高考成绩是______分，被我院____________学部____________专业录取。请凭本通知书来校报道，具体时间、地点见《新生入学须知》。

编号：____________

黑龙江东方学院

八月十日

图 6

编号	姓名	高考成绩	学部	专业
20150001	张星加	486	外国语	商务俄语
20150002	陈亮	502	计算机科学与电气工程	物联网工程
20150003	李欣欣	427	艺术	动画
20150004	王树	473	机电工程	汽车
20150005	崔旭强	482	建筑	道桥
20150006	李艾	511	食品工程	乳品

图 7

第 4 章 Excel 2010

4.1 Excel 2010 基本操作

本节对 Excel 2010 的工作界面进行详细介绍，讲解关于工作簿管理等的一些基本操作。掌握本节内容是轻松使用 Excel 2010 的基础。

4.1.1 Excel 2010 启动和退出

Excel 2010 的启动和退出与 Word 操作类似，在此不再赘述。

4.1.2 Excel 2010 界面简介

Excel 2010 启动后即进入 Excel 2010 的工作界面，如图 4.1 所示。

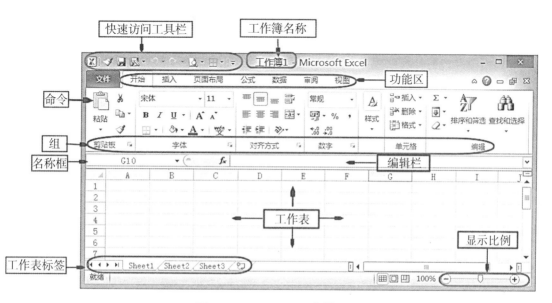

图 4.1 Excel 2010 工作界面

1. 快速访问工具栏

快速访问工具栏是一个可自定义的工具栏，它包含一组独立于当前显示的功能区上选项卡的命令。可以从两个可能的位置之一移动快速访问工具栏，并且可以向快速访问工具栏中添加代表命令的按钮。

2. 功能区、组和命令

与 Excel 2003 相比，Excel 2010 最明显的变化就是取消了传统的菜单操作方式，而代之以各种功能区。在 Excel 2010 窗口上方看起来像菜单的名称其实是功能区的名称，当单击这些名称时并不会打开菜单，而是切换到与之相对应的功能区。每个功能区根据功能的不同又分为若干个组，每个组下有若干个命令，通过单击某个命令来实现某个功能，比如单击"保存"命令实现工作簿的保存。每个功能区所拥有的功能如下所述：

（1）"开始"功能区

"开始"功能区中包括剪贴板、字体、对齐方式、数字、样式、单元格和编辑七个组，对应 Excel 2010 的"编辑"和"格式"菜单部分命令。该功能区主要用于帮助用户对 Excel 2010 表格进行文字编辑和单元格的格式设置，是用户最常用的功能区。

（2）"插入"功能区

"插入"功能区包括表、插图、图表、迷你图、筛选器、链接、文本和符号几个组，对应 Excel 2010 中"插入"菜单的部分命令，主要用于在 Excel 2010 表格中插入各种对象。

（3）"页面布局"功能区

"页面布局"功能区包括主题、页面设置、调整为合适大小、工作表选项、排列几个组，对应 Excel 2010 的"页面设置"菜单命令和"格式"菜单中的部分命令，用于帮助用户设置 Excel 2010 表格的页面样式。

（4）"公式"功能区

"公式"功能区包括函数库、定义的名称、公式审核和计算几个组，用于实现在 Excel 2010 表格中进行各种数据计算。

（5）"数据"功能区

"数据"功能区包括获取外部数据、连接、排序和筛选、数据工具和分级显示几个组，主要用于在 Excel 2010 表格中进行数据处理相关方面的操作。

（6）"审阅"功能区

"审阅"功能区包括校对、中文简繁转换、语言、批注和更改五个组，主要用于对 Excel 2010 表格进行校对和修订等操作，适用于多人协作处理 Excel 2010 表格数据。

（7）"视图"功能区

"视图"功能区包括工作簿视图、显示、显示比例、窗口和宏几个组，主要用于帮助用户设置 Excel 2010 表格窗口的视图类型，以方便操作。

3. 工作表标签

工作表标签用来标识和显示工作表的名称。单击某一个工作表标签就选定了该工作表，被选定的工作表名变成白底黑字，以区分其他未被选定的工作表。

4. 工作表区与活动单元格

工作表区是指用于输入、编辑、存放数据的表格区域，它是制作表格和图表的工作界面，由 1048576 行和 16384 列组成。每一列的顶端显示该列的列标，列标用大写英文字母表示，从 A、B、C、D 一直排列到 Z（Z 列之后是 AA~AZ，而后是 BA~BZ，以此类推），每行的左端是行号，行号范围是 1~1048576。

活动单元格是指当前选中或正在编辑的单元格，也称当前单元格。活动单元格的标志是四周有加粗的黑色边框，输入或修个的数据只能在活动单元格中进行。

5. 显示比例工具

显示比例工具用于放大或者缩小工作表区域的显示。

6. 名称框和编辑栏

名称框用于定义、显示活动单元格的名称，若当前选中的是一个连续单元格区域，则名称框中显示的是所选定连续单元格区域中左上角第一个单元格的名称。

编辑栏用于显示、编辑活动单元格中的内容或公式。编辑栏左端有"取消"、"输入"、"插入函数"三个按钮，单击"取消"按钮可以取消编辑，单击"确定"按钮可以确定编辑，单击"插入函数"按钮可以插入函数。

4.1.3　工作表和工作簿

1. 工作簿

启动 Excel 2010 后，系统将自动建立一个名为"工作簿 1"的文件，它就是一个工作簿。工作簿是计算和存储数据的文件，一个工作簿就是一个 Excel 文件。工作簿的默认扩展名为 .xlsx，默认工作簿模板的扩展名为 .xlts。

2. 工作表

在建立工作表的过程中可以看到，它包括 Sheet1、Sheet2、Sheet3 三张工作表。由此可见，工作簿是由一张或多张工作表组成的，默认为三张工作表。

3. 单元格

在每张工作表中可以看到许多小方格，每个小方格就是一个单元格。单元格是组成工作表的基本单位，一个工作表中有 1048576×16384 个单元格。默认情况下，单元格用它的列号加上行号来命名，如位于第 A 列第 1 行的单元格名称为 A1，位于 AB 列 12 行的单元格名称为 AB12，如果要将某单元格重新命名，可以采用下面方法：只要用鼠标单击某单元格，在表的左上角就会看到它当前的名字，再用鼠标选中名字，就可以输入一个新的名字了。注意：在给单元格命名时需注意名称的第一个字符必须是字母或汉字，它最多可包含 255 个字符，可以包含大、小写字符，但是名称中不能有空格且不能与单元格引用相同，即不可以取类似 A1，B22 这样的名字，单元格自定义名字后，可以有两种方式访问单元格，一种是用自定义的新名字访问，一种是用默认的列号行号访问。

4.1.4 工作簿的建立、保存、打开和关闭

1. 工作簿的建立

启动 Excel 2010 时，系统自动建立一个名为工作簿 1 的工作簿。用户自己创建工作簿主要有两种方式，分别是建立空白工作簿和根据模板建立工作簿。

（1）空白工作簿的建立

新建一个空白工作簿可采取以下方法之一：

① 选择"文件"菜单下的"新建"选项，打开如图 4.2 所示的界面，单击"空白工作簿"。

图 4.2 新建空白工作簿

② 按"Ctrl"+"N"键。

（2）根据模板建立工作簿

在"文件"菜单选项中选择"新建"选项，在右侧可以看到很多表格模板，选择需要的模板进行创建，如图 4.3 所示。

2. 保存工作簿

（1）保存新建工作簿

选择"文件"菜单下的"保存"选项，或者按组合键"Ctrl"+"S"，打开如图 4.4 所示的"另存为"对话框，选择磁盘中的存储位置，输入工作簿的名称，选择文件保存类型为"Excel 工作簿（*.xlsx）"，特别需要注意的是，如果需要使用 Excel 2010 以及之前的版本打开工作簿，需要将保存类型修改为"Excel97-2003 工作簿（*.xls）"，最后单击"保存"按钮。

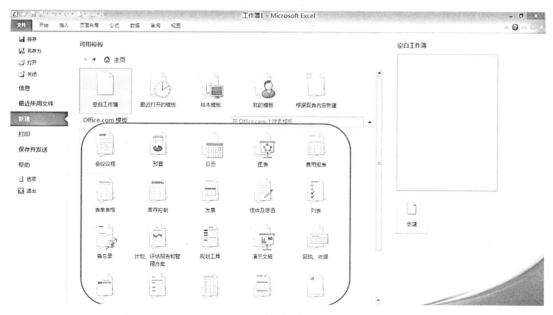

图 4.3　通过模板建立工作簿

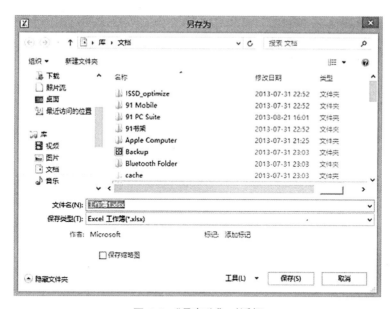

图 4.4　"另存为"对话框

（2）工作簿的另存为操作

如果将保存过的工作簿另存为其他名称或者类型，可选择"文件"菜单中的"另存为"选项，同样打开如图 4.4 所示的"另存为"对话框，选定保存位置，输入新文件名，选择保存类型，最后单击"保存"按钮。

（3）自动保存工作簿

在用户编辑 Excel 表格的过程中，可能由于断电、系统不稳定、操作失误、Excel 程序崩溃等，还没保存文档 Excel 就意外关闭了，Excel 的自动保存功能就能很好地解决这个问题，这样用户就不用担心因上述原因而造成的编辑过程中的 Excel 表格消失的问题。具体操作步骤如下：

① 打开 Excel 工作簿，单击"文件"按钮，在弹出的下拉菜单中选择"选项"命令。

② 在弹出的"Excel 选项"对话框中，选择"保存"选项卡，在"保存工作簿"区域中勾选"如果我没保存就关闭，请保存上次自动保留的版本"复选框，在"自动恢复文件位置"的文本框中输入文件要保存的位置。"保存自动恢复信息时间间隔"的复选框是默认勾选的，在其后的微调框中用户可以对信息保存的间隔时间进行设置，默认的是10 分钟。如图 4.5 所示。

图 4.5　Excel 选项对话框

③ 单击"确定"按钮退出当前对话框，自动保存功能已完成设置并开启。

④ 在工作簿编辑过程中，Excel 会根据设置的间隔时间保存当前工作簿的副本。单击"文件"按钮，在弹出的下拉菜单中选择"信息"命令，在"版本"项中可以看到自动保存的副本信息。如图 4.6 所示。

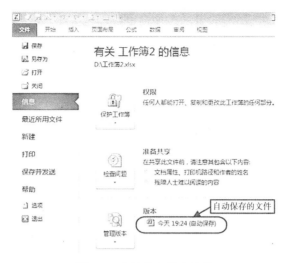

图 4.6 文件信息版本管理

3. 打开工作簿

选择"文件"菜单中的"打开"选项，或者按组合键"Ctrl"+"O"，打开如图 4.7 所示的"打开"对话框，找到需要打开文件的位置，选中需要打开的文件，然后单击"打开"按钮。

图 4.7 "打开"对话框

4. 关闭工作簿

关闭工作簿有以下几种方法：

单击标题栏右上角的"关闭"按钮，或者按"Ctrl"+"F4"组合键。

当退出 Excel 2010 时，所有打开的工作簿都将随之关闭。需要说明的是：若关闭未保存的新工作簿或修改过的已有工作簿，会打开 Microsoft Excel 提示对话框，提示用户对工作簿进行保存。

4.2　数据的输入与编辑

【案例 4.1】——创建高三期末成绩表 .xlsx，题目要求如下：

1. 在 A1 单元格输入"高三期末成绩表"。

2. 在 A2:J2 区域分别输入"编号"、"学号"、"姓名"、"语文"、"数学"、"英语"、"总分"、"平均分"、"名次"和"简评"。

3. 使用填充柄完成编号的有序录入。

4. 设置 D3:F19 区域的数据有效性，提示信息为"成绩的范围是 0-150"，输入的数据错误时给出提示"输入的数值非法"。

样张如图 4.8 所示。

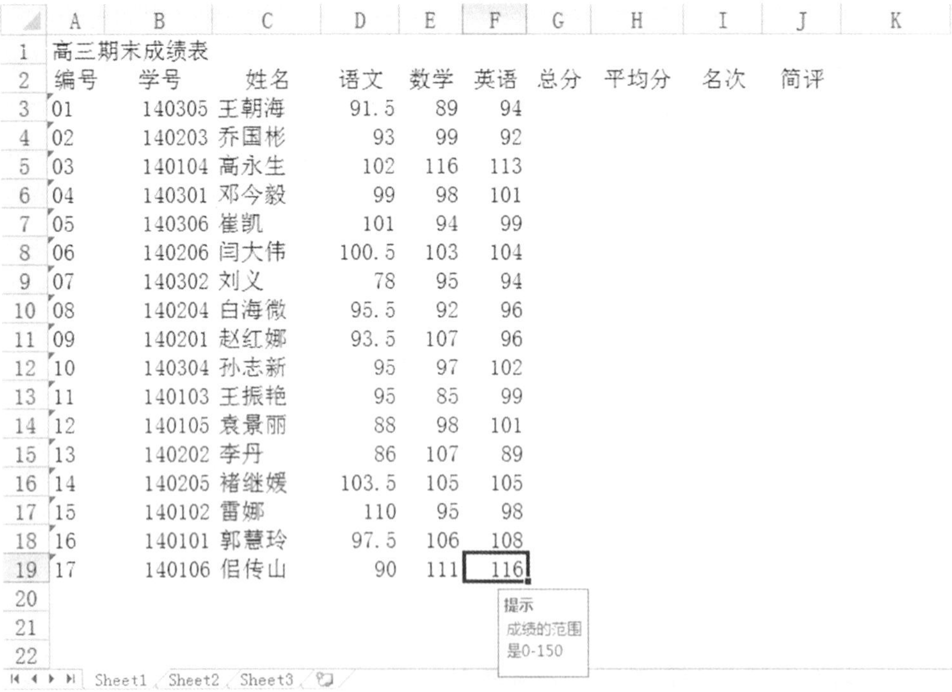

	A	B	C	D	E	F	G	H	I	J	K
1	高三期末成绩表										
2	编号	学号	姓名	语文	数学	英语	总分	平均分	名次	简评	
3	01	140305	王朝海	91.5	89	94					
4	02	140203	乔国彬	93	99	92					
5	03	140104	高永生	102	116	113					
6	04	140301	邓今毅	99	98	101					
7	05	140306	崔凯	101	94	99					
8	06	140206	闫大伟	100.5	103	104					
9	07	140302	刘义	78	95	94					
10	08	140204	白海微	95.5	92	96					
11	09	140201	赵红娜	93.5	107	96					
12	10	140304	孙志新	95	97	102					
13	11	140103	王振艳	95	85	99					
14	12	140105	袁景丽	88	98	101					
15	13	140202	李丹	86	107	89					
16	14	140205	褚继媛	103.5	105	105					
17	15	140102	雷娜	110	95	98					
18	16	140101	郭慧玲	97.5	106	108					
19	17	140106	侣传山	90	111	116					
20											
21						提示					
22						成绩的范围是0-150					

Sheet1　Sheet2　Sheet3

图 4.8　案例 4.1——输入高三学生期末成绩

案例分析

要想得到此电子表格，就要输入表中的各数据，而通常在建立电子表格时，输入的数据往往不全面，在输入过程中可能落掉一些内容，比如，输入过程中某行或某列没有输入，这样就要涉及单元格编辑等操作。本节将结合案例 4.1 中数据的输入，来讲解输入数据与单元格编辑的相关知识。

4.2.1　录入数据

操作步骤

第一步：先输入部分数据。在 Sheet1 中的 A1 单元格中输入"高三期末成绩表"，按"Enter"键切换到 A2 单元格，输入"编号"，按"→"切换到 B2 单元格，输入"姓名"，以此类推，直到输入到如图 4.9 所示的数据，然后选择 A3 单元格，输入"'01"，选择 A3 单元格，输入"'02"。注意，在 01 前面有一个英文的单引号。

图 4.9　输入文本数据

第二步：输入编号（有规律的数据）。鼠标左键拖放选中 A3：A4 单元格区域，按住填充柄向下进行列填充，填充到"17"松开鼠标左键，如图 4.10 所示。

第三步：设置数据有效性。选择 D3：D19 单元格区域，单击"数据"功能区中的"数据工具组"的"数据有效性"按钮，在"数据有效性"对话框的"设置"选项卡中限定数据为"小数、值介于0~150"；在"输入信息"页中，"标题"输入"重要提示"，"提示信息"输入"语文成绩应该是 0-150 之间的数字"；在"出错警告"标签页中，"标题"输入"错误"，错误信息为"输入的数值非法"；按照同样方法完成其他成绩列数据有效性的设置，这样在数据输入时一旦输入数据不在范围内将无法输入。

第四步：输入剩余数据。按照第一步操作完成其余数据的填充，如图 4.11 所示。

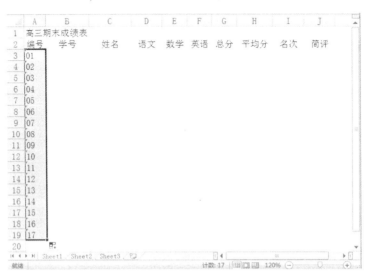

图 4.10   输入规律数据

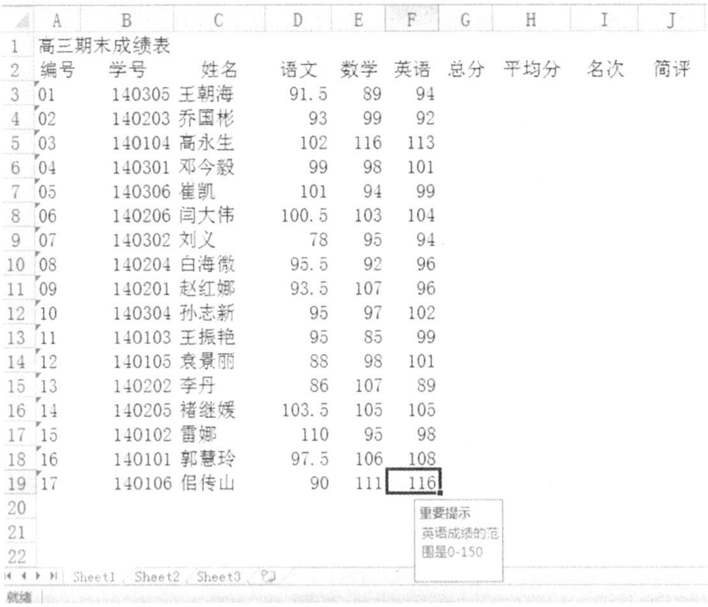

图 4.11   输入其余数据

知识点精讲

1. 单元格的选定

（1）单个单元格的选定

用鼠标左键单击待选定的单元格即可；或者用键盘来选定单元格。键盘的选定功能如表 4.1 所示。

表 4.1　用键盘选定单元格的常用户按键

按键	功能
←、→、↑、↓	左、右、上、下移动一个单元格
Tab	横向移动到下一个单元格
Enter	竖向移动到下一个单元格

（2）选定相邻的多个单元格

先选择待选定区域左上角的第一个单元格，然后按住鼠标左键拖动到待选定区域右下角最后一个单元格，进行选定。

用鼠标单击待选定矩形区域左上角的第一个单元格（或右下角最后一个单元格），按住"Shift"键不放开，单击右下角最后一个单元格（或左上角第一个单元格）。

（3）选定多个不连续的单元格

单击第一个待选定的单元格，然后按住"Ctrl"键不放开，分别单击其他待选定的单元格。

（4）行单元格的选定

要选择某单行单元格，用鼠标单击待选定行的行号即可。

选定连续多行单元格，单击第一个待选定行的行号，然后按住"Shift"键不放开，再单击最后一个待选定行的行号；也可以用鼠标单击第一个待选定行的行号，然后开始拖动鼠标到最后一个待选定行的行号。

选定多个不连续行，单击第一个待选定行的行号，按住"Ctrl"键不放开，然后分别单击其他待选定行的行号。

（5）列单元格的选定

要选择某单列单元格，用鼠标单击待选定列的列号即可。

选定连续多列单元格，单击第一个待选定列的列号，然后按住"Shift"键不放开，再单击最后一个待选定列的列号；也可以用鼠标单击第一个待选定列的列号，然后开始拖动鼠标到最后一个待选定列的列号。

选定多个不连续列，单击第一个待选定列的列号，按住"Ctrl"键不放开，然后分别单击其他待选定列的列号。

（6）选定整个工作表的单元格

单击工作区左上角的全选按钮，或按"Ctrl"＋"A"组合键。

2. 数据输入

在 Excel 工作表的单元格中，可以输入文本、数值、日期和时间公式、函数等数据。一般将文本、数值、日期和时间称为常量数据或一般数据。

对于任何要输入的数据或要修改的数据，都要单击待输入数据的单元格或单击待修改数据的单元格，使其成为活动单元格，然后才能输入数据或修改数据。当输入完数据或修

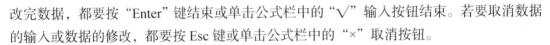

改完数据，都要按"Enter"键结束或单击公式栏中的"√"输入按钮结束。若要取消数据的输入或数据的修改，都要按 Esc 键或单击公式栏中的"×"取消按钮。

（1）文本的输入

对于汉字以及非数学的字符可以用键盘直接输入，当输入完后按"Enter"键结束，输入的文本在单元格中左对齐。

对于输入数字文本，首先要输入一个英文单引号，然后再输入数字文本，如输入 '045186607204。也可以采用先输入一个等号再用英文双引号将数字括起来的方法，如输入 ="04516607204"，只有这样 04516607204 才能作为数字文本且在单元格中左对齐。

> ### 🖥 小知识
>
> 若输入的文本长度超过了所在单元格的宽度，当该单元格右侧单元格无内容就将文本自动扩充到右侧单元格位置上显示，若右侧单元格有内容，则超过的部分将不显示，但这部分内容还存在。
>
> 如果工作表中少量的文本需要换行，可用"Alt"+"Enter"键手动换行。如果有大量单元格的文本需要换行，先选定要自动换行的单元格，然后单击"开始"→"对齐方式"→"自动换行"按钮，即可使单元格内的文字自动换行。

（2）数值的输入

用键盘输入数值，按"Enter"键结束输入，数值在单元格中右对齐。输入的数值除为 0 ~ 9 个数字之外，还可以为 +、－、E、e、￥、$、/、%、.、千位分隔符号即"，"号。

① "+、－"用在数值前表示正、负数输入时，+ 号一般忽略不显示。对于负数除在数值前输入一个"－"号外，还可以将数值用小括号括起来输入，如输入 –1.23 和输入（1.23），效果都是输入 1.23 且在单元格中右对齐显示 –1.23。

② "E、e"用于表示科学计数法。如 0.002161 可以写成 $2.61×10^{-3}$ 表达式，用科学计数法表示为 2.61E–03 或 2.61e–03。

③ "￥、$"用在数值前表示人民币、美元时可直接输入，如￥1.23、$1.23。

④ 输入分数，在分数的前面要加一个 0，如输入 01/5 表示五分之一，再如输入带有整数的分数，要在整数与分数之间加空格，如输入 10 1/5，在单元格中显示 10 1/5，在编辑栏中显示 10.2。若输入分数时，前面不加 0 则表示一个日期，如输入 1/5，系统将其改为日期型数值且在单元格中显示 1 月 5 日。

⑤ "%"用于数值尾表示百分，如输入 12%，在单元格中显示 12%。

⑥ 在输入数值使用千位符"，"号时，在单元格中显示千位符号，而在编辑栏中不显示。如输入 9，163.21，在单元格中显示 9，163.21，而在编辑栏中只显示 9163.21。

需要说明的是输入的数值超过 11 位时，用科学计数法表示，数值的有效位数 Excel 2010 限制了 15 位，超过 15 位的数字部分都用 0 表示，以输入某个人的身份证号码为例，输入的数字是"123456789012345678"，单元格内显示的是"1.235E+17"，真实的数值变成了"123456789012345000"。

📺 小知识

输入的数值宽度若超过了所在单元格的宽度，将用 # 号填满整个单元格。若要数值正确的显示在单元格中，可以通过改变列宽，使该单元格的列宽大于等于数值的宽度。

（3）日期和时间的输入

① 日期。日期格式可为 yyyy/mm/dd 或 yy/mm/dd 或 yyyy - mm - dd 或 yy - mm - dd。如要输入 2009 年 3 月 1 日，可以输入 2009/03/01 或 09/03/01 或 2009-03-01 或 09-03-01，也可直接输入 2009 年 3 月 1 日。若要输入计算机系统的当天日期可按"Ctrl "+"；"键。

② 时间。时间格式为 hh:mm:ss[AM/PM] 或 hh 时 mm 分 ss 秒 [AM/PM]。如输入 12 时 15 分 20 秒，可输入 12：15：20 或直接输入 12 时 15 分 20 秒。再如输入 8：10：25 AM，再如输入 2：12：50 PM。若输入计算机系统当时的时间可按"Ctrl "+"Shift +"；"键。

（4）输入数据有效性设置

① 选定待设置的单元格或单元格区域。

② 单击"数据"菜单中的"有效性"菜单项，打开"数据有效性"对话框。

③ 单击"设置"选项卡，在"允许"下拉列表框中选输入数据的类型，如小数。在"数据"下拉列表框中选择限制条件，如选介于。

④ 在"最小值"文本框中输入最小值，如 0，在"最大值"文本框中输入最大值，如 150。如图 4.12 所示。

⑤ 单击"输入信息"选项卡，按需要进行设置。如图 4.13 所示。

图 4.12　数据有效性选项卡

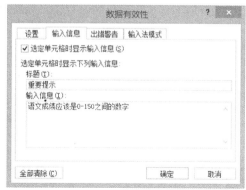

图 4.13　输入信息选项卡

⑥ 单击"出错警告"选项卡，按需要进行设置。如图 4.14 所示。

图 4.14　数据有效性对话框出错警告选项卡

　小知识

　　对于已经输入完的数据，如果需要检查哪些数据是不符合要求的，可以使用"数据有效性"的"圈释无效数据"功能。首先选中需要检查的数据，然后按照前面的操作步骤和要求设置好数据有效性相关要求，然后单击"数据有效性"下的"圈释无效数据功能"按钮，Excel 2010 就会将不符合要求的数据用红色椭圆标注出来。通过"清除无效数据标识圈"功能取消标识。

3. 快速填充数据

为了加快输入数据的速度，Excel 2010 还提供了快速输入与数据填充功能，用以实现数据的快速输入。

在此，首先需明确一个概念——"填充柄"。在活动单元格或选定单元格区域的右下角有一个黑色的小方块，就是填充柄，当将鼠标移到填充柄上时，鼠标指针会变成╋形状。

（1）相同数据的快速输入

相同数据的连续填充可通过以下三步完成。

① 选定含数据的单元格；

② 将鼠标指针指向填充柄，此时鼠标指针变为黑色十字；

③ 按住鼠标左键不放开，向同行或同列需要填充数据的单元格拖动即可。

小知识

　　在选定含数据单元格的相邻单元格区域后，也可以用"编辑"→"填充"菜单项完成相同数据的向左、向右、向上及向下填充。

在不连续区域填充相同数据可通过以下三步完成。

①按住"Ctrl"键选定不连续单元格区域；

②在最后一个单元格中输入数据；

③然后按"Ctrl"+"Enter"键，即可完成数据输入。

（2）有序数据的快速填充

Excel 2010 提供了一些有序列特征数据填充的自动填充，如星期一、星期二、……、星期日，一月、二月……。方法是只要在某单元格中输入其中一个数据，就可以选定该单元格，然后用鼠标指向其填充柄后，向同行或同列待填充的单元格方向拖动，就可以在拖动过的单元格中填入序列数据。

除此之外，Excel 2010 中还可以实现序列数据的填充。具体通过以下步骤实现。

①选定待填充区域的第一个单元格，输入数据序列的起始值，如在 B2 中输入 0。

②选定待填充的连续区域，如 B2：F2。

③单击"编辑"→"填充"→"序列"菜单项，打开如图 4.15 所示的"序列"对话框。

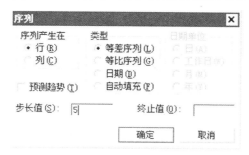

图 4.15　"序列"对话框

④在该对话框中选择需要的选项，如在"序列产生在"栏中选"行"；在"类型"栏中选需要的类型，如等差数列；在"步长值"文本框中输入需要的步长，如 5；在"终止值"文本框中输入序列数据的终值，如 20。需要说明的是只有在选日期型时，日期单位栏才可用。

⑤单击"确定"按钮。

💻 **小知识**

等差数据的输入还可以用鼠标拖曳填充柄的方式直接实现。首先，分别在待填充区域的第一个单元格和第二个单元格中输入序列数据的起始值和第二个值。然后，选定这两个单元格，将鼠标指针指向选定区的填充柄，然后按需要向同行的左、向右或同列的上、下方向拖动，拖动过的单元格即可填充相应的序列数据。如果步长值是 1，在起始单元格输入序列的第一个数，然后按住"Ctrl"键，拖动填充柄即可。

（3）自定义填充序列

除在序列对话框中 Excel 2010 提供的序列之外，Excel 2010 还允许用户自定义填充序列。单击"文件"→"选项"→"高级"，单击"编辑自定义列表"按钮，如图 4.16 所示。在"输入序列"列表框中输入相应的新序列，如输入一、二、三、四、五，单击"添加"按钮，此序列就会添加到自定义序列列表框中。如图 4.17 所示。单击"确定"按钮，关闭对话框。

图 4.16　Excel 选项

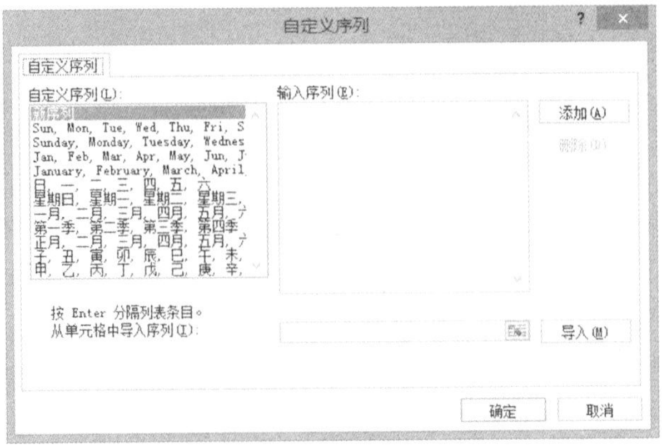

图 4.17　选项对话框自定义序列选项卡

若要删除某一个自定义序列，在自定义序列列表框中，选定该自定义序列选项，单击"删除"按钮即可。

在自定义选项卡中有一个导入按钮，它的作用是将工作表中已有的填充序列添加到自定义序列列表框中。方法为：在"从单元格中导入序列："文本框中输入已有序列区域，单击"导入"按钮。

4.2.2　编辑单元格

上面的数据输入完成后，如果发现落下了行或者列，就需要增加行或者列。

1．插入行的操作步骤

选择需要插入行的单元格，右击，"插入"→"整行"，则在此单元格上方增加一行。

2．插入列的操作步骤

选择需要插入列的单元格，右击，"插入"→"整列"，则在此单元格左侧增加一列。

知识点精讲

1．修改和删除单元格内容

（1）单元格内容的修改

选中待修改内容的单元格，直接输入新内容。若单元格内容较多而要修改少部分内容，双击待修改内容的单元格，使光标插入点置于待修改的单元格中，即进入单元格编辑状态，此时就可以移动光标对单元格内容进行修改了。

（2）删除单元格内容

选定待清除的单元格，按"Delete"键，此时就可删除单元格中的内容，但单元格中其他属性保留（如格式等）。若要完全控制单元格的删除操作，需选择"编辑"→"清除"菜单项，在其级联子菜单中单击需要的选项进行相应的删除操作。

2．移动与复制单元格

（1）移动或复制单元格可选择下列方法之一

① 用鼠标拖动方式。选定待移动内容的单元格或单元格区域，将鼠标指针指向选定区的边框上，此时鼠标指针变成十字向外双向箭头，按住鼠标左键不放开，直接拖放到目的位置放开左键，则完成单元格的移动。要实现复制需按住"Ctrl"键的同时，按住鼠标左键将选定区数据直接拖放到目的位置，放开左键即可。

② 用菜单实现。首先，选定待移动内容的单元格或单元格区域，单击"编辑"菜单中的"剪切"菜单命令（移动单元格）或"复制"菜单命令（复制单元格），或在选定区上右击，在打开的快捷菜单中单击"剪切"菜单命令（移动单元格）或"复制"菜单命令

（复制单元格）。然后用鼠标单击目的位置，单击"编辑"菜单中的"粘贴"菜单命令，或在目的位置右击，在打开的快捷菜单中单击"粘贴"菜单命令。

③ 用快捷键或常用工具栏实现。选定待移动内容的单元格或单元格区域，按快捷键"Ctrl"＋"X"（移动单元格）或"Ctrl"＋"C"（复制单元格），或单击常用工具栏的"剪切"按钮（移动单元格）或"复制"按钮（复制单元格）。然后单击目标位置，按快捷键"Ctrl"＋"V"，或单击常用工具栏中的"粘贴"按钮。

（2）选择性粘贴

Excel 中，一般的移动与复制将所选单元格区域中的内容、格式、公式等全部进行移动或复制，有时用户根据需要只想复制选择区域中的内容或格式中的某一项，这时就要用到选择性粘贴。具体方法是：

① 选定待移动内容的单元格或单元格区域。

② 按快捷键"Ctrl"＋"C"键，或单击"编辑"→"复制"菜单命令，或单击常用工具栏的"复制"按钮。

③ 单击目标位置。

④ 单击"编辑"→"选择性粘贴"菜单命令，或右击选择"选择性粘贴"，打开如图 4.18 所示的"选择性粘贴"对话框，按需要选择相应的选项。

⑤ 单击"确定"按钮。

图 4.18　选择性粘贴

"选择性粘贴"对话框各选项的功能如下。

- 全部：粘贴单元格全部信息。
- 公式：只粘贴单元格中的公式。
- 数值：只粘贴单元格中的数值及公式结果。
- 格式：只粘贴单元格中的格式信息。
- 批注：只粘贴单元格中的批注。
- 有效性验证：只粘贴单元格的有效信息。

· 边框除外：粘贴除边框外单元格的所有信息。

· 列宽：只粘贴单元格中的列宽信息。

· 公式和数值格式：粘贴公式和数值格式，但不粘贴数据内容。

· 值和数值格式：粘贴数值和数字格式，但不粘贴公式。

· "运算"选项组：将被复制区的内容和粘贴区中的内容经本选项指定的方式运算后，放在粘贴区内。

· 跳过空单元：避免复制区中的空单元格替换粘贴区中的数据单元格。

· "转置"选项组：将被复制的内容在粘贴中转置放置，即工作表中的行、列相交换。

3. 插入单元格、行与列

（1）插入单元格

选定待插入单元格或单元格区域，选择"开始"→"单元格"→"插入"→"插入单元格"菜单项，或在选定单元格或单元格区域上右击，在打开的快捷菜单中单击"插入"，都可以打开如图 4.19 所示的"插入"对话框，然后根据需要选择相应的选项，单击"确定"按钮。

（2）插入行

① 若要插入单行，选定要插入位置的行或单击其中任一单元格；若要插入多行，选定要插入新行下面的多行。

② 单击"开始"→"单元格"→"插入"→"插入工作表行"菜单项，或在选定区上右击，在打开的快捷菜单中单击"插入"，都将在选定行的上方插入相同数目的行单元格。

（3）插入列

① 若要插入单列，选定要插入位置的列或单击其中任一单元格；若要插入多列，选定要插入新列右侧的多列。

② 单击"开始"→"单元格"→"插入"→"插入工作表列"菜单项，或在选定区上右击，在打开的快捷菜单中单击"插入"，都将在选定列的左侧插入相同数目的列单元格。

图 4.19 "插入"对话框

图 4.20 "删除"对话框

4. 删除单元格、行与列

（1）删除单元格

选定要删除的单元格或单元格区域，选择"开始"→"单元格"→"删除"→"删除单元格"菜单项，或在选定区右击，在打开的快捷菜单中单击"删除"，都可以打开如

图 4.20 所示的"删除"对话框，而后根据需要选择相应的选项，单击"确定"按钮。

（2）删除行

选定待删除的单行或多行，选择"开始"→"单元格"→"删除"→"删除工作表行"菜单项，或在选定区右击，在打开的快捷菜单中单击"删除"，都可以将选定的行删除，而选定行下边的行上移。

（3）删除列

选定待删除的单列或多列，选择"开始"→"单元格"→"删除"→"删除工作表列"菜单项，或在选定区右击，在打开的快捷菜单中单击"删除"，都可以将选定的列删除，而选定列右边的列左移。

5. 隐藏行、列

在 Excel 中，可以通过隐藏操作将行（列）隐藏起来。选中要隐藏的行（列），然后单击"开始"→"单元格"→"格式"下的三角按钮，在弹出的下拉菜单中选择"隐藏或取消隐藏"→"隐藏行"或"隐藏列"命令。如果想取消隐藏的行（列），先选中隐藏行（列）的前后两行（列），然后单击"开始"→"单元格"→"格式"下的三角按钮，在弹出的下拉菜单中，选择"隐藏或取消隐藏"→"取消隐藏行"或"取消隐藏列"的命令，即显示出隐藏的行（列）。

> **小知识**
>
> 隐藏的行或列在打印时将不被打印。若在"行高、列宽"对话框设定相应的数值为"0"，也可以实现整行或整列隐藏。

4.3   公式、函数和引用

4.3.1   公式的使用

【案例 4.2】——公式的使用，题目要求如下：

1. 按照案例 4.1 的要求输入数据。

2. 在 G3 : G19 单元格使用 SUM（ ）函数计算学生的总分。

3. 使用填充柄完成总分的计算。

计算结果如图 4.21 所示。

图 4.21　计算总分

案例分析

Excel 提供强大的公式运算与函数处理功能，可以对数据进行求和、平均值、最大值以及最小值等计算工作。

操作步骤

第一步：选定单元格 G3，这里放置第一个同学的总分。

第二步：建立公式计算第一个同学的总分。先输入 "="，然后输入 D3+E3+F3，或者输入 =SUM（D3：F3）。在输入此公式的各单元格地址时，可以直接从键盘输入，也可以用鼠标单击来实现，比如在公式中要输入 D3 时，只要单击 D3 单元格，D3 就会添加到公式中，然后从键盘上输入 "+"，再单击 E3 单元格，E3 就会添加到公式中，然后再输入 "+"，以此类推，直到输入完整的公式为止。如图 4.22 所示。

图 4.22　建立公式

第三步：复制公式计算其他同学的总分。拖动单元格 G3 的填充柄，直至单元格 G19 处释放鼠标。如图 4.23 所示。

	A	B	C	D	E	F	G	H	I	J
1	高三期末成绩表									
2	编号	学号	姓名	语文	数学	英语	总分	平均分	名次	简评
3	01	140305	王朝海	91.5	89	94	275			
4	02	140203	乔国彬	93	99	92	284			
5	03	140104	高永生	102	116	113	331			
6	04	140301	邓今毅	99	98	101	298			
7	05	140306	崔凯	101	94	99	294			
8	06	140206	闫大伟	100.5	103	104	308			
9	07	140302	刘义	78	95	94	267			
10	08	140204	白海微	95.5	92	96	284			
11	09	140201	赵红娜	93.5	107	96	297			
12	10	140304	孙志新	95	97	102	294			
13	11	140103	王振艳	95	85	99	279			
14	12	140105	袁景丽	88	98	101	287			
15	13	140202	李丹	86	107	89	282			
16	14	140205	褚继媛	103.5	105	105	314			
17	15	140102	雷娜	110	95	98	303			
18	16	140101	郭慧玲	97.5	106	108	312			
19	17	140106	侣传山	90	111	116	317			
20										
21										
22										

第一学期期末成绩　Sheet2　Sheet3

图 4.23　复制公式

知识点精讲

1. 公式的输入与编辑

对工作表中的数据进行分析计算的等式称为公式。公式也是数据的一种表现形式，单元格中存放公式的结果，当存放公式结果的单元格成为活动单元格时，公式会显示在编辑栏中。

（1）公式的输入

为单元格输入公式时，需要先选中单元格，使其处于活动单元格，然后输入公式。可以直接在单元格中输入公式，也可以在选中单元格后，单击编辑栏，在编辑栏中输入公式（当公式比较复杂时通常在编辑栏中进行输入与编辑）。输入完成，按"Enter"键或单击编辑栏前的"√"按钮确认输入，若要取消输入可以按"Esc"键或单击编辑栏前的"×"按钮。

公式的输入要以"="开头，等号后面输入算式。算式由运算对象和运算符组成。运算对象可以是具体数据（常量）、单元格地址或区域、函数等，运算符对运算对象执行的某种特定的计算，如"+"、"-"、"*"、"/"等，这里要注意运算符必须是半角字符。例如在 F4 单元格创建公式："=（B4+25）/SUM（C4:E4）"，其中 B4 为单元地址、25 为数值常量、SUM（　）为 Excel 函数、C4:E4 为区域范围引用、"+"与"/"为运算符。

（2）公式的编辑与修改

当公式输入错误时，可以对公式进行重新编辑或修改。方法是双击待修改公式的单元格，进入单元格编辑状态，然后移动光标进行修改；或者先选定待修改公式的单元格，然后单击编辑栏移动光标进行修改。修改完成，按"Enter"键或单击编辑栏前的"√"按钮确认，按"Esc"键或单击编辑栏前的"×"按钮将取消修改。

2. 运算符

Excel 中的运算符包括算术运算符、文本连接运算符和比较运算符。具体含义及优先级如表 4.2 所示。

（1）算术运算符

用于完成基本的数学运算。

（2）文本连接运算符

文本连接运算符只有一个"&"，"&"的作用是将两个字符串连接成为一个连续的字符串。例如，假设某工作表中 A1 单元格内容是"东方学院"，那么公式："=" 黑龙江 "&A1"的结果为"黑龙江东方学院"。

（3）比较运算符

用于比较两个数的大小，结果为逻辑值 TRUE（真）或 FALSE（假），当比较条件成立时结果为 TRUE，否则为 FALSE。

当一个公式中包含多种运算符时，则按表 4.2 优先级进行计算，以 I4=568，I5=642 为例。

表 4.2　运算符含义及优先级

优先级	运算符		含义	示例	结果
1	算术运算符	（ ）	括号	=（I4-I5）	-76
2		-	取负号	=-I4	-568
3		%	百分号	=I4*2%	113.6
4		^	乘方	=2^3	8
5		* 和 /	乘和除	=I4*2 或 I4/6	1136 或 94.67
6		+ 和 -	加和减	= I4+100 或 I4-100	668 或 468
7	文本链接运算符	&	文本连接	略	
8	比较运算符	=	等于	= I4=I5	False
		<	小于	= I4< I5	True
		>	大于	= I4> I5	False
		<=	小于等于	= I4<= I5	True
		>=	大于等于	= I4>= I5	False
		<>	不等于	= I4<> I5	True

3. 公式的复制

当工作表中使用的计算公式相同时，不必逐个输入，只要在需创建公式的第一个单元格输入公式，然后拖动此单元格的填充柄到其他需创建公式的单元格处，就可实现公式的复制。

4. 数组公式

在本例中，求学生的总分也可以采用数组公式计算。首先选中 G3:G19，然后输入公式 =D3:D19+E3:E19+F3:F19，最后按键盘的 "Ctrl" + "Shift" + "Enter" 组合按键完成数据录入，结果与公式复制的结果一样。

数组公式是相对于普通公式而言的。普通公式（如上面的 = =D3+E3+F4 等），只占用一个单元格，只返回一个结果。而数组公式既可以占用一个单元格，也可以占用多个单元格。它对一组数或多组数进行多重计算，并返回一个或多个结果。在 Excel 中数组公式的显示是用大括号 "{}" 来括住，以区分普通 Excel 公式。

4.3.2　函数的使用

【案例 4.3】——函数的使用，题目要求如下：

1. 按照案例 4.1 的要求输入数据。

2. 用 SUM 函数求总分以及各科的平均分、最高分和最低分。

3. 利用 IF 函数计算出学生的简评信息，总分大于等于 300 的为优秀，大于等于 270 并且小于 300 的为良好，大于等于 230，且小于 270 的为及格，小于 230 的为不及格。

4. 使用填充柄完成总分、名次和简评的计算。

结果如图 4.24 所示。

	A	B	C	D	E	F	G	H	I
1	高三期末成绩表								
2	编号	学号	姓名	语文	数学	英语	总分	名次	简评
3	01	.140305	王朝海	91.5	89	94	275	15	一般
4	02	140203	乔国彬	93	99	92	284	12	一般
5	03	140104	高永生	102	116	113	331	1	优秀
6	04	140301	邓今毅	99	98	101	298	7	一般
7	05	140306	崔凯	101	94	99	294	9	一般
8	06	140206	闫大伟	100.5	103	104	308	5	优秀
9	07	140302	刘义	78	95	94	267	16	及格
10	08	140204	白海微	95.5	92	96	284	13	一般
11	09	140201	赵红娜	93.5	107	96	297	8	一般
12	10	140304	孙志新	95	97	102	294	9	一般
13	11	140103	王振艳	95	85	99	279	14	一般
14	12	140105	袁景丽	88	98	101	287	11	一般
15	13	140202	李丹	86	70	50	206	17	不及格
16	14	140205	褚继嫒	103.5	105	105	314	3	优秀
17	15	140102	雷娜	110	95	98	303	6	优秀
18	16	140101	郭慧玲	97.5	106	108	312	4	优秀
19	17	140106	侣传山	90	111	116	317	2	优秀
20									
21			平均分	95.24	97.6	98.1	291		
22			最高分	110	116	116	331		
23			最低分	78	70	50	206		

图 4.24　使用函数进行计算

案例分析

若要建立的公式比复杂，单纯使用公式进行计算就不占优势，这时候可以使用 Excel 提供的函数来进行计算。先将刚刚通过公式计算的学生总分删掉，再使用函数来重新计算学生总分，并计算简评、各科平均分和最高分。

操作步骤

第一步：计算总分。选择单元格 G3，单击"开始"→"编辑"→"自动求和"按钮，如图 4.25 所示，按"Enter"键确认。拖动 G3 的填充柄将公式复制到单元格 G19 松开鼠标。

	A	B	C	D	E	F	G	H	I	J
1	高三期末成绩表									
2	编号	学号	姓名	语文	数学	英语	总分	名次	简评	
3	01	140305	王朝海	91.5	89	94	=SUM(D3:F3)			
4	02	140203	乔国彬	93	99	92	SUM(number1, [number2], ...)			
5	03	140104	高永生	102	116	113				
6	04	140301	邓今颖	99	98	101				
7	05	140306	崔凯	101	94	99				
8	06	140206	闫大伟	100.5	103	104				
9	07	140302	刘义	78	95	94				
10	08	140204	白海微	95.5	92	96				
11	09	140201	赵红娜	93.5	107	96				
12	10	140304	孙志新	95	97	102				
13	11	140103	王振艳	95	85	99				
14	12	140105	袁景丽	88	98	101				
15	13	140202	李丹	86	70	50				
16	14	140205	褚继媛	103.5	105	105				
17	15	140102	雷娜	110	95	98				
18	16	140101	郭慧玲	97.5	106	108				
19	17	140106	侣传山	90	111	116				
20										

图 4.25　用自动求和计算总分

第二步：计算各科平均分。首先在单元格 C21 中输入"平均分"。选择单元格 D21，单击"插入"→"函数"，打开"插入函数"对话框，在类别下拉列表框中选择"常用函数"，在函数列表框中选择"AVERAGE"，单击"确定"，弹出"函数参数"对话框。将光标定位在 number1 文本框中，用鼠标选中 D3:D19 区域，如图 4.26 所示，单击"确定"。拖动 D21 的填充柄将公式复制到单元格 G21 松开鼠标，求出其余各科平均分。

第三步：计算各科最高分和最低分。在单元格 D21 输入最高分。计算过程与第二步计算平均分基本相同，只是要选择函数"MAX"和函数"MIN"，在此不再赘述。

第四步：用 IF（）函数求简评。由于这里要分四种情况进行处理，不是使用 IF（）函数的基本形式，因此，需要手动输入公式。首先选择单元格 I3，单击编辑栏，输入公式"=IF（G3>=300，"优秀"，IF（G3>=270，"一般"，IF（G3>=230，"及格"，"不及格"）））"，如图 4.27 所示，按 <Enter> 键确定。拖动 I3 的填充柄将公式一直复制到单元格 I19 松开鼠标，求出其余同学简评。

图 4.26　AVERAGE() 函数计算平均分

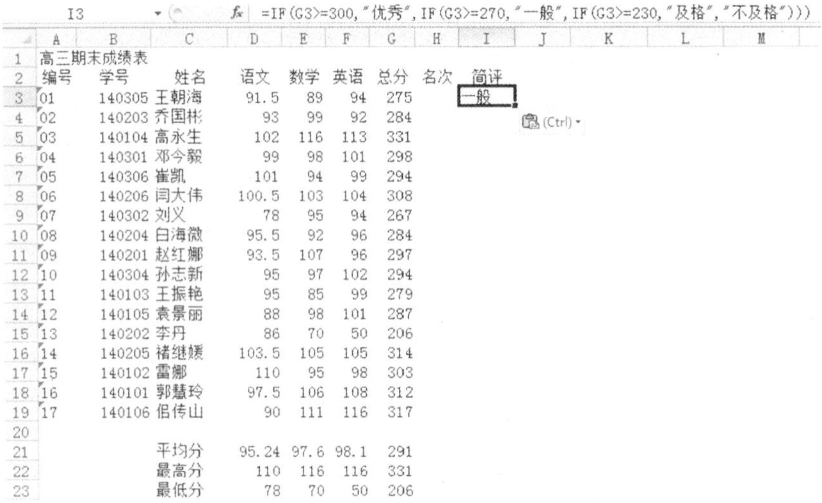

图 4.27　IF ( ) 函数求简评

知识点精讲

1. 函数

Excel 提供了一些预先定义好的公式，称为函数。使用函数可以简化公式的输入，还能实现许多普通运算符难以完成的运算。

函数的形式为：函数名（参数 1，参数 2，……），函数名表明函数的功能，参数是函数的计算对象，不同类型的函数要求的参数类型和数目各不相同。

2. 输入函数

函数的输入可以直接输入或用"插入函数"对话框输入。

（1）直接输入函数

当熟知函数具体的语法格式时，可以直接输入函数，方法与公式的输入相同。选定待输入函数的单元格，先输入"="，然后输入具体函数即可，按"Enter"键完成输入。如输入"=SUM（C3，D3）"。

（2）用"插入函数"对话框

很多时候我们要用"插入函数"对话框来输入函数。方法是：

① 单击待输入函数的单元格。

② 单击公式栏中的"插入函数"按钮，或单击"公式"→"插入函数"按钮，打开如图4.28所示的"插入函数"对话框。

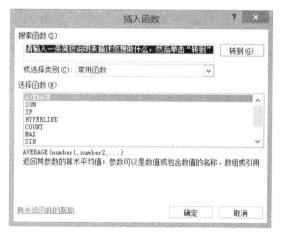

图4.28　"插入函数"对话框

③ 在"或选择类别"下拉列表框中选需要的函数类型，如常用函数；在"选择函数"列表框中选择需要的函数，如AVERAGE。

④ 单击"确定"按钮，打开如图4.29所示的"函数参数"对话框。根据需要，在该对话框的各个参数（Number1、Number2，…）文本框中输入参数。

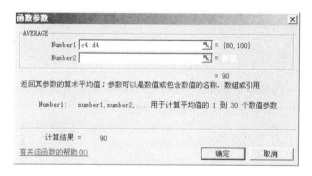

图4.29　"函数参数"对话框

⑤ 单击"确定"按钮。此时在输入函数的单元格中显示函数的计算结果。

（3）自动求和与自动计算

除此之外，还可以使用"自动求和"按钮和"自动计算"进行快速求和的计算。

① 自动求和。选定某一单元格区域，单击"常用"工具栏中的"自动求和"按钮Σ，可以自动为单元格区域插入总和值，如图4.30所示。单击其下拉按钮，在打开的下拉菜单中选择。还可以进行其他常用运算的求值。

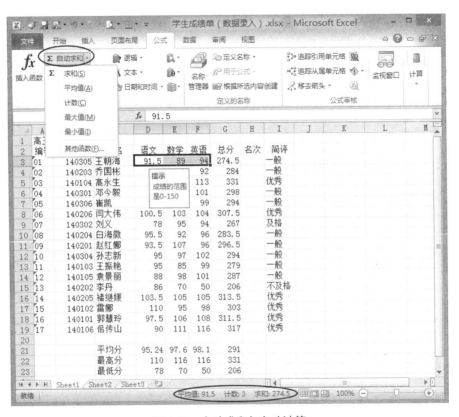

图 4.30　自动求和与自动计算

② 自动计算。选定单元格区域时，Excel 在状态栏中将显示所选区域的合计数，自动计算可执行多种运算功能。右击状态栏，在弹出的自动计算快捷菜单中进行选择即可。

3. 常用函数

Excel 2010 中的函数有 230 个，分为多种类型。函数类型有常用函数、全部、财务、日期与时间、数学与三角函数、统计、查找与引用、数据库、文本、逻辑、信息等函数。表 4.3 列出的是在日常工作中比较常用的函数。

表 4.3   Excel 常用函数表

函数格式	功能
SUM（number1，number2，…）	计算指定区域内所有数值（各参数）之和
AVERAGE（number1，number2，…）	计算指定区域内所有数值（各参数）的平均数
MAX（number1，number2，…）	计算指定区域内数值（各参数）的最大值
MIN（number1，number2，…）	计算指定区域内数值（各参数）的最小值
IF（logical_test，value_if_true，value_if_false）	执行逻辑测试，结果为真返回值 value_if_true，否则返回值 value_if_false
COUNTIF（rang，criteria）	计算指定区域内满足给定条件的单元格个数
COUNT（value1，value2，…）	计算指定区域内包含的数字单元格个数，或参数列表中的数字个数
COUNTA（value1，value2，…）	计算区域中非空单元格个数
RANK（number，ref，order）	返回某数字在一列数字中的大小排位，order 为 0 或空值，则为降序，否则为升序
LARGE（Array，k）	返回数据组中第 k 个最大值
SMALL（Array，k）	返回数据组中第 k 个最小值
MID（Text，Start_num，Num_chars）	从文本字符串中返回指定位置的指定长度的字符

4.3.3   单元格地址的引用

【案例 4.4】——单元格地址的引用，题目要求如下：

1. 按照案例 4.1 的要求输入数据。
2. 在 H3 : H19 单元格使用 RANK（ ）函数和绝对引用计算学生的名次。
3. 用 COUNTIF() 函数计算各科的不及格率。

案例分析

本小节用 RANK() 函数求出学生的名次，进而引出绝对地址的使用；用 COUNTIF() 函数计算各科的不及格率。

操作步骤

第一步：求学生名次——绝对地址的引用。首先，选择单元格 H3，单击"公式"→"插入函数"，打开"插入函数"对话框，在类别下拉列表框中选择"统计"，在函数列表框中选择"RANK"，单击"确定"，弹出"参数"对话框。将光标定位在 Number 文本框中，鼠标单击单元格 G3；将光标定位在 Ref 文本框中，用鼠标选中 G3:G19 区域，如图 4.31 所示，单击"确定"。

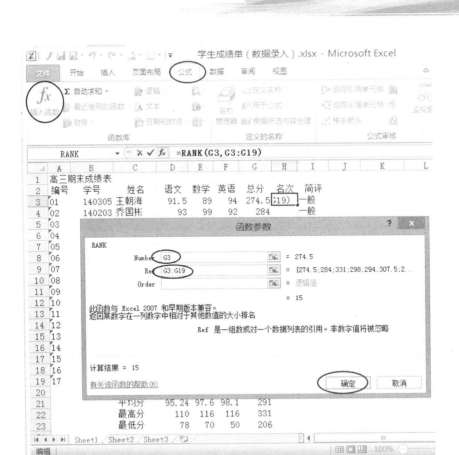

图 4.31　插入 RANK（　）函数

拖动 G3 的填充柄将公式复制到单元格 G19 松开鼠标，结果如图 4.32 所示。我们发现在 H3:H19 区域多个单元格的值是一样的，而它们的总分却不相同。单击"公式"→"显示公式"可以看到，单元格 H4 中的公式为"=RANK（G4，G4:G20）"，单元格 H5 中的公式为"=RANK（G5，G5:G21）"，如图 4.33 所示。我们求每个同学的名次时应该计算每个同学总分在所有同学总分中的大小排位，G3:G19 区域中任一单元格的公式中 RANK（　）的第二个参数都应该是"G3:G19"。那么如何实现呢？

	A	B	C	D	E	F	G	H	I
1	高三期末成绩表								
2	编号	学号	姓名	语文	数学	英语	总分	名次	简评
3	01	140305	王朝海	91.5	89	94	274.5	15	一般
4	02	140203	乔国彬	93	99	92	284	12	一般
5	03	140104	高永生	102	116	113	331	1	优秀
6	04	140301	邓今毅	99	98	101	298	7	一般
7	05	140306	崔凯	101	94	99	294	8	一般
8	06	140206	佟大伟	100.5	103	104	307.5	5	优秀
9	07	140302	刘义	78	95	94	267	12	及格
10	08	140204	白海微	95.5	92	96	283.5	10	一般
11	09	140201	赵红娜	93.5	107	96	296.5	6	一般
12	10	140304	孙志新	95	97	102	294	6	一般
13	11	140103	王振艳	95	85	99	279	8	一般
14	12	140105	袁景丽	88	98	101	287	7	一般
15	13	140202	李丹	86	70	50	206	7	不及格
16	14	140205	褚继媛	103.5	105	105	313.5	3	优秀
17	15	140102	雷娜	110	95	98	303	4	优秀
18	16	140101	郭慧玲	97.5	106	108	311.5	3	优秀
19	17	140106	侣传山	90	111	116	317	2	优秀
20									
21			平均分	95.24	97.647	98.1176	291		
22			最高分	110	116	116	331		
23			最低分	78	70	50	206		

图 4.32　复制 RANK（　）函数

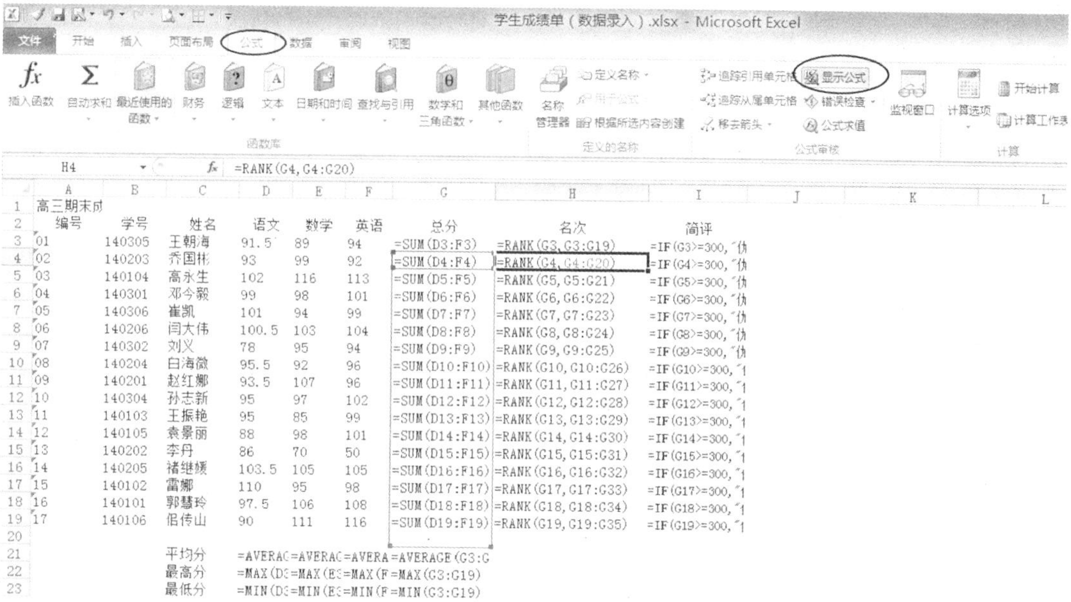

图 4.33 显示公式

　　我们来对 G3 的公式进行修改，重新单击单元格 G3，在编辑栏中修改公式"=RANK(G3，$G$3:$G$19)"，如图 4.34 所示。拖动 G3 的填充柄将公式复制到单元格 G19，松开鼠标，得到正确结果。

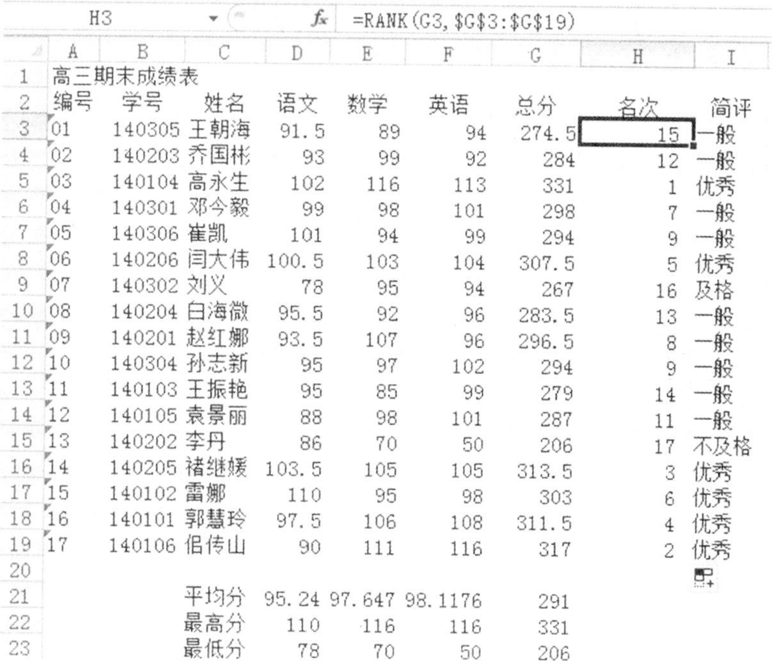

图 4.34　引用绝对地址求名次

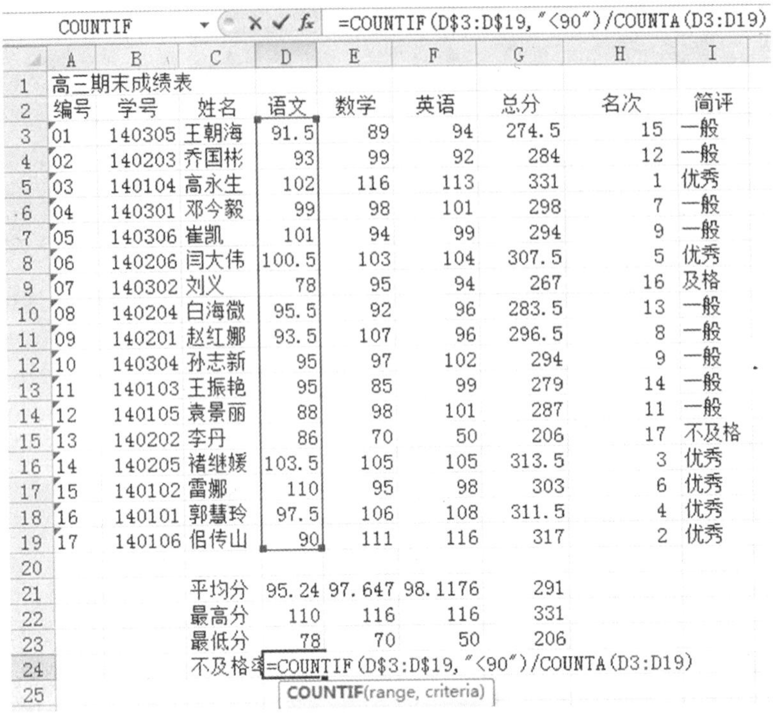

図 4.35　COUNTIF（　）计算不及格率

第二步：求各科不及格率——混合地址的引用。首先，选择单元格 C24，输入"不及格率"，然后单击 D24，输入公式"=COUNTIF（D$3:D$19，"<90"）/COUNTA（D3:D19）"，如图 4.35 所示。

这里 COUNTIF 函数的含义是统计符合小于 90 分数字的个数，COUNTA 函数的作用是统计 D3 到 D19 区域内非空单元格的个数，即本例中值为 17。拖动 D23 的填充柄将公式复制到单元格 F23 松开鼠标，计算语文、数学、英语的不及格率。

知识点精讲

在 Excel 公式与函数中，通常引用单元格地址以代表对应单元格中的内容。单元格地址的引用分为三种：相对地址引用、绝对地址引用及混合地址引用。

1. 相对地址

相对地址是指在某一个单元格公式中使用的单元格，它的位置与公式所在单元格的位置，将永远保持相对关系，不管该公式被复制到哪一个单元格中，包含公式的单元格与公式中的单元格相对位置关系不变。例如前面对案例 4.1 中学生总分、简评及各科平均分、最高分的计算，其中单元格地址的引用都是相对引用。

2. 绝对地址

绝对地址是指在某一个单元格的公式中使用的单元格，不管此公式今后被复制到哪一个单元格中，公式中的单元格位置是保持不变的。绝对引用是在单元格名的列号和行号前加 $ 符，即形式为：$ 列号 $ 行号。例如案例 4.3 中，求名次时，H3 单元格中的公式"=RANK（G3，$G$3:$G$19）"中的"$G$3:$G$19"单元格区域，将公式复制到单元格 H4，H5，…H19 时，公式中的 $G$3:$G$19 始终不变。

3. 混合地址

混合地址是指在某一单元格的公式中，使用的单元格既含有绝对引用又含有相对引用。混合引用的形式有两种，一种为：$ 列号行号，另一种为：列号 $ 行号。这两种形式中，绝对引用的部分不管此公式被复制到哪一个单元格中所表示的位置都是固定不变的，即遵循绝对引用规则；而相对引用部分所表示的位置将与公式所在单元格保持相对关系，当此公式被复制到哪一个单元格中时，相对引用部分仍然保持与公式所在单元格的相对位置关系，即遵循相对引用规则。例如案例 4.3 中，求各科不及格率时，D24 中的公式"=COUNTIF（D$3:D$19，"<90"）/COUNTA（D3:D19）"，将公式复制到单元格 E24 中时，公式中的 D$3:D$19 自动调整为 E$3:E$19，即 E3:E19。

小知识

对于不同的工作簿、工作表的单元格的引用形式为：[工作簿] 工作表! 单元格地址。例如在某单元格中输入 =[Book3]Sheet1!c3，它的含义为该单元格的数据是工作簿 Book3 的 Sheet1 工作表的 C3 单元格中的数据。

4.4　工作表的格式化与管理

【案例 4.5 】——工作表的格式化与管理，题目要求如下：

1. 工作表的格式化

（1）将 A1:I1 合并单元格，设置字体"华文彩云"、字形"常规"、字号"24"、下划线"无"、颜色"黑色"；"图案颜色"为"蓝色，强调文字颜色 1"，"图案样式"选择"12.5% 灰色"。

（2）套用表格格式。选择单元格 A2：I29，设置单元格格式为"表样式浅色 2"。

（3）设置单元格样式。选择单元格 C21:G24，设置其单元格样式为"强调文字颜色 1"。

（4）设置边框。选择 C21：G24，设置其边框为"双线"，"颜色"为"红色"，"预设"为"外边框"。

（5）设置条件格式。将三科成绩中小于 60 分的成绩用红色背景强调。

（6）设置百分号样式。选择单元格区域 D24:F24，设置其显示为"百分比"，"小数位"选择"2"。

2. 工作表的管理

（1）将 Sheet2 工作表重命名为"高三期末成绩表备份"。

（2）删除 Sheet3 工作表。

（3）将 Sheet1 中的内容复制到 Sheet2。

（4）为 Sheet2 设置保护，密码为"111"

工作表的格式化结果如图 4.36 所示。

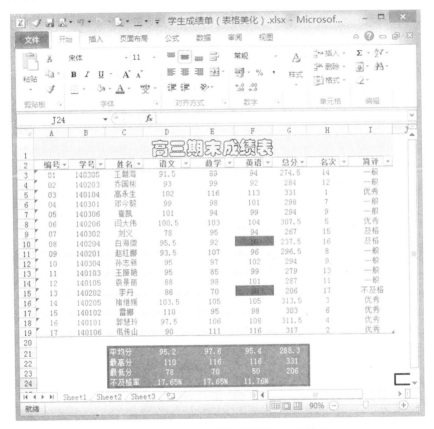

图 4.36   案例 4.1—工作表的格式化与管理

案例分析

本节将对案例 4.3 的高三期末成绩表进行美化。因此本节主要介绍和讲解的是有关工作表的格式化及工作表管理的有关知识。

4.4.1 格式化工作表

本小节将完成案例 4.5 中对工作表格式化的操作，未格式化的表格如图 4.37 所示。

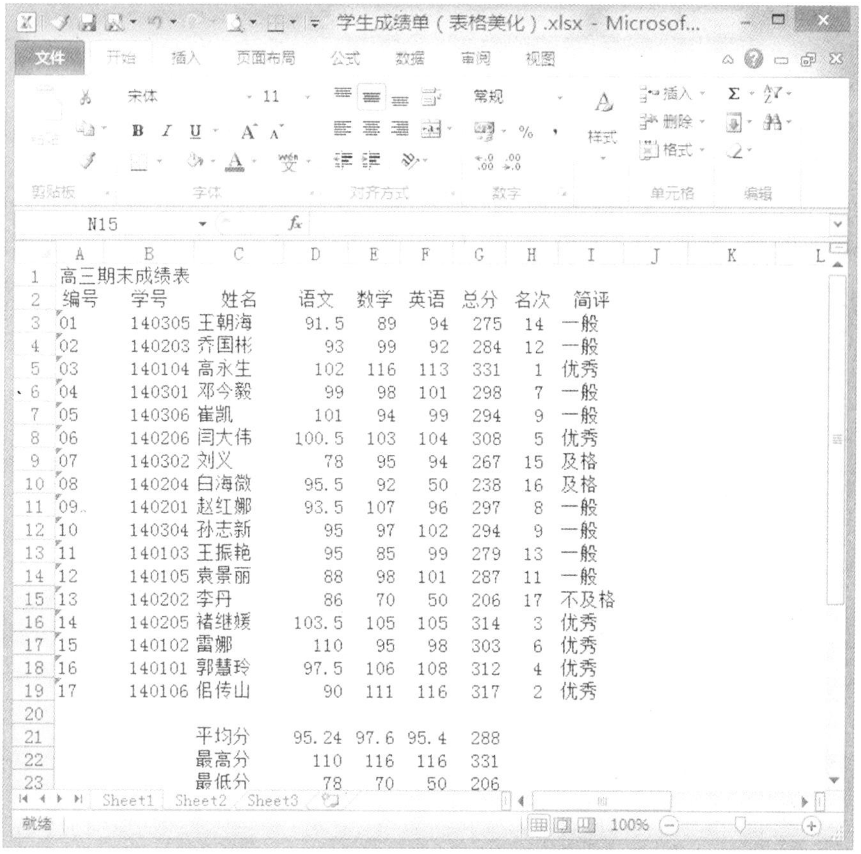

	A	B	C	D	E	F	G	H	I
1	高三期末成绩表								
2	编号	学号	姓名	语文	数学	英语	总分	名次	简评
3	01	140305	王朝海	91.5	89	94	275	14	一般
4	02	140203	乔国彬	93	99	92	284	12	一般
5	03	140104	高永生	102	116	113	331	1	优秀
6	04	140301	邓今毅	99	98	101	298	7	一般
7	05	140306	崔凯	101	94	99	294	9	一般
8	06	140206	闫大伟	100.5	103	104	308	5	优秀
9	07	140302	刘义	78	95	94	267	15	及格
10	08	140204	白海微	95.5	92	50	238	16	及格
11	09	140201	赵红娜	93.5	107	96	297	8	一般
12	10	140304	孙志新	95	97	102	294	9	一般
13	11	140103	王振艳	95	85	99	279	13	一般
14	12	140105	袁景丽	88	98	101	287	11	一般
15	13	140202	李丹	86	70	50	206	17	不及格
16	14	140205	褚继媛	103.5	105	105	314	3	优秀
17	15	140102	雷娜	110	95	98	303	6	优秀
18	16	140101	郭慧玲	97.5	106	108	312	4	优秀
19	17	140106	佀传山	90	111	116	317	2	优秀
20									
21			平均分	95.24	97.6	95.4	288		
22			最高分	110	116	116	331		
23			最低分	78	70	50	206		

图 4.37 未格式化的高三期末成绩表

操作步骤

第一步：设置单元格格式。选择单元格区域 A1：I1，选择“开始”→“单元格”→“格式”下拉菜单，打开“设置单元格格式”对话框，选择“对齐”选项卡，在文本控制中选择“合并单元格”复选框，将水平对齐和垂直对齐均设置为“居中”，如图 4.38 所示；选择“字体”选项卡，分别设置字体“华文彩云”、字形“常规”、字号“24”、下划线“无”、颜色“黑色”，如图 4.39 所示；选择“填充”选项卡，选择“图案颜色”为“蓝色，强调文字颜色 1”，“图案样式”选择“12.5% 灰色”，如图 4.40 所示。

第二步：套用表格格式。选择单元格 A2：I29，选择“开始”→“样式”→“套用表格格式”，选择“表样式浅色 2”，打开如图 4.41 所示的对话框，单击“确定”。

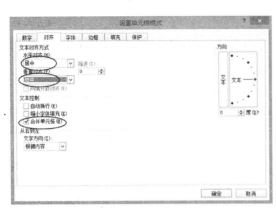

图 4.38　设置单元格格式对齐

图 4.39　设置单元格格式字体

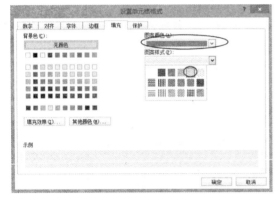

图 4.40　设置单元格格式填充

图 4.41　套用表格式

　　第三步：设置单元格样式。选择单元格 C21：G24，选择"开始"→"样式"→"单元格样式"，单击"主题单元格样式"下的"强调文字颜色 1"，如图 4.42 所示。

图 4.42　设置单元格样式

第四步：设置边框。选择 C21：G24，选择"开始"→"单元格"→"格式"下拉菜单，打开"设置单元格格式"对话框，在"边框"选项卡设置"样式"为"双线"，"颜色"为"红色"，"预设"为"外边框"，如图 4.43 所示。

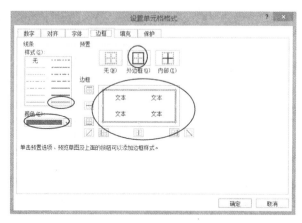

图 4.43 设置单元格边框

第五步：设置条件格式。为了能够清晰地查看不及格学生的情况，现在将三科成绩中小于 60 分的成绩用红色背景强调。选择单元格区域 D3：F19，选择"开始"→"样式"→"条件格式"下拉菜单项，打开"新建格式规则"对话框，设置"选择规则类型"为"只为包含以下内容的单元格设置格式"，"编辑规则说明"为"单元格数值"、"小于"、"60"，如图 4.44 所示。单击"格式"按钮，打开"设置单元格格式"对话框，单击"填充"选项卡，选择"背景色"为"红色"，如图 4.45 所示。

图 4.44 编辑条件格式规则　　　　　　图 4.45 设置条件格式图案

第六步：设置百分号样式。选择单元格区域 D24:F24，选择"开始"→"单元格"→"格式"下拉菜单，打开"设置单元格格式"对话框，在"数字"选项卡设置"分类"为"百分比"，"小数位数"为"2"，如图 4.46 所示。

图 4.46　设置单元格格式百分比

知识点精讲

1. 单元格格式设置

（1）单元格内容的对齐方式

Excel 2010 默认数值型数据和日期型数据右对齐，其他数据为左对齐。用户可以根据需要设置对齐方式，需要通过单元格格式对话框来完成设置。具体方法为：

① 选定待设置的单元格。单击选择"开始"→"单元格"→"格式"下拉菜单，打开"设置单元格格式"对话框或在该单元格上右击，在打开的快捷菜单中单击"设置单元格格式"，都可以打开"单元格格式"对话框。

② 在该对话框中单击"对齐"选项卡。

③ 在"文本对齐方式"栏中根据需要选择相应的水平对齐、垂直对齐方式。

④ 在"方向"栏对数据的角度进行设置。

⑤ 根据需要对文本的控制、文字方向作相应的设置。

⑥ 单击"确定"按钮。

小知识

对于简单的对齐方式可用格式工具栏中的对齐方式按钮来完成，有左对齐、居中、右对齐、合并及居中这些按钮。

（2）对数字的格式设置

① 选定待设置数字格式的单元格或单元格区域。

② 打开"单元格格式"对话框，单击"数字"选项卡，如图4.47所示。

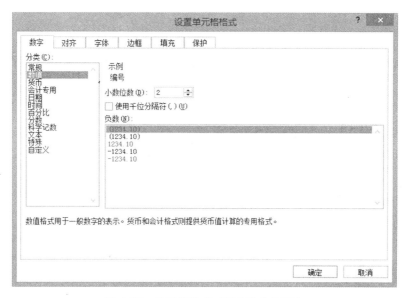

图4.47 单元格格式对话框数字选项卡

③ 在"分类"列表框中选择需要的分类格式，如选数值，可以对小数位数、使用千位分隔符、负数格式进行设置。

④ 单击"确定"按钮。

小知识

数字格式有些可以用格式工具栏中的相应按钮来完成。

（3）对单元格的字体、字形、字号、颜色的设置。

① 选定待设置的单元格或单元格区域。

② 打开"单元格格式"对话框，单击"字体"选项卡，如图4.48所示，"字体"选项卡的设置与Word 2010中对"字体"选项卡的设置是一致的。

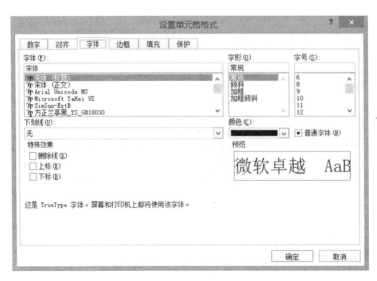

图 4.48　单元格格式对话框字体选项卡

③ 在相应的列表框中选择需要的字体、字形、字号、下划线类型、颜色等；若选定普通字体复选框，那么字体自动设为宋体，字形自动设为常规，字号自动设为 12，下划线自动设为无，颜色自动设为自动，特殊效果栏中的设置都将取消；否则，根据需要对特殊效果栏进行设置。

④ 设置完成后单击"确定"按钮。

（4）对单元格边框设置

选定待设置的单元格区域，打开"设置单元格格式"对话框，单击"边框"选项卡，如图 4.49 所示，按需要进行相应的设置，单击"确定"按钮。如单击"颜色"下拉列表框的下拉按钮，在打开的调色板中选绿色，在"线条样式"列表框中选双线条样式，在"预置"栏中选外边框和内边框。

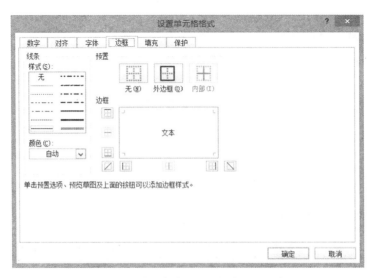

图 4.49　单元格格式对话框边框选项卡

（5）单元格背景和图案的设置

选定待设置的单元格区域，打开"设置单元格格式"对话框，单击"填充"选项卡，如图 4.50 所示。在"颜色"栏的调色板中选背景颜色，如红色，单击"图案颜色"下拉列表框中的下拉按钮，在打开的列表框中选择颜色，单击"图案样式"下拉按钮，可以选择图案样式，设置后单击"确定"按钮。

图 4.50　"设置单元格格式"对话框"填充"选项卡

2. 调整行高和列宽

当单元格内的信息过多或字号过大时，将无法显示全部内容。Excel 允许调整行高或列宽解决这一问题。

（1）拖动设置行高（列宽）

将光标移动到行（列）之间，当光标变成双箭头时，按下鼠标左键，然后拖动行（列）的下边界（或列的右边界）来设置所需的行高（列宽），这时将自动显示高度（宽度）值。调整到合适的高度（宽度）后，放开鼠标左键。

 小知识

如果要更改多行高度（多列的宽度），先选定要更改的所有行（列），然后拖动其中一个行标题的上边界（或标题的右边界）来调整；如果要更改工作表中所有行的高度（或列的宽度），单击"全选"按钮，然后拖动任何一行（列）的边界来调整。

（2）用菜单精确设置行高（列宽）

选定要调整的行（列），然后单击"开始"→"单元格"→"格式"下的三角按钮，在弹出的下拉菜单中选择"行高"或"列宽"命令，在"行高"或"列宽"对话框中设定行高（列宽）的精确值，如图 4.51，图 4.52 所示。

图 4.51　行高对话框　　　　　图 4.52　列宽对话框

3. 设置单元格条件格式

条件格式是指当某一个单元格中所设条件为真时，将自动应用预先设置的格式。如设置高三学生成绩表中各科成绩小于 60 分时显示加粗倾斜红字。条件格式的设置方法如下：

① 定待设置的单元格或单元格区域，如高三学生成绩表中的数学、语文、英语三门成绩的单元格区域。

② 单击"开始"→"样式"→"条件格式"下拉菜单项，打开如图 4.53 所示的"新建格式规则"对话框，在该对话框中，按需要设置条件。

图 4.53　"新建格式规则"对话框

③ 单击"格式"按钮，打开"设置单元格格式"对话框，单击"字体"选项卡，对字体进行设置，设置如图 4.54 所示，单击"确定"按钮返回到"新建格式规则"对话框。

④ 单击"确定"按钮。

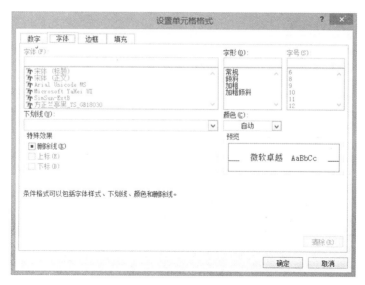

图 4.54 "设置单元格格式"对话框

小知识

删除条件格式，选择已设置条件格式区域，在"条件格式"下拉菜单中单击"清除规则"菜单，然后选择"清除所选单元格的规则"。

4. 自动套用格式

与 Word 2010 一样 Excel 2010 为表格快速格式化提供了自动套用格式功能。选定待格式化的表格后,选择"开始"→"样式"→"套用表格格式",打开如图 4.55 所示的"自动套用格式"列表框, 在表格样式列表框中选择需要的样式,在弹出的"套用表格式对话框"中填入"表数据的来源",根据需要选择是否勾选"表包含标题",单击"确定"按钮。

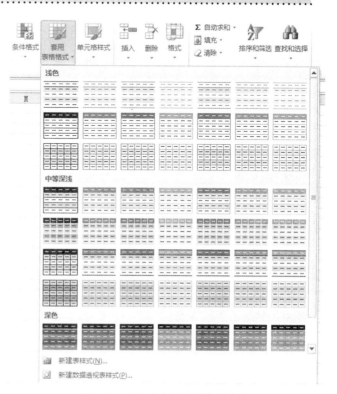

图 4.55 "自动套用格式"列表框

4.4.2　管理工作表

本小节将完成案例 4.5 中对工作表管理的操作。包括工作表的复制、重命名、删除、增加和保护等，如图 4.56 所示。

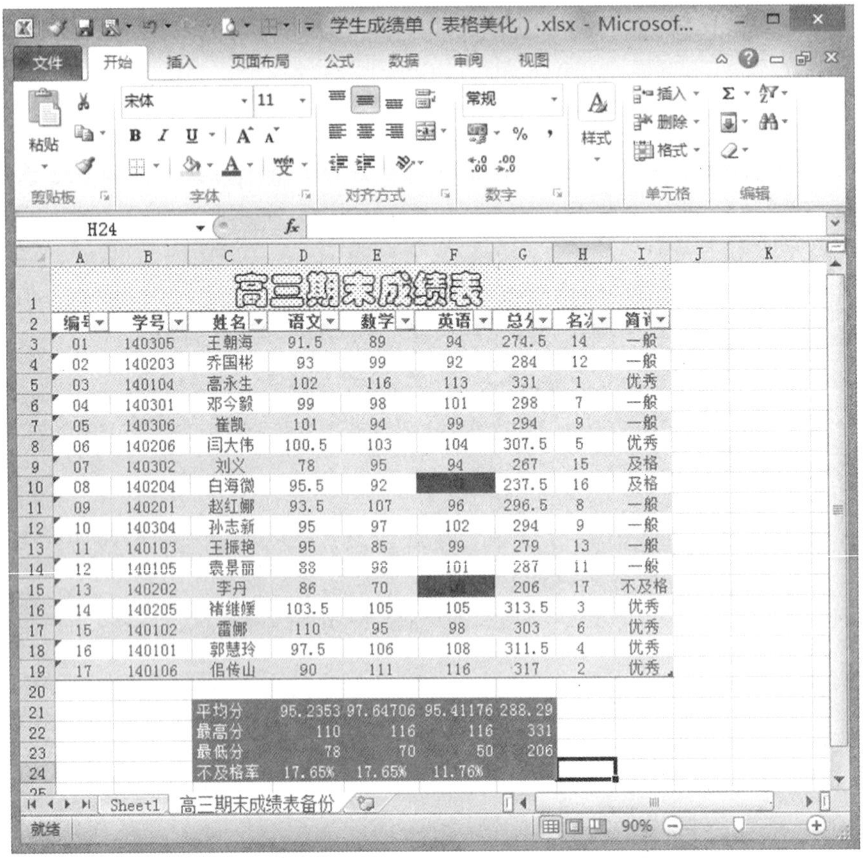

图 4.56　高三期末成绩表管理

操作步骤

第一步：双击 Sheet2 工作表标签，输入"高三期末成绩备份"，即将 Sheet2 工作表命名为"高三期末成绩备份"。

第二步：右击 Sheet3 工作表标签，在弹出的快捷菜单中选择"删除"菜单命令，删除 Sheet3 工作表。

第三步：切换到 Sheet1，选中所有内容，按"Ctrl"+"C"键进行复制，切换到"高三期末成绩备份"工作表，单击 A1 单元格，按"Ctrl"+"V"进行粘贴。

第四步：设置保护。选择"高三期末成绩备份"工作表的所有数据区域，单击"开始"→"单元格"→"格式"菜单项，打开"设置单元格格式"对话框，切换到"保护"

选项卡，勾选"锁定"，如图 4.57 所示；单击"开始"→"单元格"→"格式"菜单项下的"保护工作表"菜单命令，打开"保护工作表"对话框，在"允许此工作表的所有用户进行"列表框中选中前五项复选框，输入密码"111"，单击"确定"按钮。这样可以避免用户对数据进行不必要的修改，如图 4.58 所示。

图 4.57　设置单元格保护　　　　　　　　　图 4.58　保护工作表

知识点精讲

1. 设置新工作簿的默认工作表数量

在新建 Excel 工作簿文件后，工作簿中默认包含三个工作表，并已分别命名为 Sheet1、Sheet2、Sheet3，若想增加或减少工作表的数量，可以修改 Excel 的默认设置。

① 单击"文件"菜单，选择"选项"命令，打开"Excel 选项"对话框。

② 选择左侧的"常规"选项，然后在右侧的"新建工作簿时"选项组中，在"包含工作表数"中设置所需的数值，如图 4.59 所示。

2. 切换工作表

使用新工作簿时，最先看到的是 Sheet1 工作表，要想切换到其他工作表，具体操作如下：

① 单击工作表标签，可以快速地在工作表之间切换，工作表以白底且带下划线表示，表面它是当前工作表。

② 如果在工作簿中插入了多个工作表，所需标签没有显示在屏幕上，可以通过工作表标签前面的四个标签滚动按钮来滚动标签；也可以右击工作表标签左边的标签滚动按钮，在弹出的快捷菜单中选择要切换的工作表。

图 4.59　修改默认的工作表数量

3. 插入工作表

除了预先设置的工作簿默认包含的工作表数量外，还可以在工作表中随时根据需要来添加新的工作表，具体操作如下：

① 方法 1：在工作簿中，单击"开始"→"单元格"→"插入"按钮，在弹出的下拉菜单中选择"插入工作表"命令，即可插入新的工作表。

② 方法 2：右击工作表标签，在弹出的快捷菜单中选择"插入"命令，在打开的"插入"对话框的"常用"选项卡中选择"工作表"选项，然后单击"确定"按钮，也可插入新的工作表，如图 4.60 所示。

4. 删除工作表

如果已经不再需要这张工作表，可以将其删除，具体操作如下：右击要删除的工作表标签，在弹出的快捷菜单中选择"删除"命令。

5. 重命名工作表

对于一个新的工作簿，默认的工作表为 Sheet1、Sheet2 和 Sheet3，从这些工作表名称中不容易知道工作表存放的内容，使用起来不方便，可以根据实际需要重命名工作表，使每个工作表名都能具体表达其内容和含义，具体操作如下：双击要重命名的工作表标签，输入工作表的新名称并按"Enter"键确认；或者右击要重命名的工作表标签，在弹出的快捷菜单中选择"重命名"命令，然后输入工作表的新名称。

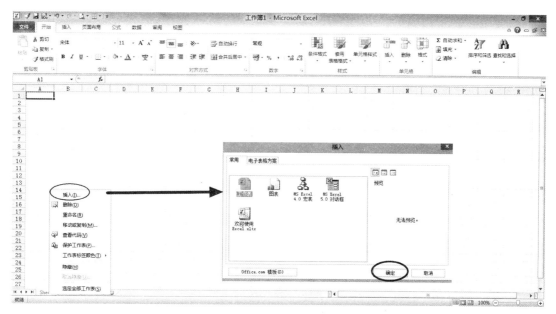

图 4.60　利用"插入"对话框插入工作表

6. 选择多张工作表

要在工作簿的多张工作表中输入相同的内容，可以将这些工作表同时选定。选定多张工作表时，在标题栏的文件名称将出现"工作组"字样，当向工作组内的一张工作表中输入数据或者格式化时，工作组的其他工作表将出现相同的数据和格式。要取消对工作表的选定，只需单击任何一个未选定的工作表标签。

① 如果选定多张相邻的工作表，单击第一个工作表标签，然后按住"Shift"键，再单击需要选定的最后一个工作标签。

② 如果选定不相邻的工作表，单击第一个工作表标签，然后按住"Ctrl"键，再分别单击要选定的工作表标签。

7. 移动和复制工作表

在 Excel 中，工作表的复制和移动可以在工作簿内部进行，也可以在工作簿之间进行。

（1）在工作簿内部移动和复制工作表

将鼠标直至指向被移动的工作表标签，然后按下鼠标，沿着标签区域拖动鼠标，如图4.61 所示，当小三角箭头到达移动的位置时，释放鼠标。

图 4.61　在工作簿内部移动工作表

要在同一个工作簿内复制工作表，按住"Ctrl"的同时拖动工作表标签，到达新位置时，先释放鼠标左键，再松开"Ctrl"键，即可复制工作表。复制一张工作表后，在新位置出现一张完全相同的工作表，只是在复制工作表名称后附上一个带括号的编号。

（2）在工作簿之间移动和复制工作表

打开用于接收工作表的工作簿，切换到包含要移动和复制工作表的工作簿中。

右击要移动或复制的工作表标签，在弹出的快捷菜单中选择"移动或复制"命令。打开"移动或复制工作表"对话框，如图 4.62 所示。如果选择"建立副本"就是复制工作表，不需安装建立副本就可移动工作表。

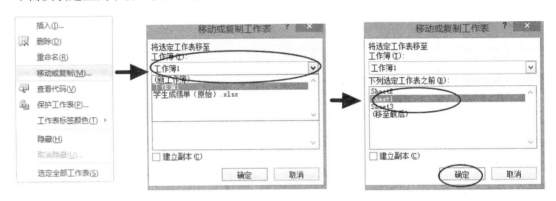

图 4.62　在工作簿间移动和复制工作表

8. 隐藏或显示工作表

隐藏工作表能够避免对重要数据和机密数据的误操作。当需要显示时，再将其恢复显示。

单击要隐藏的工作表标签，然后单击"开始"→"单元格"→"格式"按钮，在弹出的菜单中选择"隐藏和取消隐藏"→"隐藏工作表"命令，即可将该工作表隐藏；或者右击要隐藏的工作表标签，在弹出的快捷菜单中选择"隐藏"命令。显示工作表的操作基本和隐藏工作表一致，单击"开始"→"单元格"→"格式"按钮，在弹出的菜单中选择"隐藏和取消隐藏"→"取消隐藏工作表"命令，弹出"取消隐藏"对话框，在对话框中选择需要取消隐藏的工作表，单击"确定"即可。

9. 工作表的拆分

对于一些数据量较大的工作表，用户可以将其按横向或纵向拆分，这样便于同时观察或编辑工作表的不同部分。

工作表的拆分有两种方式。

（1）使用菜单

选择某单元格作为拆分点（此单元格的左上角将成为水平、垂直拆分的中心点），选择"视图"→"窗口"→"拆分"菜单命令。

（2）使用拆分条

Excel 2010 的两个滚动条上分别有两个拆分条，如图 4.63 所示，拖动两个拆分条即可实现工作表的横向拆分与纵向拆分，拆分后的结果如图 4.64 所示。

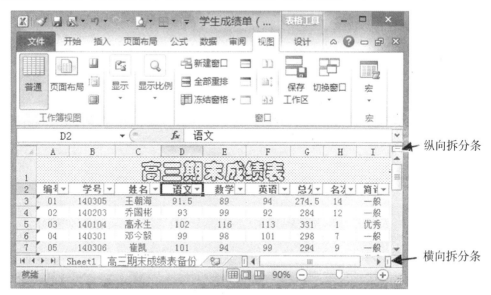

图 4.63　拆分条

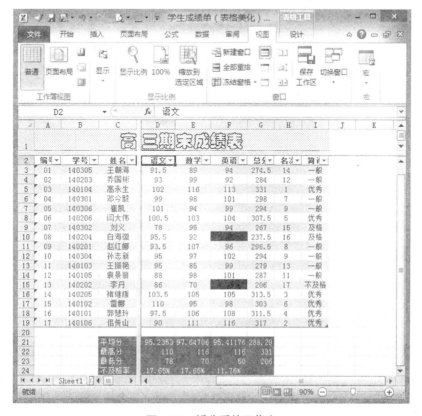

图 4.64　拆分后的工作表

小知识

拆分后可以对窗口进行冻结，这样就不会显示中间的分割条了，选择"视图"→"窗口"→"冻结窗格"下拉菜单的"冻结拆分窗格"命令。

10. 工作表与工作簿保护

设置工作表保护，可以防止其他用户对工作表中的数据进行修改操作，还可以防止插入、删除行列等的改变表格结构的操作。

（1）设置单元格区域保护

选定待设置的单元格或单元格区域，单击"开始"→"单元格"→"格式"→"设置单元格格式"菜单项，打开"设置单元格格式"对话框，单击"保护"选项卡，如图 4.65 所示。选中"锁定"选项表示单元格处于锁定状态，即不可编辑状态，默认为锁定状态；选中"隐藏"选项时，表示在单元格中只显示结果，在编辑栏中看不到该单元格的公式。根据需要设置后，单击"确定"按钮。

图 4.65　"设置单元格格式"对话框的"保护"选项卡

小知识

只有在工作表被保护后对单元格的锁定或隐藏设置才有效。而且一定要先设置单元格格式中的保护功能，再实施对工作表的保护，次序不能颠倒。

（2）保护工作表

使待保护的工作表成为当前工作表，单击"审阅"→"更改"→"保护工作表"菜单命令，打开"保护工作表"对话框，如图 4.66 所示。在"允许此工作表的所有用户进行"列表框中选择各项复选框；在"取消工作表保护时使用的密码"文本框中输入相应的密码，这样在取消工作保护时只有输入密码正确才能取消保护，否则无法取消对工作表设置的保护。

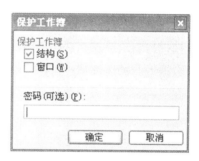

图 4.66 "保护工作表"对话框　　　图 4.67 "保护工作簿"对话框

💻 **小知识**

要想取消对工作表的保护，只需选择"审阅"→"更改"→"撤销工作表保护"菜单项，打开"撤销工作表保护"对话框，输入密码后，单击"确定"即可。

（3）保护工作簿

保护工作簿可防止在被保护的工作簿中添加或删除工作表，或是将已隐藏的工作表重新显示出来。

打开待保护的工作簿，单击"审阅"→"更改"→"保护工作簿"菜单命令，打开"保护工作簿"对话框，如图 4.67 所示。选中"结构"复选框，表示不能再对该工作簿进行插入、删除、移动、取消隐藏或重命名工作表等操作；选择"窗口"复选框，则不能对工作簿窗口进行移动、缩放、隐藏、取消隐藏或关闭等操作。在"密码（可选）"文本框中输入的密码是取消工作簿保护时用的，只有记住此密码才能撤销对工作簿所设的保护，方法是单击"工具"→"保护"→"撤销工作簿保护"，在打开的对话框中输入此密码，单击"确定"。

4.5   数据管理

【案例 4.6】——数据管理，题目要求如下：

1. 数据的排序

（1）对案例 4.3 中的高三期末成绩表进行简单快速排序，按总分降序排序。

（2）对高期末成绩先按总分降序排，若总分相同按英语降序排，最后按数学降序排。

2. 数据的筛选

（1）对数据进行自动筛选

①显示简评列为"优秀"的数据。

②对数据进行自动筛选筛选出英语成绩为 90~120 分的学生记录。

（2）对数据进行高级筛选

筛选出高三期末成绩表中总分 330 分以上且英语 100 分以上的学生记录。

3. 数据的分类汇总

将高三期末成绩表按简评进行分类，对英语、总分汇总求平均分。

案例分析

Excel 2010 为用户提供了强大的数据管理功能，例如数据的排序、筛选、分类汇总及合并计算等，并且它吸收了数据库的优点，使用户可以对工作表中的数据采用记录单形式进行管理。本节我们将讲解数据清单、数据的排序、筛选、分类汇总等相关知识及其具体使用。

4.5.1   数据的排序

本小节将完成案例 4.6 中对数据的排序，包括简单快速排序和多重排序。

操作步骤

第一步：简单快速排序。简单排序通过"数据"→"排序和筛选"下的"升序" 和"降序" 按钮就可方便实现，下面我们按总分的降序排序。

（1）选定总分所在列（H 列）中的任一单元格。

（2）单击"数据"→"排序和筛选"下的"降序"按钮。记录按学生总分名次进行排列，结果如图 4.68 所示。

第二步：多重排序。这种排序可以设定多个排序关键字，除第一个关键字为主要关键字外，其他的关键字都叫次要关键字，若干级的关键字在排序中的优先也是从主要、次要、第三次要……关键字次序。

	A	B	C	D	E	F	G	H	I
1			高三期末成绩表						
2	编号	学号	姓名	语文	数学	英语	总分	名次	简评
3	03	140104	高永生	102	116	113	331	1	优秀
4	17	140106	佀传山	90	111	116	317	2	优秀
5	14	140205	褚继嫒	103.5	105	105	313.5	3	优秀
6	16	140101	郭慧玲	97.5	106	108	311.5	4	优秀
7	06	140206	闫大伟	100.5	103	104	307.5	5	优秀
8	15	140102	雷娜	110	95	98	303	6	优秀
9	04	140301	邓今毅	99	98	101	298	7	一般
10	09	140201	赵红娜	93.5	107	96	296.5	8	一般
11	10	140304	孙志新	95	97	102	294	9	一般
12	05	140306	崔凯	101	94	99	294	9	一般
13	12	140105	袁景丽	88	98	101	287	11	一般
14	02	140203	乔国彬	93	99	95	287	11	一般
15	11	140103	王振艳	95	85	99	279	13	一般
16	01	140305	王朝海	91.5	89	94	274.5	14	一般
17	07	140302	刘义	78	95	94	267	15	及格
18	08	140204	白海微	95.5	92	50	237.5	16	及格
19	13	140202	李丹	86	70	50	206	17	不及格
20									
21			平均分	95.2	97.6	95.6	288.5		
22			最高分	110	116	116	331		
23			最低分	78	70	50	206		
24			不及格率	17.65%	17.65%	11.76%			

图 4.68　总分降序排序

对高期末成绩先按总分降序排，若总分相同按英语降序排，最后按数学降序排。

（1）选定 A2:I19 区域中（数据清单）任意单元格。

（2）单击"数据"→"排序和筛选"下的"排序"按钮，打开排序对话框。

（3）在主要、次要、第三关键字下拉列表框中，分别选择关键字总分、英语、数学，同时选择降序的排序方式，具体设置如图 4.69 所示。

图 4.69　"排序"对话框

（4）单击"确定"按钮。排序结果如图 4.70 所示。

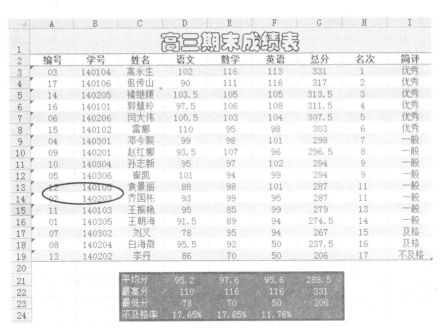

图 4.70　多关键字排序结果

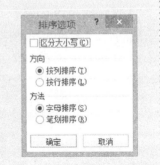

小知识

单击"排序"对话框中的"选项"按钮，将打开如图 4.71 所示的"排序选项"对话框，在此可进行自定义排序次序、方向、方法的设置。例如，设定了排序主关键字为姓名，在排序选项对话框中选择"笔划排序"方法，数据清单结果将按姓名笔划的多少进行排列。读者可以自行完成此操作。

图 4.71　"排序选项"对话框

4.5.2　数据的筛选

本小节将完成案例 4.6 中对数据的筛选。数据筛选是将数据清单中符合条件的记录显示出来，不符合条件的记录隐藏。Excel 2010 有两种筛选命令，即自动筛选和高级筛选。

操作步骤

第一步：自动筛选。

（1）选定数据清单中的任意单元格。

（2）单击"数据"→"排序筛选"→"筛选"命令，在每个字段名的右侧都有一个下拉按钮。如图 4.72 所示。

（3）单击待查找列的下拉按钮，在打开的下拉列表框中选择需要的选项，如简评列中的"优秀"。结果如图 4.72 所示。筛选后的记录行的行号变为蓝色，筛选列的下拉按钮的向下箭头也变为蓝色的，图标变成 .

（4）单击简评列的下拉按钮，选择"全部"（全部前有个√）会取消刚刚的筛选，即显示全部记录。

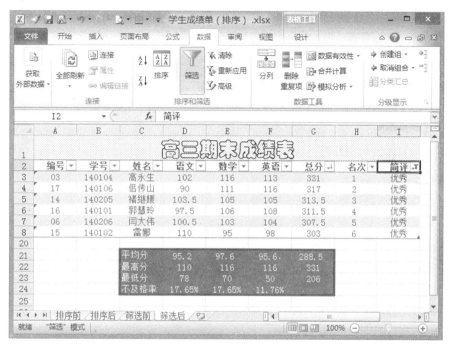

图 4.72　自动筛选简评为优秀的记录

在自动筛选状态下，可在某字段的下拉列表框中选择"数字筛选"→"自定义筛选"选项，就可以进入自定义自动筛选方式的设置了。例如筛选出英语成绩为 90～120 分的学生记录：

① 单击语文字段下拉按钮，在下拉列表框中选择"自定义"选项，打开如图 4.73 所示的"自定义自动筛选方式"对话框。

图 4.73　"自定义自动筛选方式"对话框

② 在第一行的第一个下拉列表框中选择"大于"选项，在该行的第二个下拉列表框中输入 90。

③ 选择"与"单项框，然后在第二行的第一个下拉列表框中选择"小于"选项，在该行的第二个下拉列表框中输入 120。

④ 单击"确定"按钮。结果如图 4.74 所示。

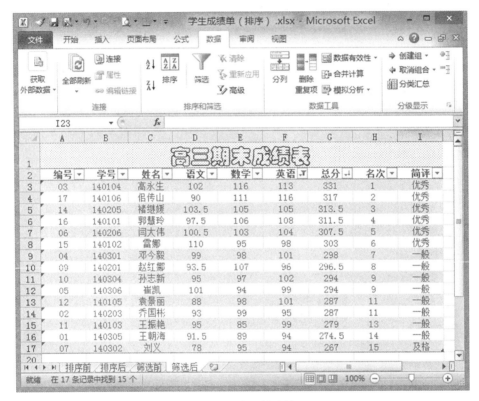

图 4.74　自定义筛选结果

小知识

若要取消数据清单的自动筛选，单击"数据"菜单"排序和筛选"下的"筛选"按钮即可。

第二步：高级筛选。

高级筛选是用于复杂的筛选，该筛选要求先建立一个条件区，该区中的第一行为数据清单中的字段名，但可以不包含全部字段，下面是相应字段的条件。注意条件区域与数据区域不能连接，至少有一行空白行。

（1）首先建立条件区域如图 4.75 所示。

图 4.75 建立条件区的数据清单

（2）选定数据清单（A2：I19 区域）中任意单元格。

（3）选择"数据"→"排序和筛选"→"高级"，打开"高级筛选"对话框，如图 4.76 所示。

图 4.76 高级筛选对话框

（4）在方式栏中选择"将筛选结果复制到其他位置"选项，这样原数据清单与筛选结果都可以看到。若选择"在原有区域显示筛选结果"，那么原数据清单的数据就看不见了，只能看到筛选结果。

（5）鼠标单击"列表区域"框，选择要筛选的数据区域 $A$2:$I$19。

（6）鼠标单击"条件区域"框，选择条件区域 $E$26:$F$27。

（7）鼠标单击"复制到"框，然后用鼠标选择放置筛选结果区域的第一个单元格，即输入筛选结果所放位置。注意筛选结果区域与条件区域之间至少也要有一行空白行。

（8）单击"确定"按钮。筛选结果如图 4.77 中 A30：I31 区域所示。

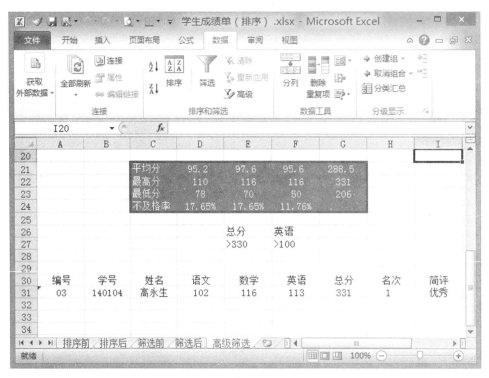

图 4.77　高级筛选结果

小知识

条件区域中，条件值在同一行表示"与"的关系；条件值在不同行表示"或"的关系。例如，图 4.78 中定义的条件区域，表示进行的是总分 330 分以上或英语 100 分以上学生记录的筛选。

总分	英语
>330	
	>100

图 4.78　"或"关系的条件设定

4.5.3　数据的分类汇总

本小节将完成案例 4.6 中对数据的分类汇总。分类汇总是将数据清单的数据按类别进行统计汇总。

小知识

对数据清单中某字段进行分类汇总，首先要按该字段进行排序。如果表格已经通过自动套用格式后，需要将数据清单转换成普通区域，操作步骤如下：选中已经自动套用格式的单元格，单击"表格工具"下的"设计"标签，选择"工具"下的"转换为区域"按钮，在弹出的对话框中选择"是"即可。

操作步骤

第一步：对数据清单中的简评排序。排序结果如图 4.79 所示。

	A	B	C	D	E	F	G	H	I
1				高三期末成绩表					
2	编号	学号	姓名	语文	数学	英语	总分	名次	简评
3	03	140104	高永生	102	116.	113	331	1	优秀
4	17	140106	侣传山	90	111	116	317	2	优秀
5	14	140205	褚继媛	103.5	105	105	313.5	3	优秀
6	16	140101	郭慧玲	97.5	106	108	311.5	4	优秀
7	06	140206	闫大伟	100.5	103	104	307.5	5	优秀
8	15	140102	雷娜	110	95	98	303	6	优秀
9	04	140301	邓今毅	99	98	101	298	7	一般
10	09	140201	赵红娜	93.5	107	96	296.5	8	一般
11	10	140304	孙志新	95	97	102	294	9	一般
12	05	140306	崔凯	101	94	99	294	9	一般
13	12	140105	袁景丽	88	98	101	287	11	一般
14	02	140203	乔国彬	93	99	95	287	11	一般
15	11	140103	王振艳	95	85	99	279	13	一般
16	01	140305	王朝海	91.5	89	94	274.5	14	一般
17	07	140302	刘义	78	95	94	267	15	及格
18	08	140204	白海微	95.5	92	50	237.5	16	及格
19	13	140202	李丹	86	70	50	206	17	不及格
20									
21			平均分	95.2	97.6	95.6	288.5		
22			最高分	110	116	116	331		
23			最低分	78	70	50	206		
24			不及格率	17.65%	17.65%	11.76%			

图 4.79　简评排序结果

第二步：选定数据清单中的任意单元格，单击"数据"→"分级显示"→"分类汇总"，打开如图 4.80 所示的"分类汇总"对话框。

第三步：在"分类字段"下拉列表框中选择分类字段为"简评"，在"汇总方式"下拉列表框中选择汇总方式为"平均值"，在"选定汇总项列"表框中选择汇总字段为"总分"、"英语"。

第四步：单击"确定"按钮。汇总结果如图 4.81 所示。

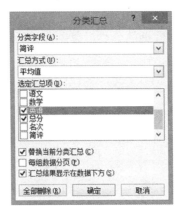

图 4.80　"分类汇总"对话框

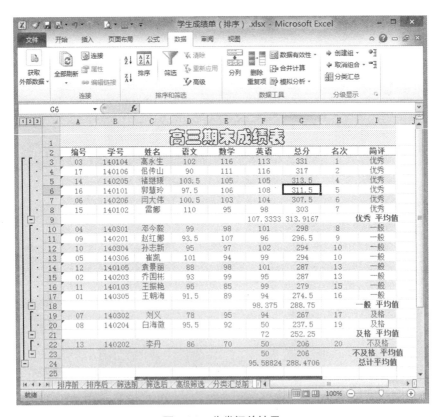

图 4.81　分类汇总结果

小知识

要删除分类汇总结果，选定其中的任意单元格，打开如图 4.80 所示的"分类汇总"对话框，单击其中的"全部删除"按钮即可。

4.5.4 合并计算

【案例4.7】——合并计算，我们结合学分统计表来讲解合并计算的使用，如图4.82所示，已经记录和统计了四个学年的学分情况。题目要求如下：

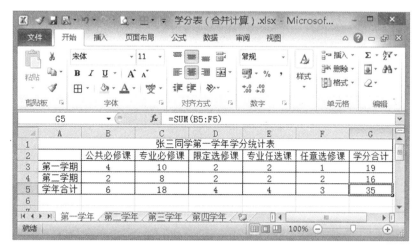

图 4.82 学分统计表

1. 在学分统计表中添加一张新工作表"总学分"。

2. 将第一学年、第二学年、第三学年和第四学年的"学分合计"进行合并计算，将结果填写到"总学分"工作表中的 B5:G5 区域中。

案例分析

Excel 可以将数据合并计算，即对数据进行组合，以便能容易地对数据进行定期或不定期的更新和汇总。

操作步骤

第一步：在学分统计表中添加一张新工作表"总学分"，如图4.83所示，用于统计每一学年的各种类型课程的学分并进行汇总。

第二步：将第一学年、第二学年、第三学年和第四学年的"学分合计"进行合并计算，将结果填写到"总学分"工作表中的 B5:G5 区域中。具体操作为：

（1）选择用来放置合并结果的单元格区域，即选中"总学分"工作表的 B5:G5 区域。

（2）单击"数据"→"数据工具"→"合并计算"命令，弹出"合并计算"对话框，如图 4.84 所示。

（3）在"函数"下拉列表框中选择计算函数，本例选择"求和"。

（4）单击"引用位置"文本框右端的折叠按钮，折叠起"合并计算"对话框。然后单击"第一学年"工作表标签，选择数据区域。如图 4.85 所示。

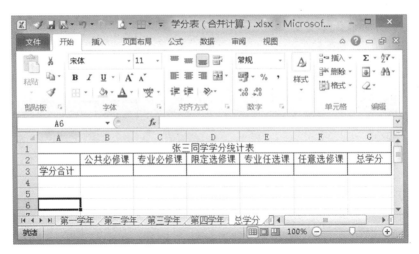

图 4.83　年度汇总工作表

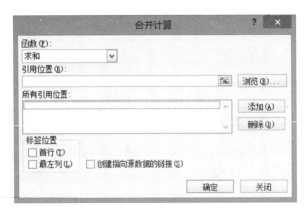

图 4.84　合并计算对话框

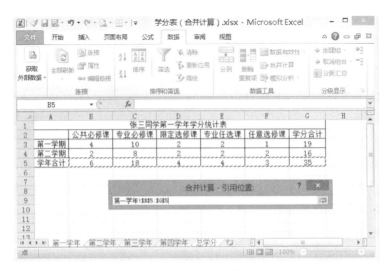

图 4.85　选择合并计算区域

（5）单击引用位置文本框右端的折叠按钮,恢复显示"合并计算"对话框。单击"添加"按钮,刚刚选择的合并计算区域将添加到所有引用位置列表框中。如图 4.86 所示。

（6）重复（4）~（5）步三遍,将工作表"第二学年"、"第三学年"、"第四学年"的B5:G5 区域添加到所有引用位置列表框中。如图 4.87 所示。

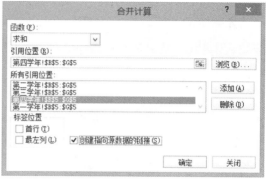

图 4.86　添加合并计算区域　　　　　图 4.87　添加合并计算区域结果

4.6　图表的使用

【案例 4.8】——创建图表,根据某公司 2013 年度销售统计表创建迷你图和图表,结果如图 4.88 所示。

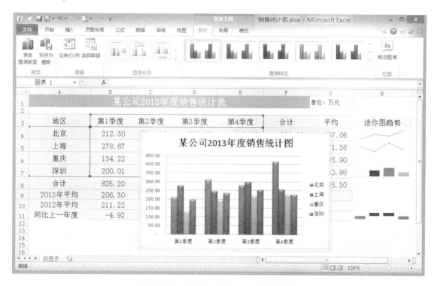

图 4.88　案例 4.8——创建图表

4.6.1　创建迷你图

迷你图是 Excel 2010 中加入的一种全新的图表制作工具，它以单元格为绘图区域，简单便捷地绘制出简明的数据小图表，方便地把数据以小图的形式呈现，它是存在于单元格中的小图表。

在案例 4.8 中 H4 到 H7 单元格分别存放了折线迷你图和柱形迷你图，H11 单元格存放了盈亏迷你图。先介绍具体操作办法。

（1）单击 H4 单元格，单击"插入"→"迷你图"→"折线图"，弹出如图 4.89 所示的"创建迷你图"对话框。

（2）在创建"迷你图"对话框中的"数据范围"选择或输入"B4:E4"，单击"确定"。

（3）单击 H5 单元格，重复步骤（1），在"创建迷你图"对话框的"数据范围"选择或输入"B5:E5"，单击"确定"。

（4）选中 H5 单元格的迷你图，选择"迷你图工具"→"设计"→"显示"，勾选"高点"、"低点"、"首点"、"尾点"、"标记"，如图 4.90 所示。

图 4.89　创建迷你图　　　　　　　　图 4.90　迷你图工具

（5）单击 H6 单元格，单击"插入"→"迷你图"→"柱形图"，弹出如图 4.89 所示的"创建迷你图"对话框。

（6）在"创建迷你图"对话框的"数据范围"选择或输入"B6:E6"，单击"确定"。

（7）同理在 H7 单元格的"迷你图工具"中，勾选"高点"、"低点"、"首点"、"尾点"、"标记"。

4.6.2　创建图表

Excel 2010 中可以根据数据表格创建图表。插入图表可以直观、形象地表现工作表中的抽象数据，清晰地反应出数据的规律性与变化的趋势，便于对数据进行分析、评价与比较。

下面结合案例 4.8 的某公司 2013 年销售统计表讲解图表的创建过程。

（1）选定待创建图表的单元格区域 A3:E7。

（2）单击"插入"→"图表"→"柱形图"，在图表类型列表框中选择二维柱形图下的"簇状柱形图"，如图 4.91 所示，Excel 将自动生成一个图表，如图 4.92 所示。

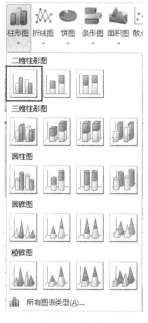

图 4.91 柱形图

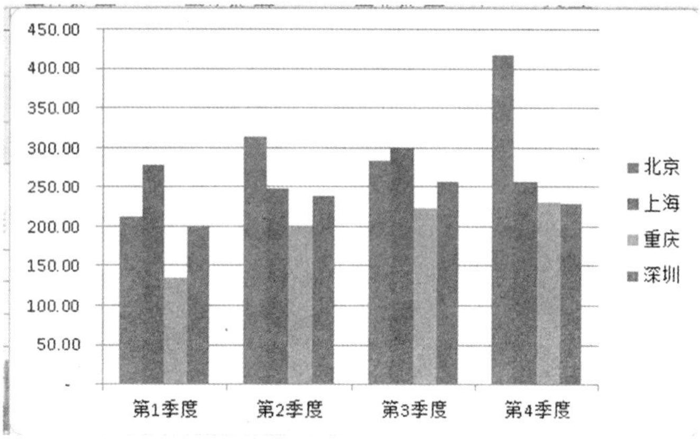

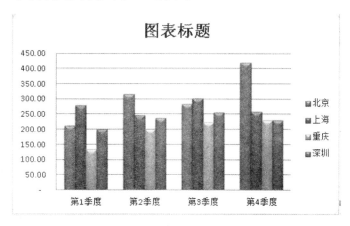

图 4.92 柱形图结果

（3）单击新生成的图表，将出现"图表工具选"项卡组，包含了"设计"、"布局"、"格式"三个选项卡，单击"设计"选项卡，在"图表布局"选择"布局1"，在"图表样式"中选择"样式26"，更改的图表如图 4.93 所示。

图 4.93 更改后的柱形图结果

（4）在图 4.93 中右击图标标题，在弹出的快捷菜单中选择"编辑文字"，将图表标题更改为"某公司 2013 年度销售统计图"，完成图表的制作。

 小知识

选定待创建图表的数据区域后，按功能键"F11"可以快速地创建图表。

4.6.3　编辑图表

对于图表的移动与复制、删除及大小的调整与 Word 中图片操作相类似，在此不再赘述。

1. 更改图表类型

在图表上右击，在打开的快捷菜单中，单击"图表类型"菜单项，或单击"图表工具"→"设计"选项卡→"类型"→"更改图表类型"按钮，打开如图 4.94 所示的"更改图表类型"对话框，选择相应的类型即可。

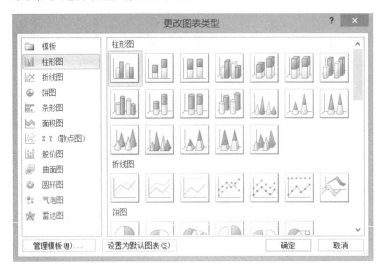

图 4.94　图表类型

2. 切换行列

单击"图表工具"→"设计"选项卡→"数据"→"切换行/列"按钮，就可以切换显示，本例中切换行列后如图 4.95 所示。

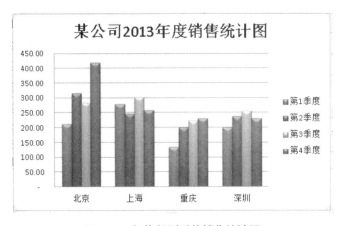

图 4.95　切换行列后的销售统计图

3. 添加坐标轴标题和设置坐标轴格式

单击图表，在出现的"图表工具"选项卡组中，单击"布局"选项卡，单击"坐标轴标题"可以添加主要横坐标标题和主要纵坐标标题。单击"其他主要横（纵）坐标标题选项"可以设置坐标轴的格式，如图 4.96 所示。

图 4.96　设置坐标轴标题格式

4. 设置图表区格式

单击图表区，选择"格式"选项卡，在"当前所选内容"组中，选择设置所选内容格式，可以设置图表区的背景、边框等。

4.7　数据透视表和数据透视图

本节主要讲授数据透视表和数据透视图的使用方法。通过使用数据透视表，可以汇总、分析、浏览和提供工作表数据或外部数据源的汇总数据。在案例 4.3 学生成绩表中增加学号和性别列并填写相关数据，通过公式和函数计算出学生的班级、总分、平均分和简评，如图 4.97 所示。计算班级的方法可以在 D3 单元格中使用函数 =IF（MID（B3，4，1）="1"，"1 班"，IF（MID（B3，4，1）="2"，"2 班"，"3 班"））来计算，利用复制柄复制该公式到 D19，这里不再赘述。

编号	学号	姓名	班级	性别	语文	数学	英语	总分	平均分	名次	简评
1	140305	王朝海	3班	男	91	89	94	274	91	8	优秀
2	140203	乔国彬	2班	男	93	99	92	284	95	2	优秀
3	140104	高永生	1班	男	70	80	90	240	80	15	良好
4	140301	邓今毅	3班	男	99	98	99	296	99	1	优秀
5	140306	崔凯	3班	男	88	94	99	281	94	5	优秀
6	140206	闫大伟	2班	男	66	77	87	230	77	17	中等
7	140302	刘义	3班	男	78	95	94	267	89	9	良好
8	140204	白海微	2班	女	95	92	96	283	94	3	优秀
9	140201	赵红娜	2班	女	67	77	96	240	80	15	良好
10	140304	孙志新	3班	女	95	97	56	248	83	13	良好
11	140103	王振艳	1班	女	95	85	99	279	93	6	优秀
12	140105	袁景丽	1班	女	88	98	76	262	87	10	良好
13	140202	李丹	2班	女	86	77	89	252	84	11	良好
14	140205	褚继媛	2班	女	90	77	76	243	81	14	良好
15	140102	雷娜	1班	女	89	95	98	282	94	4	优秀
16	140101	郭慧玲	1班	女	76	98	76	250	83	12	良好
17	140106	侣传山	1班	男	90	88	98	276	92	7	优秀

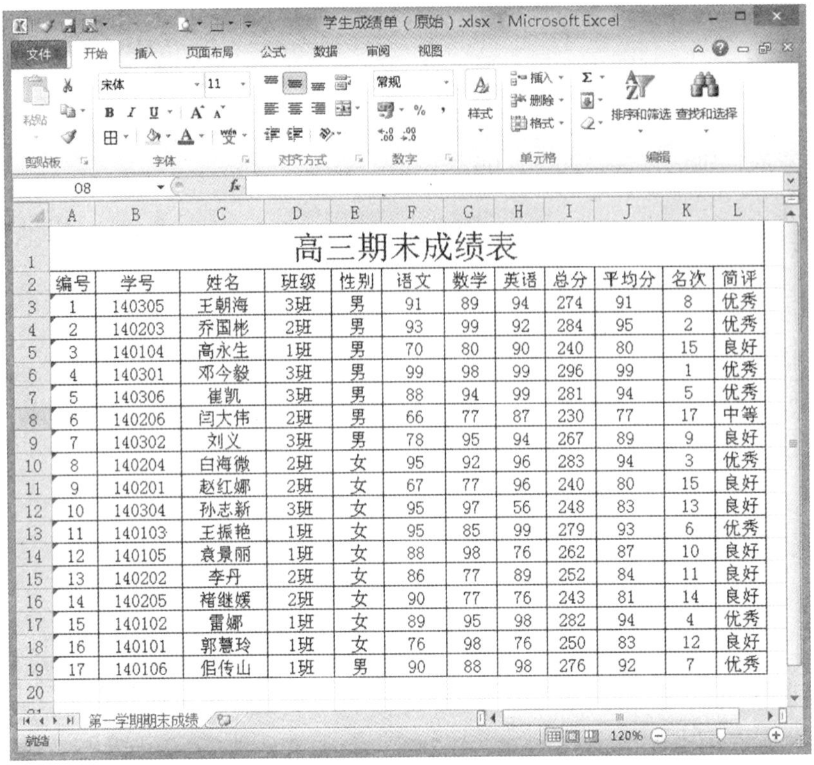

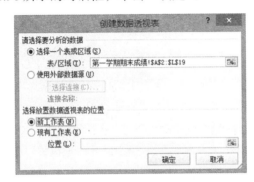

图 4.97　高三期末成绩表

4.7.1　数据透视表

现在需要统计出每个班级中男生和女生各个简评等级的人数，行标签为“班级”，列标签为“性别”和“简评”，数值为“计数项：简评”。可以利用数据透视图实现，操作步骤如下。

（1）选中 A2:L19 区域，单击“插入”→“数据透视表”按钮，在下拉菜单中选择“数据透视表”，弹出如图 4.98 所示的对话框，单击“确定”。

图 4.98　“创建数据透视表”对话框

（2）在新建的 Sheet2 中的"数据透视表字段列表"中拖动"班级"字段到"行标签"，拖动"性别"和"简评"字段到"列标签"，拖动"简评"字段到"数值"区域，如图 4.99 所示，结果将实时显示在 Sheet2 中。

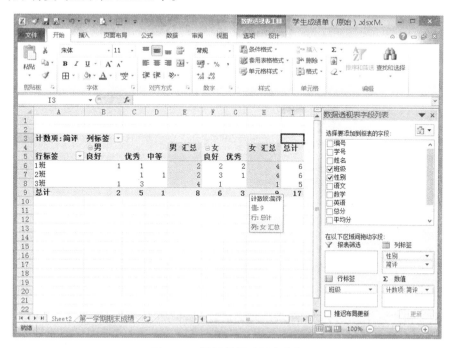

图 4.99　设置数据透视表字段

（3）双击 B3 单元格，将"列标签"修改为"性别和简评计数"，双击 A5 单元格，将"行标签"修改为"班级"。选择 A3:I9 区域，设置成"居中"，完成后的效果如图 4.100 所示。

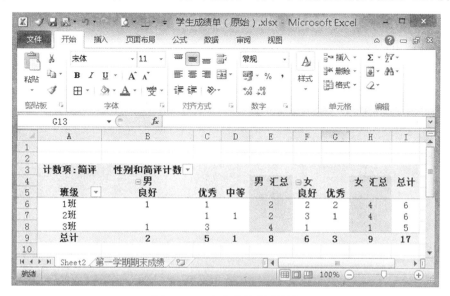

图 4.100　完成的数据透视表

4.7.2　数据透视图

数据透视图能够利用图表的方式直观显示出统计信息，仍然按照上面的要求，操作步骤如下。

（1）选中 A2:L19 区域，单击"插入"→"数据透视表"按钮，在下拉菜单中选择"数据透视图"，弹出如图 4.101 所示的对话框，单击"确定"。

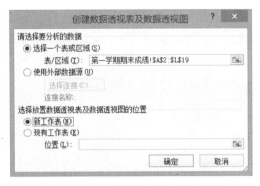

图 4.101　"创建数据透视图"对话框

（2）在新建的 Sheet3 中的"数据透视表字段列表"中拖动"班级"字段到"轴字段（分类）"，拖动"性别"和"简评"字段到"图例字段（系列）"，拖动"简评"字段到"数值"区域，如图 4.102 所示，结果将实时显示在 Sheet3 中，可以按照 4.6 节中的图表编辑方法修改图表的显示。

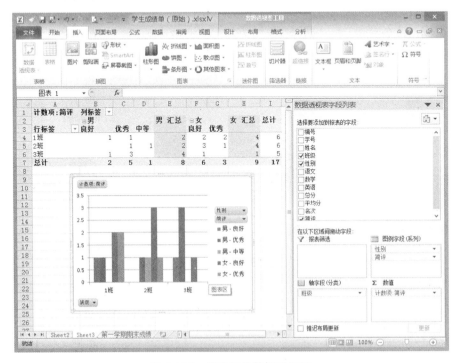

图 4.102　创建好的数据透视图

4.8　宏的初级使用

【案例 4.9】——录制宏。要求录制一个宏，实现使用快捷键"Ctrl"+"q"就能完成将字体设置成红色，并加粗显示。

4.8.1　宏的录制

操作步骤

第一步：将 Excel 文件另存为"Excel 启用宏的工作簿（*.xlsm）"。单击"文件"→"另存为"菜单项，打开"另存为"对话框。"保存类型"选择"Excel 启用宏的工作簿（*.xlsm）"，输入文件名"学生成绩单（宏）.xlsm"，如图 4.103 所示。

图 4.103　文件另存为 .xlsm 格式

第二步：录制宏。选中 D1 单元格，单击"视图"→"宏"→"录制宏"，打开"录制新宏"对话框。在宏名里输入"修改文字颜色"，"快捷键"中输入"q"，设置"保存在"为"当前工作簿"，单击"确定"按钮，如图 4.104 所示。

第三步：单击"开始"→"字体"→"字体颜色"设置成红色，并加粗，如图 4.105所示。

第四步：完成录制宏。单击"视图"→"宏"→"停止录制"。至此一个名为"修改字体颜色"的宏就录制完成。

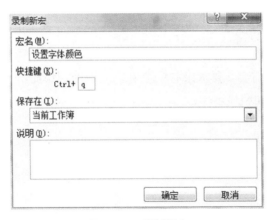

图 4.104　录制新宏

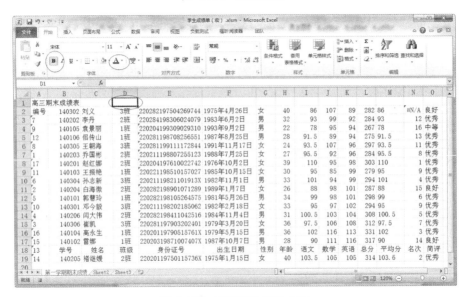

图 4.105　新录制的宏的内容

4.8.2　宏的使用

1. 使用宏

选中 D2 单元格或其他需要修改颜色的单元格，单击"视图"→"宏"→"查看宏"，弹出如图 4.106 所示的"宏"对话框。选中"设置字体颜色"宏，单击执行，或者按快捷键"Ctrl"+"q"。执行效果如图 4.107 所示。

图 4.106　"宏"对话框

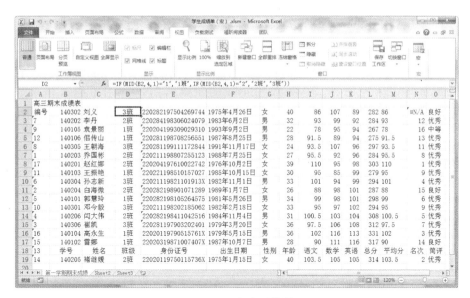

图 4.107　运行宏后的结果

2. 查看宏的内容

单击"视图"→"宏"→"查看宏",单击"编辑"按钮,可以看到刚刚录制的宏代码,如图 4.108 所示。

图 4.108　宏的代码

知识点详解

1. 宏的概念

所谓"宏",就是将一系列的命令和指令组合在一起,形成一个命令,以实现任务执行的自动化。它可以替代人工进行一系列费时而重复的操作,是一个极为灵活的自定义命令。

在 Excel 中运用宏可有两种途径，一种是录制宏，另一种是采用 Excel 自带的 Visual Basic 编辑器来编辑宏命令。前一种使用较多，操作简练，也易于理解。宏的用途是使常用任务自动化。开发人员可以使用代码编写功能更强大的 VBA（Visual Basic for Applications（VBA）：Microsoft Visual Basic 的宏语言版本，用于编写基于 Microsoft Windows 的应用程序，内置于多个 Microsoft 程序中。）宏，这些宏可以在计算机上运行多条命令。

2."宏"对话框

可以运行、编辑或删除选择的宏。也可以由"宏"对话框来创建宏，"宏"对话框如图 4.109 所示。

图 4.109　"宏"对话框

各选项含义如下：

宏名：包含选择宏的名称，如"宏框"中没有宏的话则是空白的。

宏框：列出工程中的可用宏。

执行：运行选择的宏。

单步执行：突出显示宏的第一行，并放置当前执行行的指示器。

编辑：打开代码窗口，并可看见选择的宏，以便修改宏。

创建：在代码窗口中打开一个模块，以创建一个新的宏。

删除：从工程中删除选择的宏。

选项：可以给宏指定快捷键和修改宏的说明信息。

位置：指定在哪个位置运行宏。

说明：显示宏的说明。

4.9　打印工作表

完成工作表数据的输入与编辑后，即可打印输出。为使打印的工作表准确、清晰，在打印之前要做一些排版设置工作。本节介绍工作表的打印区域设置、页面设置、页眉页脚设置及打印等内容。

4.9.1　设置打印区域

当要打印工作表中部分数据时，可以设置打印区域来实现。

首先选定要打印的区域，比如，区域 A1:I24。选择"页面布局"→"页面设置"→"打印区域"→"设置打印区域"菜单命令，如图 4.110 所示。

要取消设置的打印区域，单击"页面布局"→"页面设置"→"打印区域"→"取消打印区域"菜单命令。

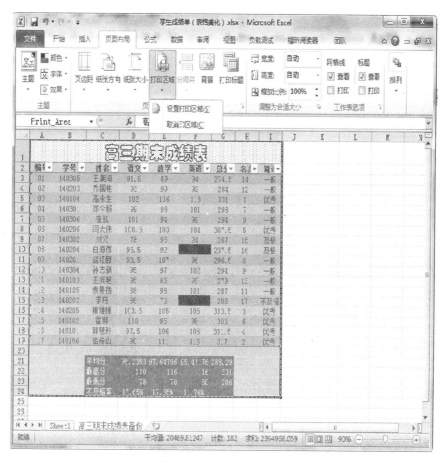

图 4.110　设置打印区域

4.9.2　页面设置

1.设置页面

（1）选定待设置页面的任意单元格。

（2）单击"文件"→"打印"→"页面设置"，在打开的"页面设置"对话框选择"页面"选项卡。

（3）在"方向"栏中选择工作表打印方向。在"缩放"栏中设定工作表数据的打印时的缩放比例。在"纸张大小"下拉列表框中选择打印的纸型。例如，设置打印方向为纵向、缩放比例为100%、纸张大小为A4等，如图4.111所示。

2.设置页边距

在如图4.111所示的"页面设置"对话框中，单击"页边距"选项卡，按需要对上、下、左、右及页眉页脚的边距进行设置。例如，设置左边距1.8、右边距1.8，其他取默认值，如图4.112所示。

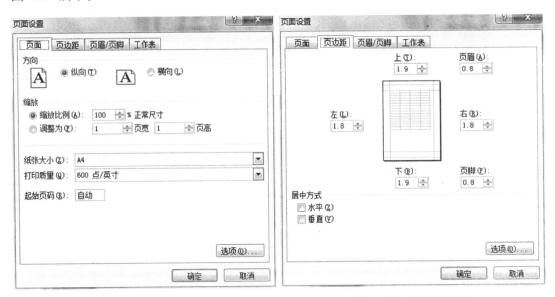

图4.111　页面设置　　　　　　　图4.112　页边距设置

3. 设置页眉和页脚

在"页面设置"对话框中，单击"页眉/页脚"选项卡。

（1）设置页眉

单击"自定义页眉"按钮，打开"页眉"对话框。对话框中间有10个工具按钮，其作用如提示信息中所示。在左、中、右三个文本框中分别输入需要显示的信息即可，如图4.113所示。单击"确定"按钮，可返回到"页眉/页脚"选项卡中。

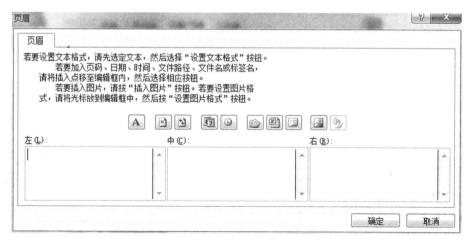

图 4.113 "页眉"对话框

（2）设置页脚

单击"自定义页脚"按钮，打开"页脚"对话框，其设置与页眉类似。我们只在文本框中插入页码。单击"确定"按钮，返回到"页眉/页脚"选项卡。

4. 设置工作表

在"页面设置"对话框中，单击"工作表"选项卡，如图 4.114 所示。若只打印工作表中部分区域，可在"打印区域"文本框中输入打印区域，否则可以不设置。"打印标题"栏的设置是用于打印多页时，每页都要有标题时才设置，否则不用设置。"打印"栏中可根据需要进行设置。"打印顺序"是指打印多页时，是按先列后行还是先行后列打印，可根据需要设置。

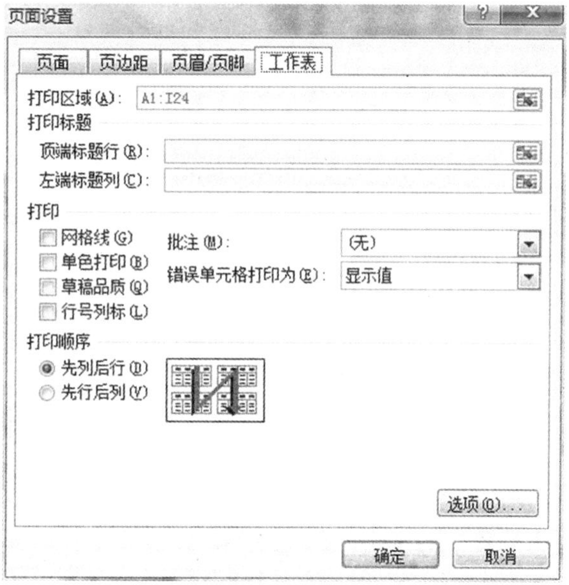

图 4.114 "页面设置"对话框的"工作表"选项卡

4.9.3　打印与打印预览

1. 打印预览

一般在打印数据表格前总是要预览一下结果。单击"文件"→"打印"，在窗口右侧出现预览信息，如图 4.115 所示。

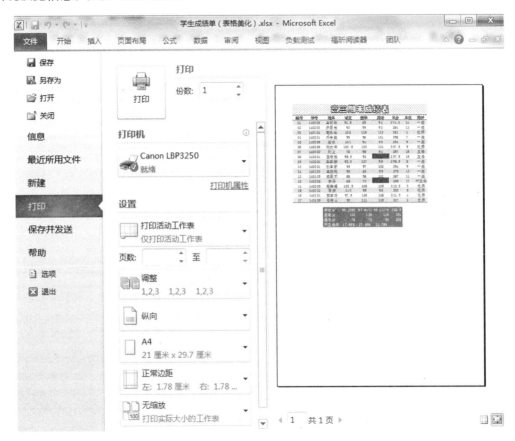

图 4.115　打印预览窗口

2. 打印

通过打印预览查看结果是否满意，就可以进行打印了。单击"文件"→"打印"，在"打印机"栏中的名称下拉列表框中选择与主机连接的打印机型号。然后依次，设定打印范围、打印内容、打印份数，及当打印多份时是否逐份打印等，单击"确定"按钮就可以开始打印。

习题与实验

一、选择题

1. Excel 2010 是（　　）

   A. 数据库管理软件　B. 文字处理软件　　　C. 电子表格软件　　D. 幻灯片制作软件

2、Excel 2010 工作簿文件的默认扩展名为（　　）

   A.docx　　　　　　B.xlsx　　　　　　　C.pptx　　　　　　　D.mdbx

3. 在 Excel 2010 中，每张工作表是一个（　　）

   A. 一维表　　　　　B. 二维表　　　　　C. 三维表　　　　　D. 树表

4. Excel 2010 主界面窗口中编辑栏上的"*fx*"按钮用来向单元格插入（　　）

   A. 文字　　　　　　B. 数字　　　　　　C. 公式　　　　　　D. 函数

5. 对于新安装的 Excel 2010，一个新建的工作簿默认的工作表个数为（　　）

   A.1　　　　　　　　B.2　　　　　　　　C.3　　　　　　　　D.255

6. 当向 Excel 2010 工作簿文件中插入一张电子工作表时，默认的表标签中的英文单词为（　　）

   A.Sheet　　　　　　B.Book　　　　　　C.Table　　　　　　D.List

7. 在 Excel 2010 中，日期和时间属于（　　）

   A. 数字类型　　　　B. 文字类型　　　　C. 逻辑类型　　　　D. 错误值

8. 在 Excel 2010 中，表示逻辑值为真的标识符为（　　）

   A.F　　　　　　　　B.T　　　　　　　　C.FALSE　　　　　　D.TRUE

9. 在 Excel 2010 的页面设置中，不能够设置（　　）

   A. 纸张大小　　　　B. 每页字数　　　　C. 页边距　　　　　D. 页眉 / 页脚

10. 在 Excel 2010 中，假定一个单元格的地址为 D25，则该单元格的地址称为（　　）

    A. 绝对地址　　　　B. 相对地址　　　　C. 混合地址　　　　D. 三维地址

11. 在 Excel 2010 中，假定一个单元格的引用为 M$18，则该单元格的行地址表示属于（　　）

    A. 相对引用　　　　B. 绝对引用　　　　C. 混合引用　　　　D. 二维地址引用

12. 在 Excel 2010 的工作表中，假定 C3:C6 区域内保存的数值依次为 10、15、20 和 45，则函数 =MAX（C3:C6）的值为（　　）

    A.10　　　　　　　B.22.5　　　　　　C.45　　　　　　　D.90

13. 在 Excel 2010 中，假定 B2 单元格的内容为数值 15，则公式 =IF（B2>20，"好"，IF（B2>10，"中"，"差"））的值为（　　）

    A. 好　　　　　　　B. 良　　　　　　　C. 中　　　　　　　D. 差

14. 在对 Excel 2010 中，对数据表进行排序时，在"排序"对话框中能够指定的排序关键字个数限制为（　　　）

A.1 个 　　　　　B.2 个 　　　　　　C.3 个 　　　　　D. 任意

二、操作题

操作要求

1. 在 Sheet1 表后插入工作表 Sheet2 和 Sheet3，并将 Sheet1 复制到 Sheet2 中；

2. 在 Sheet1 第 E 列之前增加一列："概率论，51，67，68，88，84，75，79，81，74，98，85"；

3. 在 Sheet1 第 F 列后增加一列"平均成绩"，并求出相应平均值（保留一位小数）；

4. 将 Sheet1 复制到 Sheet3 中，并对 Sheet3 中 10 位学生按"平均成绩"升序排列；

5. 在 Sheet1 的"平均成绩"后增加一列"学习情况"，其中的内容由公式计算获得：如果"大学英语"或"C 语言"中有一门大于等于 90，则给出"好"，否则给出"继续努力"（不包括引号）。

本题操作所用数据如图 1 所示。

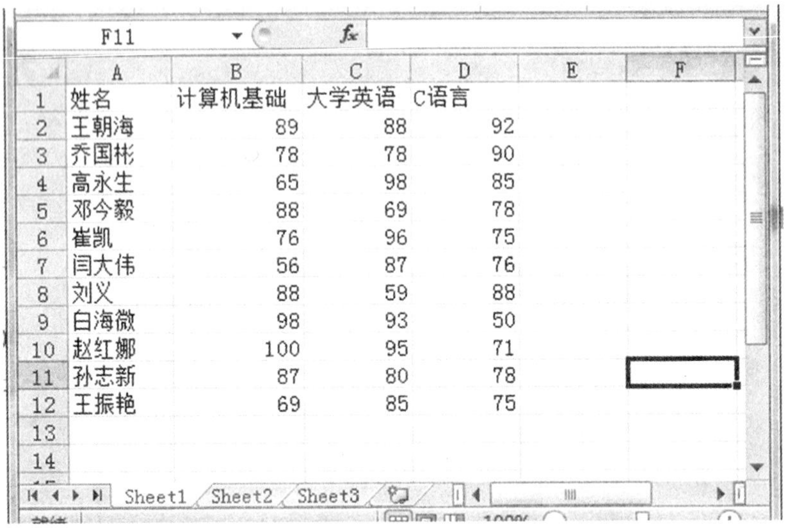

	A	B	C	D	E	F
1	姓名	计算机基础	大学英语	C语言		
2	王朝海	89	88	92		
3	乔国彬	78	78	90		
4	高永生	65	98	85		
5	邓令毅	88	69	78		
6	崔凯	76	96	75		
7	闫大伟	56	87	76		
8	刘义	88	59	88		
9	白海微	98	93	50		
10	赵红娜	100	95	71		
11	孙志新	87	80	78		
12	王振艳	69	85	75		
13						
14						

图 1　成绩表

第 5 章　PowerPoint 2010

PowerPoint 是专门用来制作演示文稿的软件，很受广大用户的欢迎。利用 PowerPoint 不但可以创建演示文稿，还可以制作广告宣传和产品演示的电子版幻灯片。在办公自动化日益普及的今天，PowerPoint 还可以为人们提供一个更有效、更专业的平台。

5.1　PowerPoint 2010 概述

本节对 PowerPoint 2010 工作界面进行详细介绍和说明，使读者认识和学习 PowerPoint 2010 的基本知识和操作。

5.1.1　PowerPoint 2010 的启动、退出以及文档格式

1. PowerPoint 2010 的启动和退出

启动和退出 PowerPoint 2010 的方法与 Word 2010、Excel 2010 类似，在此不再赘述。

2. PowerPoint 2010 文档格式

PowerPoint 2010 文档格式如表 5.1 所示。

表 5.1　PowerPoint 2010 文档格式

PowerPoint 2010 文件类型	扩展名
PowerPoint 2010 演示文稿	.pptx
PowerPoint 2010 启用宏的演示文稿	.pptm
PowerPoint 2010 模板	.potx
PowerPoint 2010 启用宏的模板	.potm

5.1.2 PowerPoint 2010 窗口简介

PowerPoint 2010 启动后即可进入 PowerPoint 2010 工作界面，如图 5.1 所示。

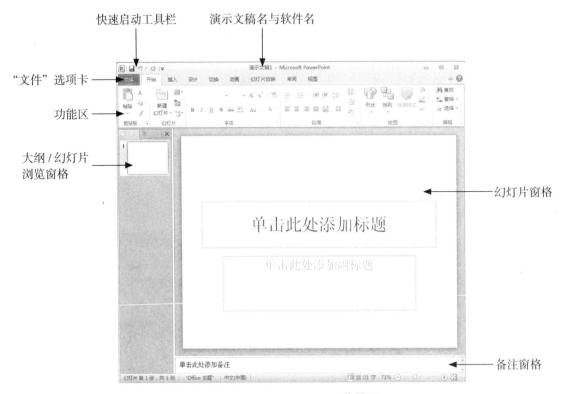

图 5.1 PowerPoint 2010 工作界面

1. 标题栏

标题栏位于工作界面的最上方，主要用于显示当前程序和文档的名称以及控制窗口的大小。

2. 菜单栏

菜单栏位于标题栏下方，其中包括 9 个菜单选项，每个菜单项中包括与此相关的所有操作命令。单击某个菜单项后，将弹出与其对应的下拉菜单，如图 5.2（a）、图 5.2（b）所示。

3. 幻灯片窗格

"幻灯片窗格"是整个演示文稿的核心，它位于工作界面的中间，用于显示和编辑幻灯片，所有幻灯片都是在这个窗口完成制作的。其中包括编辑区、滚动条和幻灯片切换按钮几个部分，如图 5.3 所示。

（a）"文件"菜单　　　　　　　　　　（b）"插入"菜单

图 5.2　菜单选项窗口

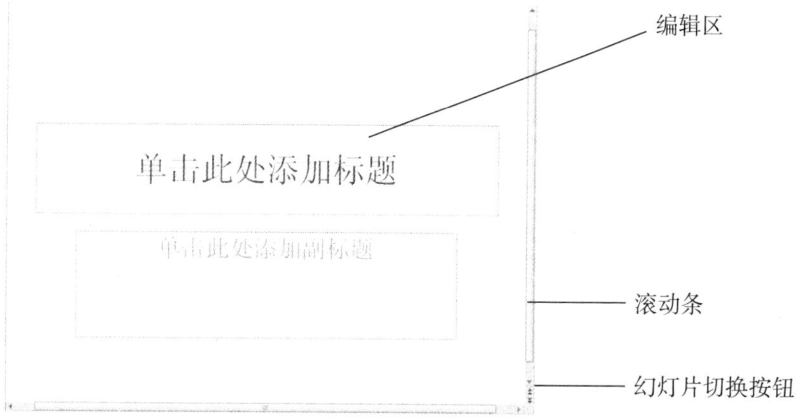

图 5.3　"幻灯片"窗格

滚动条：用于切换演示文稿中的幻灯片。

幻灯片切换按钮：单击 或 按钮，可切换到上一张幻灯片；单击 或 按钮，可切换到下一张幻灯片。

编辑区：在其中可以输入文字、插入图片等各种对象，幻灯片所有内容都在该区域中编辑。

4."大纲/幻灯片"浏览窗格

"大纲/幻灯片"窗格位于工作界面的左侧，用于显示幻灯片的数量及位置，通过它可以方便地掌握演示文稿的结构。它包括"大纲"和"幻灯片"两个选项卡，单击不同的选项卡可以在不同窗格间切换。

5."备注"窗格

"备注"窗格位于"幻灯片编辑"窗口的下方，用户可以在这里添加该幻灯片的附加信息，也可以在播放演示文稿时对幻灯片添加说明和注释，如图 5.4 所示。

图 5.4 "备注"窗格

5.1.3 幻灯片常用视图方式

视图是指在使用 PowerPoint 制作演示文稿时窗口的显示方式。PowerPoint 2010 为用户提供了多种不同的视图方式，每种视图都将用户的处理焦点集中在演示文稿的某个要素上。

1. 普通视图

当启动 PowerPoint 并创建一个新演示文稿时，通常会直接进入到普通视图中，可以在其中输入、编辑和格式化文字，管理幻灯片以及输入备注信息，如图 5.5 所示。

图 5.5 普通视图

2. 幻灯片浏览视图

单击"幻灯片浏览视图"按钮品即可切换到幻灯片浏览视图。在该视图中不能对幻灯片内容进行编辑，可以对演示文稿进行整体编辑，如添加或删除幻灯片等。双击任意一张幻灯片即可切换到普通视图，如图 5.6 所示。

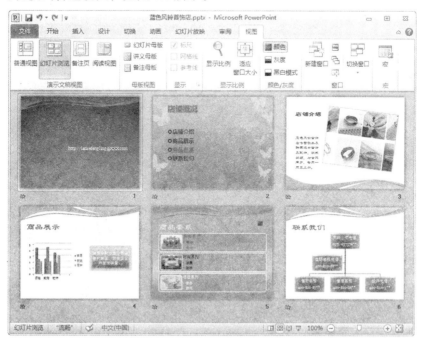

图 5.6　幻灯片浏览视图

3. 幻灯片放映视图

单击"幻灯片放映"按钮即可切换到幻灯片放映模式。在该视图中，幻灯片会以全屏方式动态显示，可以查看演示文稿动画、声音以及切换等效果，但不能进行编辑，如图 5.7 所示。

图 5.7 幻灯片放映视图

5.2　幻灯片制作与编辑

【案例 5.1】——店铺宣传演示文稿 .pptx，如图 5.8 所示。

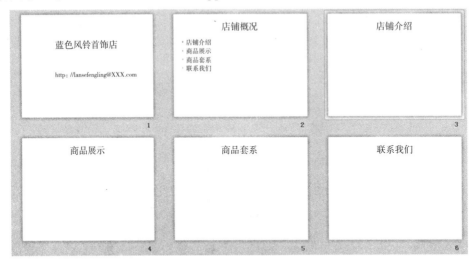

图 5.8　案例 5.1——店铺宣传演示文稿

案例分析

　　想要得到此演示文稿，需要新建一个空演示文稿，创建六张幻灯片，输入相应的内容并进行格式设置，然后保存此演示文稿。因此，结合案例 5.1，本节将介绍演示文稿的创建与保存、文本输入与编辑，并对幻灯片的插入、复制、移动、删除、加密等编辑操作进行讲解。

5.2.1　幻灯片制作

　　本小节首先建立蓝色风铃首饰店演示文稿，输入内容，内容如图 5.9 所示，并保存文件。

图 5.9　案例 5.1 创建店铺宣传演示文稿

操作步骤

第一步：新建幻灯片。单击"文件"→"新建"按钮，在如图 5.10 所示的弹出菜单中选择"新建幻灯片"选项，选择"标题幻灯片"。

第二步：输入文本。单击"单击此处增加标题"占位符，将插入点定位在占位符内，输入"蓝色风铃首饰店"，并将其格式设置为"宋体"，56 号；单击"单击此处添加副标题"占位符，输入"http://lansefengling@XXX.com"，并将格式其设置为"宋体"，44 号，如图 5.9 所示。

第三步：保存文件。单击菜单"文件"，打开"另存为"对话框，选择保存路径，将文件命名为"蓝色风铃首饰店 .pptx"，单击"确定"按钮。

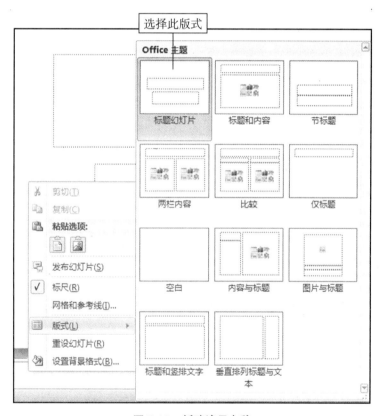

图 5.10　新建演示文稿

知识点精讲

1. 新建演示文稿

在 PowerPoint 2010 中新建演示文稿的方法不止一种，主要有新建空演示文稿、利用向导创建演示文稿、根据模版创建演示文稿三种方法。

（1）创建空演示文稿

创建空演示文稿方法如下：

① 单击"文件"→"新建"选项卡，打开"新建演示文稿"任务窗格，如图 5.11 所示。

② 在"新建演示文稿"任务窗格中选择"空白演示文稿"。

③ 单击"创建"按钮，即可创建空白演示文稿，如图 5.12 所示。

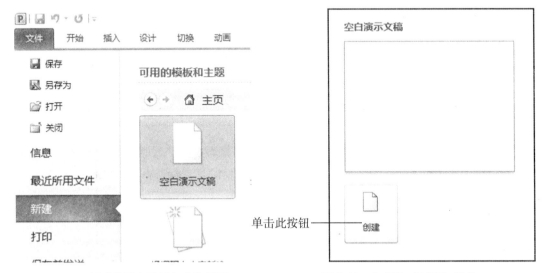

图 5.11   新建演示文稿任务窗格界面   图 5.12   幻灯片"创建"任务

（2）根据自带模版创建演示文稿

利用系统自带的模板建立具有统一外观的演示文稿或演示文稿的框架。具体方法是：

① 在"新建"界面中单击"样本模板"选项，如图 5.13 所示。

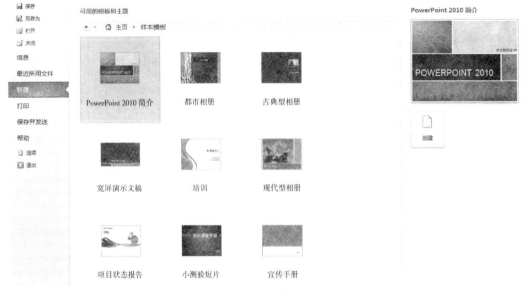

图 5.13   "样本模板"展现

② 在演示文稿模板列表框中选择需要的模板，如现代型相册等。

③ 单击"创建"按钮。此时建立一个包含多张幻灯片的演示文稿框架，并进入编辑幻灯片状态，如图5.14所示。

图5.14　利用模板创建"现代相册"幻灯片

小知识

在设计模板选项卡中的模板列表框中选择需要的模板，单击"确定"按钮后，只能建立一张无任何内容的具有统一设计颜色方案的幻灯片，用户需要在该幻灯片上自己添加整个内容，以后用户要自己添加新幻灯片，不管填多少张幻灯片，颜色方案都是一样的，即所有的幻灯片都有一样的背景。

2. 保存演示文稿

新建一篇演示文稿后只有将其保存起来后才能使用，在编辑幻灯片过程中也应该及时保存，以避免因死机或停电等意外造成不必要的损失。

在 PowerPoint 2010 中保存演示文稿分为以下几种情况：

（1）从未保存过的文档

选择"文件"选项卡，单击"保存"按钮，即可打开"另存为"对话框，在"文件名"文本框中输入文件的名称，在"保存类型"下拉列表中选择演示文稿的保存类型，如图5.15所示。

（2）已经保存过的文档

已经保存过的文档，在编辑过程中也应该及时保存，只需单击工具栏上的"保存"按钮或按"Ctrl"+"S"键，或按"Shift"+"F12"键保存即可。已经保存过的文档，还可以执行"另存为"操作，将其保存在其他地方或另取名称，确保编辑操作对原文档不产生影响。

图 5.15 "另存为"对话框

（3）自动保存功能

PowerPoint 2010 还提供了自动保存功能，可以减少因断电或死机造成的损失。具体操作步骤如下：

① 选择"文件"选项卡，单击"选项"按钮，即可打开"PowerPoint 选项"对话框，如图 5.16 所示。

图 5.16 "PowerPoint 选项"对话框

② 选择"保存"选项卡，在"保存演示文稿"选项组中勾选"保存自动恢复信息时间间隔"复选框，在右侧数字微调框中输入自动保存时间，如图5.17所示。单击"确定"即可。

图 5.17　"保存"设置界面

3. 加密演示文稿

为避免自己创建的演示文稿被偷窥或恶意更改，可以将保存的演示文稿设置上密码。具体操作步骤如下。

① 选择"文件"选项卡，单击"信息"按钮，即可进入到"信息"界面。

② 单击"保护演示文稿"按钮，从菜单中选择"用密码进行加密"选项，如图5.18所示，即可打开"加密文档"对话框，在"密码"文本框中输入设置密码，如图5.19所示。

③ 单击"确定"按钮，即可打开"确认密码"对话框，在文本框中再次输入一次密码，如图5.20所示，单击"确定"按钮，即可完成演示文稿的加密操作。

④ 用户再次打开此演示文稿时会弹出"密码"对话框，在文本框中输入加密的密码，单击"确定"按钮，即可打开演示文稿。

图 5.18 选择"用密码进行加密"选项

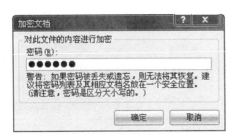

图 5.19 "加密文档"对话框

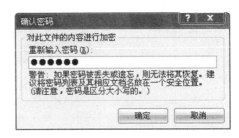

图 5.20 "确认文档"对话框

4. 输入文本

多媒体演示的目的就是将自己的观点展示给观众看，即文字就是实现这一目的的最主要工具。要想让观众详细了解自己的观点，必须在幻灯片中添加相应的文字说明。在 PowerPoint 中添加文字的方法有多种，主要包括在占位符中添加文字和在大纲视图中添加文字两种。

（1）在占位符中添加文本

在新建一个空演示文稿时，系统都会自动创建一张标题幻灯片，如图 5.21 所示。该幻灯片由两个占位符，一个占位符中显示"单击此处增加标题"，另一个显示"单击此处增加副标题"。单击任意一个占位符，光标插入点就置入占位符中，此时就可以在占位符中输入、编辑文本。

图 5.21　具有占位符的第 1 张幻灯片

占位符的位置和大小是可以调整的，方法是单击占位符，它的四周会出现 8 个控制点，若要调整占位符的位置，可将鼠标指针指向占位符边框上，此时鼠标指针变成十字向外箭头，按住鼠标左键将占位符拖动到目的位置。若要调整占位符的大小，将鼠标指向某一个控制点，鼠标指针变成相应方向的双向向外箭头，此时按住鼠标左键，向需要的方向拖动就可以调整占位符的大小。

■ 小知识

在占位符中输入文本时，如果不需要 PowerPoint 自带的项目编号，可以按"Backspace"键删除项目符号后再输入文本。

（2）用文本框输入文本

新建空演示文稿，若在对每一张幻灯片选幻灯片版式时，选的是空白版式，那么这张幻灯片就没有占位符，或者是在有占位符的幻灯片中，要在占位符之外输入文本时，一般采用在幻灯片中插入文本框的方法来输入文本。

右击任意工具栏，在打开的快捷菜单中选择"绘图"选项，打开"绘图工具"栏。然后单击"绘图工具"栏中的"文本框"按钮，在幻灯片上需要添加文本的位置单击或拖出一个方框，此时光标插入点已在文本框中，就可以输入文本、编辑文本了。

需要说明的是单击绘图工具栏中的"文本框"按钮，若在幻灯片上需要添加文本的位置单击，在该位置出现一个小文本框，这时在文本框中输入文本时不按"Enter"键，输入的文本将一直在同一行上，文本框的宽度将随着文本的增加自动增大。若在幻灯片上需要添加文本的位置处拖出一个文本框方框，这时输入的文本随着文本行数的增加，文本框在

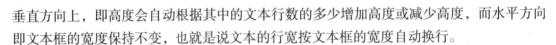

垂直方向上，即高度会自动根据其中的文本行数的多少增加高度或减少高度，而水平方向即文本框的宽度保持不变，也就是说文本的行宽按文本框的宽度自动换行。

（3）输入演示文稿大纲内容

除了可以在当前的幻灯片中输入文本外，还可以在左侧的大纲窗格中输入演示文稿的内容。演示文稿的大纲由一系列标题构成，标题下又有子标题，子标题下还有层次小标题，不同层次的文本有不同程度的右缩进。利用大纲能够让用户更容易组织演示文稿的内容。步骤如下：

① 在普通视图中，单击左侧窗格中的"大纲"选项卡。

② 输入第 1 张幻灯片标题，然后按"Enter"键。这时会在大纲窗格中创建一张幻灯片，同时让用户输入第 2 张幻灯片标题，如图 5.22 所示。

③ 要输入第 1 张幻灯片的副标题，可以右击该行，在弹出的快捷菜单中选择"降级"命令，如图 5.23 所示，然后输入第 1 张幻灯片副标题。

④ 创建第 2 张幻灯片，输入副标题，按"Ctrl"+"Enter"快捷键，输入第 2 张幻灯片标题后按"Enter"键。

⑤ 输入第 2 张幻灯片正文，右击该行，在弹出的快捷菜单中选择"降级"命令，即可创建第一级项目符号。

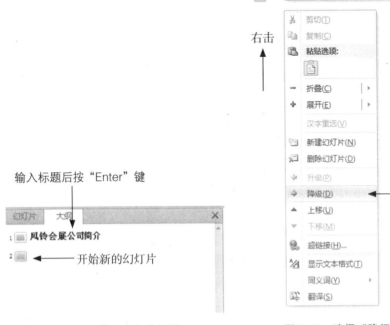

图 5.22　输入幻灯片标题　　　　　　图 5.23　选择"降级"命令

⑥ 为幻灯片输入一系列有项目符号的项目，并在每个项目后按"Enter"键。通过单击"升级"命令或"降级"命令来创建各种缩进层次。在最后一个项目符号后按"Ctrl"＋"Enter"快捷键，即可创建下一张幻灯片，如图 5.24 所示。

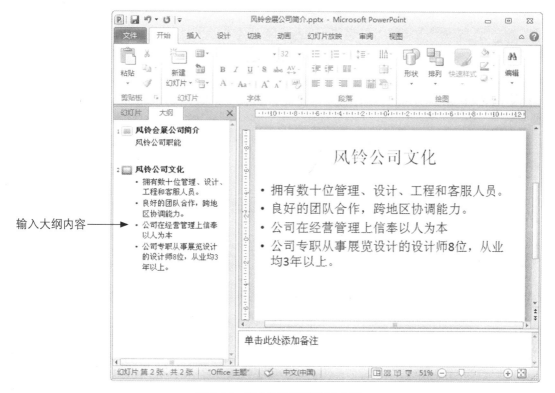

图 5.24　在大纲下创建演示文稿

5. 编辑文本

当完成对幻灯片添加文本以后，需要对文本进行编辑，可以单击待编辑的文本。若待编辑的文本是在占位符中，此时光标插入点已在占位符中。若待编辑的文本是在文本框中，此时光标插入点已在文本框中。这时就可以像 Word 一样对文本进行编辑。文本编辑包括对文本的选定、插入文本、删除文本、复制文本、移动文本、替换文本、文本格式设置等操作，具体操作详见第 3 章 Word 2010。

5.2.2　设计幻灯片版式

演示文稿的每张幻灯片显示的内容不一样，需要的版式可能也不相同。用户可以根据需要通过幻灯片版式给幻灯片套上一张版式，然后只需要往其中添加文字即可。应用幻灯片版式的操作如下：

（1）单击菜单"格式"→"幻灯片版式"，打开"幻灯片版式"任务窗格，如图5.25所示。

（2）单击"幻灯片版式"任务窗格中的一种版式，在该版式右侧出现一个向下的三角箭头，单击该箭头可以从弹出的菜单中选择一种应用版式的方式。

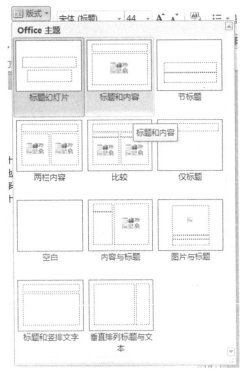

图5.25　幻灯片版式选项

图5.26　在第2张幻灯片中输入文本

5.2.3　幻灯片的编辑

在上一节基础上，再插入5张幻灯片，输入相应内容并编辑，如图5.8所示。

操作步骤

第一步：打开蓝色风铃首饰店.pptx演示文稿。

第二步：插入第2张幻灯片。单击"开始"→"新建"选项，插入一张新幻灯片，并采用"标题和文本"版式。分别单击两个占位符，输入相应内容，并进行格式设置，具体如图5.26所示。

第三步：选定第2张幻灯片，单击"开始"→"新建"→"新建幻灯片"，输入相应文本内容，同样方式建立第3~6张幻灯片。

第四步：保存。

知识点精讲

1. 插入幻灯片

幻灯片编辑中，不只需要一张幻灯片，所以需要添加若干幻灯片，输入新的内容。添加新幻灯片的常用方法有如下几种。

（1）切换到功能区中的"视图"选项卡，在"演示文稿视图"选项组中单击"幻灯片浏览"按钮，切换到"幻灯片浏览"视图中。单击要插入新幻灯片的位置。切换到功能区中的"开始"选项卡，在"幻灯片"选项组中单击"新建幻灯片"按钮，从弹出的下拉菜单中选择一种版式，即可插入一张新幻灯片。

（2）在"幻灯片"窗格中选择某张幻灯片后，按"Ctrl"+"M"键也可插入幻灯片。

2. 幻灯片的选择操作

在对演示文稿的幻灯片进行编辑之前，应先选择幻灯片，选择幻灯片可以在"大纲"窗格、"幻灯片"窗格或"幻灯片浏览"视图中进行。选择幻灯片时既可以选择单张幻灯片，也可以选择多张连续或不连续的幻灯片，下面讲述针对不同选择幻灯片操作的不同方法。

（1）选择单张幻灯片

在"幻灯片"窗格中单击需要选择的幻灯片图标或在"大纲"窗格中单击幻灯片前面的图标即可选择该张幻灯片。

（2）选择多张连续幻灯片

在"大纲"窗格或"幻灯片"窗格中，单击选择的第 1 张幻灯片，按住"Shift"键不放，再单击要连续选择的最后一张幻灯片，则两张幻灯片之间的所有幻灯片均被选择。

小知识

在"幻灯片浏览"视图中也可选择单张幻灯片，其方法与在"大纲"窗格或"幻灯片"窗格中选择幻灯片的方法相同，直接单击幻灯片的缩略图即可选择。

（3）选择多张不连续的幻灯片

在"幻灯片"窗格或幻灯片浏览视图中，单击需要选择的的第 1 张幻灯片，按住"Ctrl"键不放，依次单击所需的幻灯片图标，被单击的所有幻灯片均被选择。

小知识

① 在"大纲"窗格中不能选择多张不连续的幻灯片。按"Ctrl"+"A"键可选择当前演示文稿中所有幻灯片。

② 在"大纲"窗格中，用鼠标双击幻灯片前面的▣图标可以将幻灯片内容折叠隐藏起来，再次双击▣图标可以将幻灯片内容显示出来。

3. 幻灯片的移动、复制

如果幻灯片位于不正确位置，可以移动幻灯片的位置，如果需要制作类似的幻灯片，可以复制幻灯片，再在此基础上修改。在"大纲/幻灯片"窗格或幻灯片浏览视图中均可移动和复制幻灯片，常用方法有如下几种：

（1）在"大纲/幻灯片"窗格中将鼠标指针移动到需要移动或复制的幻灯片上，按住鼠标不放并拖动到目标幻灯片后面，此时将出现一条横线，释放鼠标，被选择幻灯片也将同时移动到该位置，如需要复制幻灯片，在拖动鼠标的同时按住"Ctrl"键即可。

（2）选择要移动的幻灯片，按"Ctrl"＋"X"键，再选择目标幻灯片，按"Ctrl"＋"V"键即可将幻灯片移动到目标幻灯片后，如果需要复制，方法相同，只要将"Ctrl"＋"X"键改为"Ctrl"＋"C"键即可。

（3）选择要移动的幻灯片，右击，在弹出的快捷菜单中选择"剪切"命令，再选择目标幻灯片，右击，在弹出的快捷菜单中选择"粘贴"命令；若需要复制，方法相同，只是将"剪切"命令改为"复制"命令即可。

4. 幻灯片的删除

对于不需要的幻灯片，可以将其删除，删除幻灯片可以在"大纲"窗格、"幻灯片"窗格和"幻灯片浏览"视图中进行，其常用方法有如下两种：

（1）选择需要删除的幻灯片，按"Delete"键即可。

（2）选择需要删除的幻灯片，右击，在弹出的快捷菜单中选择"删除幻灯片"命令。

 小知识

移动或复制幻灯片后，PowerPoint 将自动重新对各幻灯片进行编号，如将第2张幻灯片移动到第4张幻灯片位置，则第3张幻灯片的编号将变为2，而原来的第2张幻灯片编号则变为4。

在"幻灯片"窗格或幻灯片浏览视图中，可以通过选择多张不连续的幻灯片一次性删除需要删除的幻灯片。

5.3 幻灯片内容充实及美化

【案例 5.2】对"蓝色风铃首饰店 .pptx"各幻灯片进行内容填充及进行美化，如图 5.27 所示。

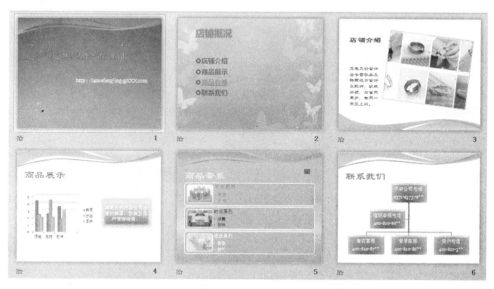

图 5.27 案例 5.2——幻灯片美化效果图

案例分析

案例 5.2 是对案例 5.1 进行充实内容和美化显示界面得到的。因此，本节将结合案例 5.1，介绍如何在幻灯片中插入表格、组织结构图及声音与影片，对设置幻灯片背景、幻灯片的版式与设计模板的应用等相关知识进行讲解，并结合案例 5.3 介绍母版的使用。

操作步骤

第一步：在"设计"选项卡，单击"主题"选项组中的"主题"按钮，即可弹出"主题"下拉菜单，选择"流畅"主题。

第二步：将第 2 张幻灯片主题更改为"spring"，并将标题"店铺概况"以艺术字的形式显示。

第三步：选定第 3 张幻灯片，单击"开始"→"幻灯片版式"，打开"幻灯片版式"任务窗格，在"幻灯片版式"窗格中单击"图片与标题"版式。分别在左右两栏中插入文本和图片。

第四步：将第 4 张幻灯片的版式设置为"标题与内容"版式。输入第 4 张幻灯片的内容，并进行相应的格式设置。

第五步：将第 5 张幻灯片的背景设置为"背景样式 7"、背景格式为"雨后初晴"，渐变光圈位置 100%，如图 5.28 所示。

第六步：插入一张新的幻灯片，设置为"内容与标题"版式，输入相应的文字。

图 5.28　背景格式设置窗口

5.3.1　设计幻灯片模板

案例 5.1 中创建的演示文稿只是白底加文字的演示文稿，用户可以给演示文稿设计模板，使同一个演示文稿中的多张幻灯片具有一致的格式。幻灯片模板分为两类：一类是 PowerPoint 内置的设计模板，另一类是用户通过母版自己设计的模板，关于自己设计模板的相关知识内容将在 5.3.7 节中讲解，本小节主要讲解应用幻灯片设计模板的操作步骤。

（1）单击"设计"菜单，打开"幻灯片设计"任务窗格，如图 5.29 所示。

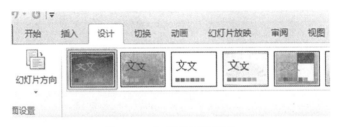

图 5.29　幻灯片设计版式

（2）在"应用设计模板"的列表中将鼠标指向一个模板，右击，弹出一个选项菜单，如图 5.30 所示，从中选择应用所选设计模板的方式。

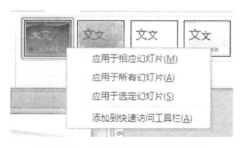

图 5.30 模板应用形式选项菜单

小知识

直接单击某一个模板，演示文稿中的幻灯片将统一更改为选择的模板。

5.3.2 添加幻灯片对象

向幻灯片中添加图形、表格、图表、艺术字等对象，可以使幻灯片更为生动、醒目、具有活力。添加这些对象可以采用菜单、绘图工具栏、常用工具栏和幻灯片版式等途径来完成。在 PowerPoint 2010 中，前 3 种添加对象的方法与在 Word 2010 添加相应的对象方法相同，具体步骤见第 3 章相关知识讲解。本小节主要通过案例 5.2 讲解利用幻灯片版式添加这些对象的方法。

第 5 张幻灯片经过版式设计和模板设计等操作变为如图 5.31 所示的样式后，再经过 SmartArt 图形的插入等操作就变成案例 5.2 中第 5 张幻灯片所示样式。具体步骤如下：

图 5.31 幻灯片版式设计后的样式

（1）将光标定位到文本占位符中，单击▨按钮，打开"选择 SmartArt 图形"对话框，在其中选择需要的选项，单击"确定"按钮，即可完成 SmartArt 图形的插入操作，如图 5.32 所示。

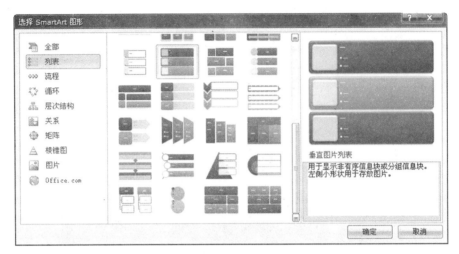

图 5.32　"选择 SmartArt 图形"对话框

（2）选中插入的"SmartArt 图形"，选择"设计"选项卡，单击"SmartArt 样式"选项组中的"更改颜色"按钮，从下拉菜单中选择相应的颜色，即可更改 SmartArt 样式的颜色，如图 5.33 所示。

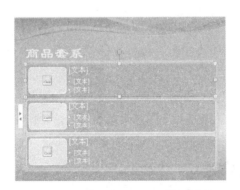

图 5.33　更改 SmartArt 图形样式颜色

（3）选中插入的 SmartArt 图形，选择"格式"选项卡，单击"艺术字样式"选项组中的"其他"按钮，从弹出的菜单中选择合适的艺术字样式，即可完成艺术字样式的设置操作，如图 5.34 所示。

（4）在 SmartArt 图形中输入相应的文本内容，单击 SmartArt 图形中第一个形状的"图片"按钮，即可打开"插入图片"对话框，在其中选择插入的图片文件，单击"插入"按钮，即可在 SmartArt 图形中插入图片，再在 SmartArt 图形中插入其他图片文件，如图 5.35 所示。

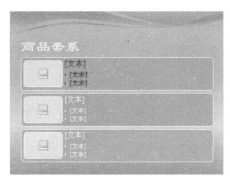

图 5.34　设置 SmartArt 艺术字样式　　　　　　图 5.35　插入其他文件

在 PowerPoint 2010 中关于表格、图片的设置与在 Word 2010 中相同，相关知识详见第 3 章有关章节。

5.3.3　添加组织结构图

在幻灯片中插入组织结构图，可以说明各种概念性的材料，显示一种层次关系、一个循环过程、一系列目标的步骤等，它使幻灯片更加生动，在多媒体演示中应用十分广泛，如在企业中应用组织结构图可以直观地表现一个企业或组织中部门或人员的结构。本小节结合案例 5.2 中的第 6 张幻灯片的设计讲解如何添加组织结构图。具体步骤如下：

（1）选定第 6 张幻灯片，将光标定位到文本占位符中，单击 ![按钮] 按钮，打开"选择 SmartArt 图形"对话框，选择"层次结构"选项，在右侧选项中选择"组织结构图"，单击"确定"按钮，即可完成 SmartArt 图形的插入操作，如图 5.36 所示。

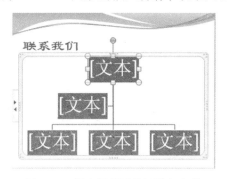

图 5.36　插入组织结构图的幻灯片

（2）在幻灯片中依次单击组织结构图中的各图框，使光标插入点置于图框中，输入相应文本。

（3）右击组织结构图中的"文本"图框，在弹出的"添加形状"菜单中选择"在下方添加形状"，如图 5.37 所示，重复 3 次上面的操作，为"文本"添加三个下级，并添加相应文字，如图 5.38 所示。

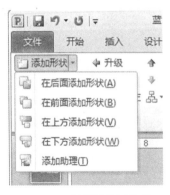

图 5.37　组织结构图菜单

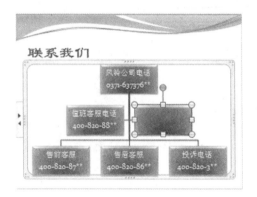

图 5.38　添加"助理"之后的组织结构图

（4）右击图框，在弹出的菜单中选择"自选图形格式"，然后在弹出的"自选图形格式"对话框内，设置组织结构图格式。

小知识

　　若选择"在下方添加形状"选项，将在选定的图框下面插入一个图框，并用直线将两个图框连起来。

　　若选择"助理"选项，将在选定图框的同级方向插入一个图框，并用直线连起来。

　　除了组织结构图外，PowerPoint 2010 还提供了其他图示，如循环图、关系图、棱锥图、矩阵图等。插入其他图示方法如下：

　　（1）在"选择 SmartArt 图形"窗口中选择相应图形选项，打开相应图形对话框，如图 5.39 所示。

　　（2）在相应对话框中选择需要的图示，单击"确定"按钮即可插入图示。

　　（3）插入图示后还可以对其进行编辑和美化，其方法与组织结构图完全相同。

图 5.39　"选择 SmartArt 图形选项"窗口

5.3.4　插入声音与影片

有时为了某一目的，演示文稿需要播放影音。插入声音（或影片）的具体步骤如下：

（1）选定需要插入声音（或影片）的幻灯片。

（2）单击"插入"菜单 → "音频"选项，在打开的子菜单中单击"文件中的声音"（或"文件中的影片"）选项，打开如图 5.40 所示的"插入音频"对话框（或"插入影片"对话框）。在"插入声音"对话框（或"插入影片"对话框）中找到需要的声音文件（或影片文件），然后单击"确定"按钮，根据需要在"声音播放提示"对话框（或"影片播放"对话框）中进行选择。

图 5.40　"插入音频"对话框

5.3.5　设计幻灯片母版

【案例 5.3】——制作换灯片母版。

1. 设计幻灯片标题母版

第一步：打开演示文稿，单击"视图"选项卡的"母版视图"选项组中的"幻灯片母版"按钮，选择"幻灯片母版"选项卡，在"幻灯片浏览"窗格中选择"标题幻灯片"版式为"由幻灯片 1 使用"选项，切换到幻灯片标题母版中，如图 5.41 所示。

第二步：按住"Ctrl"＋"A"组合键选中标题幻灯片中的所有占位符，按"Delete"键将其删除，如图 5.42 所示。

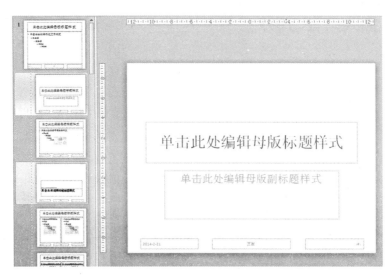

图 5.41　切换到幻灯片标题母版

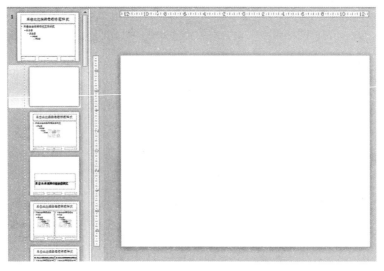

图 5.42　删除所有占位符

第三步：在幻灯片窗口中右击，在如图 5.43 所示的弹出菜单中选择"设置背景格式"选项。弹出"设置背景格式"对话框。

第四步：选择"填充"选项卡，在其中勾选"隐藏背景图形"复选框，再选择"图片或纹理填充"单选按钮，如图 5.44 所示。

第五步：单击"文件"按钮，即可打开"插入图片"对话框，在其中选择要设置为背景的图片文件，如图 5.45 所示。单击"插入"按钮，返回"设置背景格式"对话框，单击"关闭"按钮。

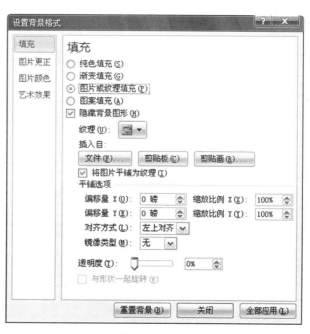

图 5.43　"设置背景格式"菜单　　　　图 5.44　"设置背景格式"对话框

图 5.45　"插入图片"对话框

　　第六步：选择"插入"选项卡，单击"图像"选项组中的"图片"按钮，在弹出的对话框中选择需要插入的图片。单击"插入"按钮，如图 5.46 所示，根据需要调整图片大小，将其移动到合适位置，如图 5.47、图 5.48 所示。

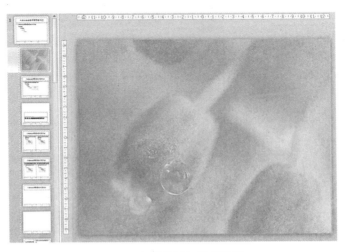

图 5.46 图片插入结果显示

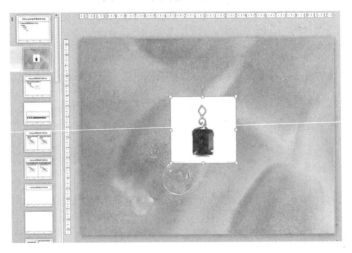

图 5.47 插入另一张图片

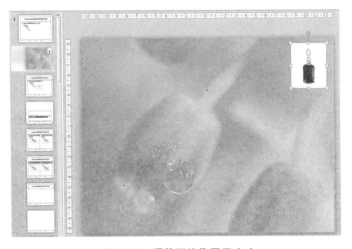

图 5.48 调整图片位置及大小

2. 设计幻灯片标题母版

为了使新建的幻灯片都具有与设计母版相同的样式效果，需要对幻灯片母版进行相应的设计操作。具体操作步骤如下：

第一步：切换到"幻灯片母版"视图中，在"幻灯片浏览窗格"中选择"Office 主题幻灯片母版：由幻灯片 1 使用"选项，如图 5.49 所示。

图 5.49　"Office 主题幻灯片母版：由幻灯片 1 使用"选项

第二步：单击"背景"选项组中的"背景样式"按钮，在菜单中选择"设置背景格式"选项，即可打开"设置背景格式"对话框，如图 5.50 所示。

图 5.50　"设置背景格式"对话框

第三步：选择"渐变填充"单选按钮，单击"颜色"下拉按钮，从弹出的菜单中选择"其他颜色"选项，如图 5.51 所示。

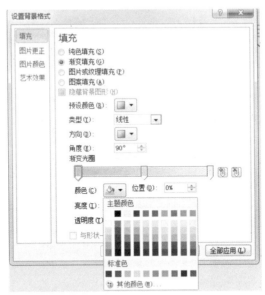

图 5.51　渐变填充背景

第四步：选择"自定义"选项卡，在其中选择相应的"渐变光圈"，单击"确定"按钮，返回"设置背景格式"对话框。单击"方向"下拉按钮，从弹出的菜单中选择"线性向下"选项。如图 5.52、图 5.53 所示。

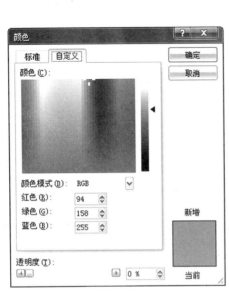

图 5.52　"自定义"设置界面

图 5.53　设置渐变光圈和方向

第五步：单击"关闭"按钮，按住"Ctrl"+"A"组合键选中标题幻灯片中的所有占位符，按"Delete"键将其删除。

第六步：选择"插入"选项卡，单击"插图"选项卡中的"形状"按钮，从下拉菜单中选择"椭圆"选项，按下"Shift"键，在幻灯片中绘制一个圆形，右击绘制的圆形，从弹出的菜单中选择"设置形状格式"选项，打开"设置形状格式"对话框。

第七步：选择"渐变填充"单选按钮，再选择相应的"渐变光圈"，单击"删除"按钮，选择需要的"渐变光圈"并单击"颜色"下拉按钮，从弹出的菜单中选择需要的光圈颜色。

第八步：单击"类型"下拉按钮，从弹出的菜单中选择"路径"选项，调整滑块位置为100%，如图5.54所示。

图5.54　设置形状类型和结束位置

第九步：选中圆形，选择"格式"选项卡，单击"形状样式"选项组中的"形状轮廓"按钮，从弹出的菜单中选择"无轮廓"选项。根据实际需要调整圆形的大小和位置。在按住"Ctrl"键的同时拖动圆形到合适的位置释放鼠标，即可复制一个圆形，用同样方法复制两个圆形，调整适当位置，如图5.55所示。

第十步：选择"插入"选项卡，单击"图像"选项组中的"图片"按钮，在弹出的窗口中选择要插入的图片文件，调整位置及大小，如图5.56所示。

第十一步：退出幻灯片模板视图，返回到普通视图状态，新建其他幻灯片。此时新幻灯片的样式与设置的幻灯片母版一样，如图5.57所示。

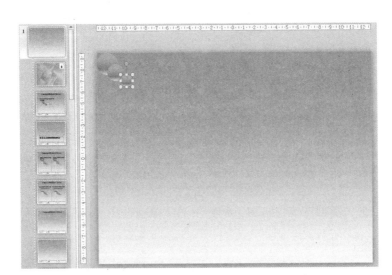

图 5.55　完成第 3 个圆的设置操作

图 5.56　调整插入图片的位置和大小

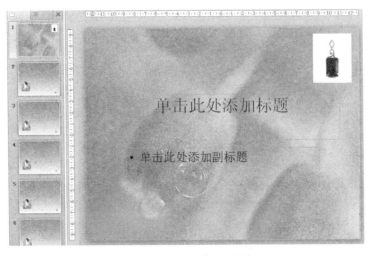

图 5.57　应用幻灯片母版

知识点精讲

母版可用来为所有幻灯片设置默认的版式和格式，在 PowerPoint 2010 中有三种母版：幻灯片母版、讲义母版和备注母版。选择"视图"→"母版"命令，在弹出的下级菜单中即可看到这三种母版。其中幻灯片母版最常用，而且备注母版与讲义使用方法与之类似，因此下面主要讲解幻灯片母版的使用。

1. 幻灯片母版

幻灯片母版主要用于存储关于模板信息的设计模板，这些模板信息包括字形、占位符大小和位置、背景设计和配色方案等，在母版基础上可快速制作出多张同样风格的幻灯片。

关闭母版视图后，返回普通视图，发现原来的幻灯片格式更改为设置样式，用户再新建一张幻灯片可以看到该幻灯片自动应用刚才设置的占位符格式。

2. 讲义母版

除了幻灯片母版外，还有讲义母版和备注母版。它们的制作方法和幻灯片母版相似。只是讲义和备注都只能打印出来，在多媒体演示时不能看到。

讲义母版主要应用于幻灯片以讲义形式打印的格式设置。

具体使用方法为：单击"视图"→"母版"选项，在打开的子菜单中单击"讲义母版"选项，进入讲义母版视图，如图 5.58 所示。

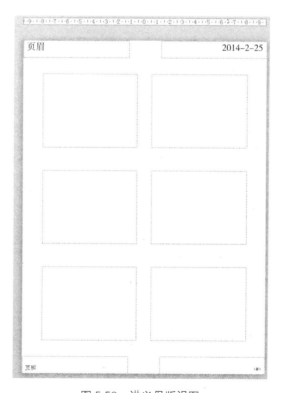

图 5.58　讲义母版视图

也可以通过按住"Shift"键不放，单击 PowerPoint 2010 窗口中的"幻灯片浏览视图"按钮（此时该按钮已变成讲义母版视图按钮），进入讲义母版视图。在该视图中有页眉区、日期区、数字区和 6 个虚框。6 个虚框表示每页包含幻灯片缩略图的数目，这数目可以通过讲义视图母版工具栏来改变。如单击"讲义母版视图"工具栏中的显示每页 9 张幻灯片的讲义位置按钮，在讲义母版视图中就会出现 9 个虚框。讲义母版视图中的页眉区、页脚区、日期区、数字区的设置方法与幻灯片母版视图设置相似。在该视图中也可以插入如图形等对象。

3. 备注母版

备注母版主要用于对备注页外观设置。这包括对备注页中备注内容的格式设置、备注页中插入图形等对象的设置，以及页眉、页脚等设置。

具体方法为，单击"视图"→"母版"选项，在打开的子菜单中单击"备注母版"选项，进入备注母版视图，如图 5.59 所示。

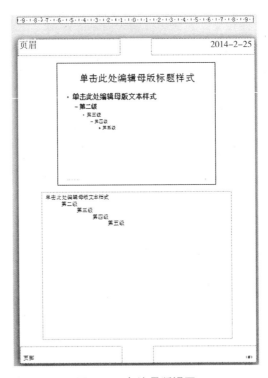

图 5.59　备注母版视图

在备注母版视图中有页眉区、日期区、备注文本区、页脚区、数字区这 5 个区和在备注母版视图中上方的幻灯片缩略图。备注母版视图中的 5 个区的设置方法与幻灯片母版视图相似。除此之外也可以在该母版视图中插入图形等对象。

4. 页眉与页脚

为了添加一些演示的附加信息，如演示日期、演讲者名称、幻灯片编号等，可以在母版中设置页眉和页脚，将这些附加信息添加到页眉和页脚中，其设置方法如下：

（1）选择"插入"→"页眉和页脚"命令，打开"页眉和页脚"对话框。

（2）在该对话框中可以添加日期和时间、幻灯片编号及页脚内容等，如图5.60所示。

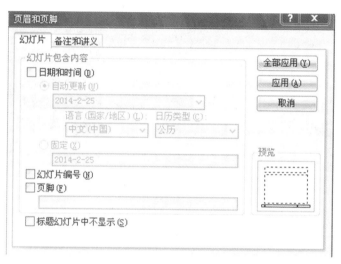

图5.60 "页眉和页脚"对话框的"幻灯片"选项卡

备注页和讲义的页眉和页脚的设置与幻灯片母版相似，只需在"页眉和页脚"窗格中选择"备注页和讲义"按钮即可。

关于日期和时间、页脚的设置也与幻灯片的页眉和页脚设置一致。若要对备注和讲义设置页眉，就选定页眉复选框，然后在其下方的文本框中输入页眉的内容。若要设置页码，就选定页码复选框。该选项卡只有"全部应用"按钮，由此可见页眉和页脚只能应用于全部，不能应用于单张。最后单击"全部应用"按钮即可。

 小知识

在"页眉和页脚"对话框中选中"自动更新"单选项后，幻灯片页脚上显示的日期将每天变化，与电脑上时间相同。

5.4 设置幻灯片动画效果

【案例5.4】——为"蓝色风铃首饰店"制作幻灯片动画效果，其中设置"蓝色风铃首饰店"文字以"翻转式由远及近"的动画方案进入，设置第2张幻灯片中"店铺介绍"以"波浪形"进入，全部幻灯片播放效果为"溶解"。效果如图5.61、图5.62所示。

图 5.61　案例 5.4—利用"动画"制作动画效果

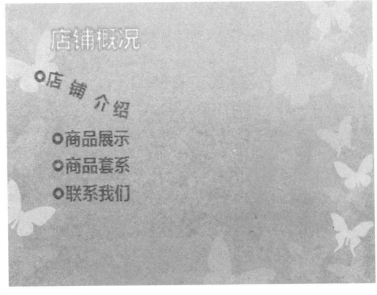

图 5.62　案例 5.4—利用"自定义动画"制作动画效果

案例分析

想要得到案例 5.4 中的图 5.60 和图 5.61 所示的演示文稿，需要为第 1 张幻灯片标题和第 2 张幻灯片"店铺介绍"文本制作动画效果，因此，结合案例 5.4，本节将对演示文稿动画效果制作的相关知识进行详细地讲解。

操作步骤

第一步：在第 1 张幻灯片中，在"幻灯片放映"菜单中打开"动画"任务窗格。

第二步：在"动画"→"动画样式"任务窗格中选择"翻转式由远及近"动画方案即可出现案例 5.4 中图 5.61 的动画效果。

第三步：在第 2 张幻灯片中，选择"高级动画"→"添加动画"，选择"店铺介绍"文本，在"动画选项"中选择"波浪形"，再根据需要自定义波浪路径，即可实现图 5.62 的效果。

第四步：选择"切换"菜单选项，在打开的"幻灯片切换"任务窗格中选择"溶解"切换效果，然后单击"全部应用"按钮。

5.4.1　制作动画效果

1. 选择动画类型

动画类型是一个既能应用于单张幻灯片，又能应用于所有幻灯片的快速制作动画效果的设置功能。它主要对幻灯片的切换、标题、正文进行简单的动画设置。选择预设的动画方案的方法如下：

（1）在普通视图的大纲/幻灯片浏览窗格中，选定待设置动画的幻灯片，在"动画"菜单中打开"效果选项"任务窗格。

（2）在"效果选项"任务窗格中选择一种类型即可将该动画方案应用到幻灯片中，如图 5.63 所示。

图 5.63　幻灯片设计—动画类型任务窗格

小知识

在高级动画窗格中，有一个"动画刷"按钮 ，该按钮功能同"格式刷"，能复制一个对象的动画，并把其应用到另一个对象，双击此按钮，能把其动画应用到演示文稿的多个对象中。

2. 自定义动画

如果对 PowerPoint 2010 预设的动画方案不满意，还可以根据需要自定义动画效果。包括添加动画和设置动画效果。自定义动画的设置是针对选定的幻灯片中每一个对象进行动画的制作。自定义幻灯片动画方法如下。

（1）设置动画效果

选择幻灯片对象进入或退出效果后，还可以对动画效果进行设置，方法如下：

① 设置好动画的对象。

② 在"高级动画"任务窗格的"动画窗格"栏中可设置动画的开始形式、进入速度等。

（2）设置动作路径动画效果

动作路径动画效果，它真正实现了自定义动画效果的目的。选择某种路径动画效果后，对象将沿着指定路径运动。

设置动作路径动画效果方法如下：

① 选择要沿路径运动的对象。

② 单击"添加动画"按钮，在弹出的下拉菜单中选择"其他动作路径"命令，选择运动的路径。

③ 如果对 PowerPoint 2010 自带的动作路径不满意，可以选择"绘制自定义路径"下的任意选项，然后在幻灯片中根据需要绘制动作路径即可。

（3）设置动画播放顺序

在普通视图方式下，在大纲/幻灯片浏览窗格中，选定待调整自定义动画效果顺序的幻灯片，此时在幻灯片工作窗格中显示该幻灯片。然后单击"幻灯片放映"菜单中的"自定义动画"选项，打开"自定义动画"任务窗格，在其"动画效果"项列表框中，选定待调整顺序的动画效果项，然后通过单击全新排序的上箭头 ⬆ 或下箭头 ⬇ 按钮来调整该动画效果项的顺序。选择要调整的动画效果，按住鼠标左键拖动也可将其调整到其他位置。

 小知识

　　单击一次上箭头 ⬆ 或下箭头 ⬇ 按钮只能移动当前动画选项的前一项或后一项的前面或后面，多次单击 ⬆ 或 ⬇ 则可以移动到任意位置。

5.4.2　设置幻灯片的切换效果

幻灯片切换是指在放映幻灯片时，进入屏幕或离开屏幕时幻灯片切换动画效果，PowerPoint 还提供了许多音效来增加切换幻灯片的动画效果。

设置幻灯片切换动画方法如下：

（1）选择要设置切换方式的幻灯片，选择"切换"菜单，在"效果选项"中选择所需切换效果。

（2）在打开的"切换"任务窗格的"应用于所选幻灯片"列表框中选择任意切换效果。

（3）在"修改切换效果"栏中设置切换效果的速度和声音。

（4）在"换片方式"栏中设置是通过"单击鼠标"还是"每隔多少时间"进行切换，如图 5.64 所示。

图 5.64　幻灯片切换窗口

5.5　制作交互式幻灯片

【案例 5.5】——制作交互式幻灯片，如图 5.65 所示。

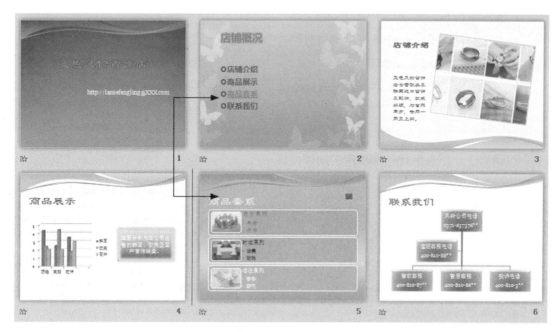

图 5.65　加入"超级链接"和"动作按钮"设计的演示文稿

案例分析

在进行多媒体演示时，默认情况下，放映幻灯片是从前往后一张一张依次出现的，在 PowerPoint 2010 中可以通过创建超级链接，使单击链接后跳转到其他演示文稿、幻灯片或文本中。本节将结合案例 5.5 对创建不同超级链接的方法进行详细讲解。

操作步骤

第一步：选择第 2 张幻灯片中需要创建链接的文本"商品套系"，然后选择"插入"→"超链接"命令。或选择"商品套系"后右击，在弹出的快捷菜单中选择"超链接"选项。

第二步：打开"插入超链接"对话框，在其中找到要链接的第 5 张演示文稿，单击"确定"按钮。创造超链接的文本上添加了下划线。如图 5.65 第 2 张幻灯片所示。

第三步：选择需要创建超级链接的第 5 张幻灯片，选择"插入"→"形状"→"动作按钮"添加动作按钮"🖼"，在弹出的菜单中选择第 2 张幻灯片。

第四步：在第 5 张幻灯片中拖动鼠标，绘制按钮的同时打开"动作设置"对话框，在其中设置该按钮要链接到的第 2 张幻灯片。

第五步：在第 5 张幻灯片中双击该动作按钮，打开"设置自选图形格式"对话框。设置按钮格式，单击"确定"按钮。如图 5.65 第 5 张幻灯片所示。

知识点精讲

1. 将对象链接到其他对象中

在 PowerPoint 2010 中除了可以将对象链接到本演示文稿的其他幻灯片外，还可以链接到其他对象中，如其他演示文稿、网络上的演示文稿、电子邮件以及其他网页等。方法如下：

（1）右击要链接的对象，在弹出的快捷菜单中选择"超链接"命令。

（2）打开"插入超链接"对话框，在该对话框中找到要链接的目标演示文稿所在位置即可。

2. 建立一个用来运行外部程序的动作按钮

在"动作设置"对话框中选中"运行程序"单选项，再单击"浏览"按钮，然后选择一个要运行的程序，即可建立一个用来运行外部程序的动作按钮。

3. 编辑动作按钮的超链接

在幻灯片中，选定待编辑的动作按钮，在其上右击，在打开的快捷菜单中，单击"编辑超链接"选项，在打开的"动作设置"对话框中，进行编辑超链接即可。

4. 删除动作按钮的超链接

在幻灯片中，选定待删除超链接的动作按钮，右击，在打开的快捷菜单中，单击"取消超链接"选项即可。

5. 删除动作按钮

在幻灯片中，选定待删除的动作按钮，按"Del"键即可。

> **💻 小知识**
>
> 　　1. 创建超链接不仅能用于文本对象，也能用于图形、表格等对象，方法与为文本创建超级链接的方法相同。
>
> 　　2. 如果具有超链接的幻灯片在放映时，用鼠标指针指向超链接的文本、图形、表格等对象，鼠标指针将变成一个小手形状，此时单击鼠标就执行超链接，即跳到连接到的演示文稿或其他文件上执行。

5.6　幻灯片的放映

制作演示文稿的目的就是将其中的幻灯片播放出来给观众看，因此播放幻灯片也是学习 PowerPoint 必须掌握的基本操作。播放幻灯片时，如果电脑已经与投影仪连接，还可以在投影屏幕上观看效果。本节将对幻灯片放映操作进行详细介绍。

5.6.1　幻灯片放映及控制

1. 幻灯片播放方法

幻灯片放映可以用下列方法之一。

（1）直接单击"幻灯片放映"菜单命令。选择相应放映选项。

（2）按"F5"键。从头放映幻灯片。

（3）单击"幻灯片放映"菜单中的"观看放映"选项。

（4）按"Shift"+"F5"键，即从当前幻灯片开始放映。

> **💻 小知识**
>
> 　　1. 在放映幻灯片过程中，按"Esc"键可退出幻灯片放映视图。
>
> 　　2. 按"Shift"+"F5"键可快速切换到"幻灯片放映"视图，并从当前幻灯片开始进行放映。

2. 设置幻灯片放映方式

默认情况，PowerPoint 2010 会按照预设的演讲者放映方式来放映幻灯片，而且放映过程要人工控制。在实际放映时演讲者可能会对放映方式有不同需求，如不要人工干预等，这时可以控制幻灯片的放映方式。

设置幻灯片放映方式方法如下：

（1）选择"幻灯片放映"→"设置放映方式"命令，打开"设置放映方式"对话框，如图 5.66 所示。

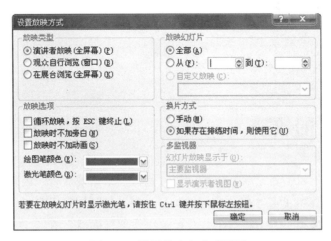

图 5.66　设置放映方式对话框

（2）在其中设置放映类型、放映选项、放映范围以及换片方式等，完成后单击"确定"按钮即可。

设置放映方式的放映类型栏中有三种放映类型，分别是讲演者放映（全屏幕）、观众自行浏览（窗口）、在展台浏览（全屏幕）。

① 演讲者放映（全屏幕），这种放映方式演讲者具有完整控制幻灯片放映的整个过程的权利，它是最常用的放映方式。在此放映方式下，可以通过右击，在打开的快捷菜单中，选择需要的选项来控制放映的顺序与过程。

② 观众自行浏览（窗口），这种方式在标准窗口中放映幻灯片。其中包含多个菜单命令，以便于个别观众浏览演示文稿。因此，此种方式适用于小规模的演示，是在小型窗口中放映幻灯片，允许对幻灯片进行编辑等操作，也允许打开其他文件的操作。

③ 在展台浏览（全屏幕），这种方式是三种放映类型中最简单的一种。在这种放映方式下，无须人工管理，就可以自动进行放映，当每一次放映结束后，能自动重新启动放映，要想从这种方式中结束，放映按"Esc"键即可。

在放映选项栏中"有循环放映、按 Esc 键终止"、"放映时不加旁白"、"放映时不加动画"和只有在讲演者放映（全屏幕）放映类型下才能用的"绘图笔颜色"选项。"绘图笔颜色"选项是用于放映时演讲者对当前幻灯片中一些内容进行标释用的。对于激光笔或绘图笔颜色的设置，用户可以根据需要进行选择。

在放映方式栏中有"全部"单选按钮，它是默认选项，即放映全部幻灯片。在放映方式栏中的"从…到…"单选按钮是用于放映部分幻灯片设置用的。若要放映部分幻灯片，可选定该单选按钮，然后在微调框中输入起始放映幻灯片序号和结尾幻灯片序号。自定义放映按钮用于选择自己定义的幻灯片进行放映。可以在"换片方式"栏中根据需要选择换片方式。在"性能栏"可以对幻灯片放映的分辨率等进行设置。当整个设置完成后，单击"确定"按钮即可。

3. 幻灯片放映控制

（1）幻灯片的放映控制

它是指在讲演者放映（全屏幕）类型下，放映幻灯片时进行控制幻灯片顺序与过程。方法如下：

① 单击"幻灯片放映"菜单中的"从头放映"选项，进入"幻灯片放映"。也可以采用上面介绍的幻灯片放映的其他方法，进入幻灯片放映。

② 打开如图 5.67 所示的"幻灯片放映快捷"菜单。可根据需要选择相应的选项，控制幻灯片顺序与过程，如单击"定位至幻灯片"选项，打开如图 5.68 所示的"定位至幻灯片"子菜单。

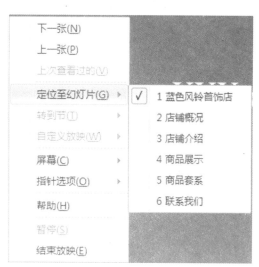

图 5.67　"幻灯片放映快捷"菜单　　　　图 5.68　"定位至幻灯片"子菜单

③ 按需要选择选项，就可以控制幻灯片的顺序与过程。

（2）自定义放映

在放映幻灯片时，如果只需要放映演示文稿中的一部分幻灯片，这时可通过创建幻灯片的自定义放映来完成，方法如下：

① 选择"幻灯片放映"→"自定义放映"命令。

② 打开"自定义放映"对话框，此时"自定义放映"栏下的列表框中无任何内容，单击"新建"按钮，如图 5.69 所示。

图 5.69 "自定义放映"对话框

③ 打开"定义自定义放映"对话框，在"演示文稿中的幻灯片"列表框中选择起始幻灯片，然后按住"Shift"键，选择终点幻灯片，即可自定义放映的幻灯片。

 小知识

　　设置自动放映幻灯片后，在放映过程中，若需对相应的内容进行讲解，可以按"S"键或"+"键暂停放映，讲解完毕再按"Enter"键或空格键继续放映。

4. 为幻灯片添加注释

和老师讲课时在黑板上勾出重点一样，在放映幻灯片时，演讲者也可以在屏幕上添加注释，勾勒出重点或特殊的地方。

对幻灯片进行标注主要通过绘图笔来实现，将鼠标设置为绘图笔即可标注，一般用来添加下划线或形象说明，方法如下：

（1）按"F5"键或介绍过的幻灯片放映方法，使幻灯片进入全屏幕放映状态，右击，在弹出的快捷菜单中选择"指针选项"，在其子菜单下选择一种类型将其转换为绘图笔，如图 5.70 所示。

（2）在"墨迹颜色"子菜单中可以选择绘图笔的颜色，如图 5.71 所示。

（3）用绘图笔在需要划线或标注的地方按住鼠标左键拖动即可。

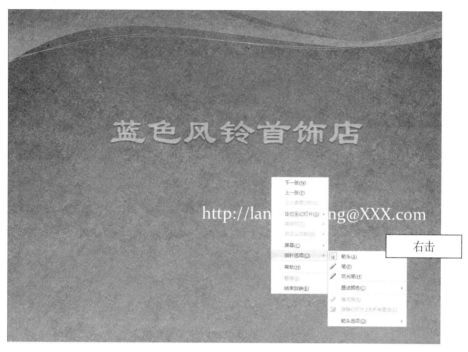

图 5.70　利用"绘图笔"进行标注

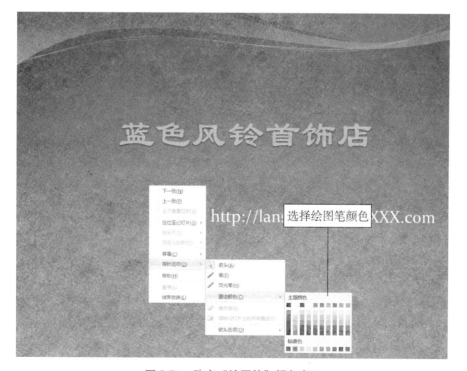

图 5.71　改变"绘图笔"颜色窗口

（4）在结束幻灯片放映时，打开"是否保留墨迹注释"提示对话框，如图 5.72 所示。若单击"是"按钮将保留注释，否则不保留。

图 5.72 是否保留墨迹注释提示对话框

5.6.2 排练计时与录制旁白

1. 排练计时

通过排练幻灯片，可以知道放映完成整个演示文稿和放映每张幻灯片所需的时间，通过排练计时可以自动控制幻灯片的放映，不需要人为干预。如果没有预设的排练时间，则必须手动切换幻灯片。设置排练计时方法如下：

（1）选择菜单"幻灯片放映"→"排练计时"命令，进入放映排练状态。

（2）打开"预览"工具栏，此时幻灯片在人工控制下依次进行展示和切换，同时在"预言"工具栏中进行计时。

（3）放映结束后，屏幕上打开提示对话框，提示排练计时时间以及询问是否采用预演计时的时间控制。

2. 录制旁白

在放映幻灯片前，可以事先录制好演讲者的演讲词，为幻灯片录音的过程叫录制旁白，但电脑必须安装有声卡和麦克风才能够录音。录制旁白方法如下：

（1）选择要添加旁白的幻灯片，选择"幻灯片放映"→"录制幻灯片演示"命令。

（2）打开"录制旁白"对话框，显示当前的录制质量信息。进行了话筒检查和选择声音操作后，便可开始旁白的录制。

5.7 演示文稿的打印输出与打包

在进行多媒体演示之前可以将演示文稿打印在纸张上，便于演讲者演讲、观众观看。而将演示文稿所需要的文件进行打包，可将演示文稿压缩到存储介质中，同时在压缩包中包含了 PowerPoint 2010 播放器。这样，在其他没有安装 PowerPoint 2010 的电脑上也可以放映该演示文稿。本小节将对演示文稿的打印和打包方法作详细介绍。

5.7.1　打印演示文稿

在 PowerPoint 2010 中可以以彩色、灰度或黑白三种方式打印演示文稿中的幻灯片、大纲、备注和观众讲义，也可打印特定的幻灯片、讲义、备注页或大纲页。

1. 设置打印页面格式

在打印幻灯片前，必须设置好打印的页面，包括调整页面的大小以适合各种纸张大小、调整幻灯片以适合标准的 35 毫米灯胶片（高架放映机）、设置打印的方向。

打开待页面设置的演示文稿，单击"文件"菜单中的"打印"选项，打开如图 5.73 所示的"打印设置"对话框。

图 5.73　"打印设置"对话框

在幻灯片大小下拉列表框中，选择纸张大小。在"幻灯片编号起始值"微调框中，输入打印幻灯片的起始编号。在方向栏中分别定义幻灯片、备注、讲义和大纲的打印方向，单击"确定"按钮。

单击常用工具栏中的"打印预览"按钮，进入打印预览窗口，预览后可单击"打印预览"窗口中的"关闭"按钮，即可以退出打印预览窗口。

2. 打印幻灯片演示文稿

打开待打印的演示文稿，单击"文件"菜单中的"打印"选项，打开如图 5.73 所示的打印对话框。

在"打印机"栏的名称下拉列表框中选打印机名称。在"打印范围"栏中，根据需要与提示选择打印范围。单击"打印内容"下拉按钮，打开其下拉列表框，该下拉列表框中有幻灯片、讲义、备注页、大纲视图选项、可根据需要进行选择。单击"颜色/灰度"下拉按钮，打开其下拉列表框，可根据需要进行选择。在"份数"微调框中，输入打印的份数值，单击"确定"按钮即可。

5.7.2 对演示文稿打包

对演示文稿打包具体方法为：

（1）单击"文件"菜单→"共享"按钮，进入"共享"界面后，单击"将演示文稿打包成 CD"选项，打开如图 5.74 所示的"打包成 CD"对话框。

若要添加多个演示文稿，单击"添加文件"按钮，打开"添加文件"对话框。

（2）在"添加文件"对话框中找到待添加的文件，单击"添加"按钮，返回到"打包成 CD"对话框中。单击"选项"按钮，打开如图 5.75 所示的"选项"对话框。

图 5.74 "打包成 CD"对话框

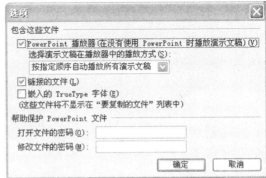

图 5.75 "选项"对话框

（3）根据提示进行设置。然后单击"确定"按钮返回到"打包成 CD"对话框。单击"复制到文件夹"按钮，打开如图 5.76 所示的"复制到文件夹"对话框。

图 5.76 "复制到文件夹"对话框

（4）单击该对话框中的"浏览"按钮，在打开的"选择位置"对话框中找到待复制到的文件夹，然后单击"选择"按钮，返回到"复制到文件夹"对话框中，在"文件夹名称"文本框中输入文件夹名，单击"确定"按钮，开始打包。当打包完成后自动返回到"打包成 CD"对话框中，单击"关闭"按钮。

若要直接执行已打包的文件，可以由"我的电脑"或"Windows 资源管理器"等方法，找到含有打包文件的文件夹，将其打开。在该文件夹中找到打包可执行文件"Play"图标，双击该图标就可以直接放映演示文稿。

习题与实验

一、选择题

1. PowerPoint 2010 的主要功能是（　　）

    A. 创建演示文稿　　B. 数据处理　　　　C. 图像处理　　　D. 文字编辑

2. 下列方法，不能用于插入一张新幻灯片（　　）

    A. 单击"插入"→"新幻灯片"命令　　B. 按"Ctrl"＋"N"

    C. 直接按"Enter"键　　　　　　　　D. 按"Ctrl"＋"M"

3. 在幻灯片浏览图中选取了一张幻灯片为当前幻灯片，然后进行插入新幻灯片的操作，新幻灯片将位于（　　）

    A. 所选幻灯片之前，操作完成之后，原来所选幻灯片仍为当前幻灯片

    B. 所选幻灯片之前，操作完成之后，新幻灯片为当前幻灯片

    C. 所选幻灯片之前，操作完成之后，原来所选幻灯片仍为当前幻灯片

    D. 所选幻灯片之前，操作完成之后，新幻灯片为当前幻灯片

4. 下列（　　）操作不能建立演示文稿。

    A. 在启动对话框中选择"内容提示向导"选项

    B. 在启动对话框中选择"新建演示文稿"选项

    C. 选择"文件"菜单中的"新建"命令

    D. 在启动对话框中选择"空演示文稿"选项

5. 对单个幻灯片进行编辑需在（　　）下进行。

    A. 大纲视图　　　　　B. 幻灯片浏览视图　　C. 幻灯片视图　　　D. 备注页视图

6. 在 PowerPoint 2010 中输入文本时，按一次回车键则生成段落，如需要生成另一行，需要按（　　）

    A. "Ctrl"＋"Enter"　　　　　　　　　B. "Shift"＋"Enter"

    C. "Ctrl"＋"Shift"＋"Enter"　　　　　D. "Ctrl"＋"Shift"＋"DEL"

7. （　　）可对排好顺序的幻灯片按一定时间间隔放映。

    A. 在幻灯片放映菜单中选择排练计时

    B. 每放映一张幻灯片输入间隔时间

    C. 在格式菜单中选择设置放映时间

    D. 使用在常用工具栏中设置放映时间按钮

8. PowerPoint 中，下列说法中错误的是（　　）

    A. 可以将演示文稿转成 Word 文档

    B. 可以将演示文稿发送到 Word 中作为大纲

C. 要将演示文稿转成 Word 文档，需选择"文件"菜单中的"发送"命令，再选择"Microsoft Word"命令

D. 要将演示文稿转成 Word 文档，需选择"编辑"菜单中的"对象"命令，再选择"Microsoft Word"命令

9. 在 PowerPoint 窗口下使用"大纲"视图，不能进行的操作是（　　　　）

　　A. 对图片、图表、图形进行修改、删除、复制和移动

　　B. 对标题文本进行删除、复制

　　C. 对标题的层次和顺序进行改变

　　D. 对幻灯片的顺序进行调整

10. 关于 PowerPoint 中幻灯片的切换，错误的说法是（　　　　）

　　A. 幻灯片切换的操作可同时应用于所有的幻灯片

　　B. 演示文稿中各幻灯片切换方式可以不同，但速度总是相同的

　　C. 幻灯片切换的同时可以设置声音效果

　　D. 设幻灯片切换的同时，还可以指定幻灯片自动换页以及换页的时间间隔

11. 在（　　　　）视图方式下，可以复制、删除幻灯片，调整幻灯片的顺序，但不能对幻灯片的内容进行编辑修改。

　　A. 幻灯片　　　　　B. 幻灯片浏览　　　　　C. 幻灯片放映　　　　　D. 大纲

12. 在 PowerPoint 2010 中，若为幻灯片中的对象设置"飞入"，应选择对话框（　　　　）

　　A. 自定义动画　　　B. 幻灯片版式　　　　　C. 自定义放映　　　　　D. 幻灯片放映

13. 选择"空演示文稿"模板建立演示文稿时，下面叙述正确的是（　　　　）

　　A. 可以不在"新幻灯片"对话框中选定一种自动版式

　　B. 必须在"新幻灯片"对话框中选定一种自动版式

　　C. 单击"文件"菜单中的"新建"命令，然后在"常用"对话框中选择"空演示文稿"模板后，可直接输入文本内容

　　D. 单击"常用"工具栏中的"新建"按钮，然后直接输入文本内容

14. 在 PowerPoint 演示文稿中，将某张幻灯片版式更改为"垂直排列文本"，应该选择的菜单是（　　　　）

　　A. 视图　　　　　　B. 插入　　　　　　　　C. 格式　　　　　　　　D. 幻灯放映

15. 在 PowerPoint 中，下列有关选定幻灯片的说法中错误的是（　　　　）

　　A. 在幻灯片浏览视图中单击幻灯片，即可选定

　　B. 如果要选定多张不连续幻灯片，在幻灯片浏览视图下按住"Shift"键并单击各张幻灯片即可

　　C. 在幻灯片浏览视图中，若要选定所有幻灯片，应使用"Ctrl"＋"A"键

　　D. 在幻灯片视图下，也可以选定多个幻灯片

16. 在组织结构图中，不能添加（　　　）
    A. 同事　　　　　　　B. 上司　　　　　　　C. 部下　　　　　　　D. 助理

17. 在幻灯片放映中，要回到上一张幻灯片，不可以的操作是（　　　）
    A. 单击鼠标右键选择"上一张"　　　　　　B. 按字母"P"键
    C. 按空格键　　　　　　　　　　　　　　　D. 按"PageUP"键

18. 要设置幻灯片编号的起始值，必须选择菜单栏中的（　　　）
    A. "格式"/"自定义"　　　　　　　　　　　B. "视图"/"页眉及页脚"
    C. "文件"/"页面设置"　　　　　　　　　　D. "文件"/"摘要信息"

19. 每一页讲义可以包含（　　　）张幻灯片。
    A. 3 张　　　　　　　B. 6 张　　　　　　　C. 9 张　　　　　　　D. 以上都是

20. 可在备注页内输入内容的是（　　　）
    A. 幻灯片视图　　　B. 大纲视图　　　　C. 备注页视图　　　D. 幻灯片放映视图

21. 下列属于幻灯片复制的操作是（　　　）
    A. 使用"剪切"和"粘贴"命令改变幻灯片的排列顺序
    B. 先选择要移动的幻灯片，然后按住鼠标左键拖拽幻灯片到需要的位置即可
    C. 首先选择待复制的幻灯片，单击"复制"按钮，然后将鼠标指针定位到要粘贴
       的位置，单击"粘贴"按钮，即可完成复制
    D. 只要单击"编辑"菜单的"制作副本"命令即可

22. 下列对于幻灯片视图的说法中，不正确的是（　　　）
    A. 单击"幻灯片视图"按钮可转换到幻灯片视图
    B. 幻灯片视图每次显示一张幻灯片，使用这种视图可以修改单个幻灯片
    C. 当用鼠标上、下拖动垂直滚动条上的滚动块时，屏幕会显示一个标签，表示如
       果此时释放鼠标，这张幻灯片将会出现
    D. 在幻灯片视图下不能输入文字，但可以插入剪贴画，艺术字，表格等

23. 若在幻灯片中插入动作按钮，应使用（　　　）菜单中的"动作按钮"子菜单。
    A. 幻灯片放映　　　B. 插入　　　　　　C. 视图　　　　　　D. 工具

24. 要删除超级链接，可选用（　　　）
    A. "编辑"菜单中的"撤销"命令
    B. "文件"菜单中的"关闭"命令
    C. "幻灯片放映"菜单中"预设动画"子菜单的"关闭"
    D. 在"动作设置"对话框中选择"无动作"

25. 关于"超级链接"叙述错误的是（　　　）
    A. 在欲编辑超级链接的对象上右击，在快捷菜单中选超级链接命令，再从子菜单
       中选择编辑超级链接

B. 在欲编辑超级链接的对象上单击鼠标左键，在快捷菜单中选超级链接命令，再从子菜单中选择编辑超级链接

C. 选中欲链接对象，在编辑菜单中选超级链接，在对话框中输入欲链接文件的文件名

D. 删除超级链接，在编辑超级链接对话框中单击取消链接

26. 在演示文稿中，给幻灯片重新设置背景，若要给所有幻灯片使用相同背景，则在"背景"对话框中应单击（　　　）

A. 全部应用　　　　B. 应用　　　　　　C. 取消　　　　　　D. 预览

27. 在放映幻灯片时，如果需要从第 1 张切换至第 3 张，应（　　　）

A. 在制作时建立第 1 张转至第 3 张的超链

B. 停止放映，双击第 3 张后再放映

C. 放映时双击第 3 张就可切换

D. 右击幻灯片，在快捷菜单中选择第 3 张

二、填空题

1. 一个演示文稿在放映过程中，终止放映需要按键盘上的＿＿＿＿＿键。

2. 插入超级链接，除使用"超级链接"命令外，还可以使用＿＿＿＿＿。

3. PowerPoint 演示文稿的缺省扩展名为＿＿＿＿＿，模板文档扩展名为＿＿＿＿＿。

4. 在打印演示文稿时，在一页纸上能包括几张幻灯片缩图的打印内容称为＿＿＿＿。讲义。

5. 创建新的幻灯片时出现的虚线框称为＿＿＿＿＿占位符

6. 如果在幻灯片浏览视图中要连续选取多张幻灯片，应当在单击这些幻灯片时按住＿＿＿＿＿键。

三、简答题

1. PowerPoint 2010 有哪些不同视图？说出这些视图以及视图区有些什么特点？

2. 为幻灯片设置背景时，在"背景"对话框中，"应用"按钮与"全部应用"按钮有何区别？

3. 如何在演示文稿中为文本添加超级链接效果，写出主要操作步骤？

4. 简述幻灯片从制作到放映的主要步骤。

5. 如何通过排练计时设置幻灯片的放映时间？

四、上机实验题

实验要求：

建立"d:\powerpoint \pp1.pptx"，具体要求如下：

1. 新建5张幻灯片，幻灯片内容为"产品展示报告"并保存。

2. 第1页文字版式为"标题版式"，主标题为"产品展示报告"，副标题为"风铃文化"。

3. 第2页文字版式为"标题和文本"，标题为"公司简介"，文本为"各页的目录链接文字"。

4. 第3页内容版式为"空白"，插入一个表格和图片，文本内容为"公司自然情况简介"。

5. 第4张版式不要求，内容为"公司近年销售情况"。

6. 利用母版设计一张幻灯片背景为第5张幻灯片的背景，第5张幻灯片的内容不限，其他各张幻灯片设计背景不限。

7. 将第1张幻灯片的标题动画设置为"旋转"，并闪烁显示。

8. 将第2张幻灯片中的第一行文本链接到相应的幻灯片。

9. 将文稿中的第3张幻灯片加上艺术字标题"公司简介"。

10. 在第5张幻灯片上添加"返回"动作按钮，链接到第2张幻灯片。

11. 每张幻灯片右下角显示当前幻灯片的页码，2~4张幻灯片的底部左端都有两个动作按钮"上一页"，"下一页"，分别链接到当前幻灯片的上下页。

12. 第1张的幻灯片的切换方式为"每隔20秒"，其他幻灯片的切换为鼠标单击时，"水平百叶窗"效果切换。

样张：

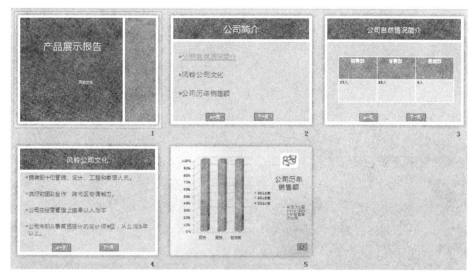

图1　上机练习幻灯片制作样张

第6章　网络与多媒体基础及应用

　　随着计算机信息技术的迅猛发展，互联网和多媒体的应用已渗透到我们的日常生活中，成为我们信息交流的重要手段，也是影响我们学习生活的重要因素，尤其是因特网的普及。网络正延伸到人们的生活、学习和工作的各个领域中，多媒体更加贴近我们社会生活的方方面面，给人们的工作、学习、生活和娱乐带来快捷和欢乐。

6.1　计算机网络基础知识

6.1.1　计算机网络的定义及发展

　　计算机网络是计算机科学技术与现代通信技术结合的产物。在计算机网络发展的不同阶段中，根据网络技术发展的水平以及人们对网络认识的程度，计算机网络有不同的定义。基于资源共享的观点计算机网络的定义是把分布在不同地理区域的计算机和专门的外部设备用通信线路互相连接起来，并在相应网络软件和通信协议的支持下实现相互通信、资源共享的整个系统。

　　计算机网络从 20 世纪 50 年代形成，从发展到广泛应用经历了近 60 年，它发展过程大致可以分为以下四个阶段，如表 6.1 所示。

表 6.1　计算机网络发展过程

时间	特点
20 世纪 50 年代	以单个计算机为中心的远程联机系统，将彼此独立的计算机技术与通信技术结合起来，奠定了理论基础
20 世纪 60 年代	美国的 APPANET，多台计算机通过通信线路互联，采用分组交换技术，为 Internet 的形成奠定了基础
20 世纪 70 年代中期	开放式标准化网络，遵循国际化标准协议
从 20 世纪 90 年代开始至今	以 Internet 为代表，计算机的发展进入了以网络为中心的新时代

6.1.2　计算机网络的组成与分类

1. 网络组成

计算机网络从逻辑功能上看是由向使用者提供各种资源服务的资源子网和负责通信处理的通信子网组成。

资源子网又称用户子网，主要有资源节点和部分转接节点构成的本地网络系统，它是用户资源配置与管理、数据处理和操作应用的环境。在通信上，它为用户设备提供接入通信子网的服务能力。该子网主要有三种设备：主机、网络接入控制设备和终端设备。

通信子网是完全由转接节点和链路按某种构型互联而成的网络系统，它为用户子网提供传输和交换用户数据服务能力。所以，通信子网又称为"主干网"或"骨架网"。通信子网由转接点设备（节点处理机交换机）、高速传输链路及其设备（如调制解调器、复用机等），以及驻留在这些设备中的通信软件组成。

计算机网络从物理功能上看是由软件和硬件两大部分组成的。在计算机网络系统中，硬件对网络的性能起着决定性作用，是网络运行的主要支撑载体，而网络软件则是支持网络运行、提高效益和开发网络资源的工具。计算机网络硬件主要包括服务器、工作站及外围设备等。计算机网络软件主要包括通信协议和网络操作系统。

（1）服务器

服务器一般为配置较高的计算机，它的主要功能是运行网络操作系统，为网络提供管理通信控制和共享资源，是整个网络系统的核心。除对等网外，每个独立的计算机网络至少要具有一台服务器。

（2）工作站

工作站是指连接到网络上的具有独立处理能力的计算机，在网络中属于一个接入网络的设备，它的接入和离开对整个网络系统不会产生较大的影响。在不同的网络中，工作站又称为"节点"、"客户机"或"客户端"。

（3）外围设备

外围设备是指连接服务器与工作站的一些连接设备或通信介质。常用的连接设备有网卡、调制解调器、集线器（Hub）、交换机和路由器等。传输介质主要包括同轴电缆、双绞线、光纤、无线电、微波和卫星通信等。

（4）通信协议

通信协议是指计算机网络中通信各方事先约定的通信规则，即网络中各计算机之间相互会话时共同使用的语言。网络中的计算机在相互通信时，必须使用相同的通信协议。网络通信协议的种类很多，例如 TCP/IP、NetBEUI 和 IPX/SPX 兼容协议等，而应用最广泛、也最为人们所共知的通信协议就是 TCP/IP 协议。

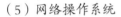

（5）网络操作系统

网络操作系统是运行在网络硬件基础上，管理网络中的共享资源、通信、网络系统安全服务及其他网络服务的系统软件。网络操作系统是网络软件系统的核心部分，其他应用软件必须借助与网络操作系统的支持才能顺利运行。目前常用的网络操作系统软件主要有UNIX、Linux、Windows NT Server 和 Windows 2000 Server 等。

2. 网络分类

可以从不同的角度对计算机网络进行分类。如按网络地理覆盖范围分为局域网、城域网和广域网；按照服务范围分为 Internet 和企业内部网；按照拓扑结构分总线型、星型、环型、树型和网状。还有很多其他的分类方法，通常使用的是按照地域和拓扑结构分类。

（1）按网络地理覆盖范围的分类方式将网络分为局域网、城域网和广域网。

① 局域网（Local Area Network，LAN），所谓局域网，那就是在局部地区范围内的网络，它所覆盖的地区范围较小。如一幢大楼、一个校园、一间办公室等。这种网络的特点就是：连接范围窄、用户数少、配置容易、连接速率高。现在局域网随着整个计算机网络技术的发展和提高得到充分的应用和普及，几乎每个单位都有自己的局域网，有的甚至家庭中都有自己的小型局域网，它能支持高速通信，可靠性强，误码率低，便于实现。它是计算机网络应用普及广泛领域之一。

② 城域网（Metropolitan Area Network，MAN），这种网络一般来说是在一个城市，但不在同一地理范围内的计算机互联。它的地理覆盖范围在几十千米的网络。将大型企业、公司的多个不同的局域网互联起来，覆盖一个地区或城市。在一个大型城市或都市地区，一个 MAN 网络通常连接着多个 LAN 网。如连接政府机构的 LAN、医院的 LAN、电信的LAN、公司企业的 LAN 等等。由于光纤连接的引入，使 MAN 中高速的 LAN 互联成为可能。城域网多采用 ATM 技术做骨干网。ATM 是一个用于数据、语音、视频以及多媒体应用程序的高速网络传输方法。

③ 广域网（Wide Area Network，WAN）。这种网络也称为远程网，地理覆盖范围在几十千米至几千千米，覆盖一个国家，横跨几个州，形成全球性国际远程网。它的传输速率比局域网低，误码率比局域网高。伴随着传输介质与相关通信设备的更新换代。如光纤等的引入，广域网的传输速率将得到改善。因为距离较远，信息衰减比较严重，所以这种网络一般是要租用专线，通过 IMP（接口信息处理）协议和线路连接起来，构成网状结构，解决循径问题。

（2）按网络拓扑结构的分类方式将网络分为总线型、星型、环型、树型和网状型。

根据拓扑学原理，将网络中的计算机等实体设备抽象为节点，连接计算机等实体设备的通信线路抽象为线，然后将节点与线组成几何图形来表述计算机网络结构。这种表示计算机网络结构的方法称为计算机网络拓扑结构。

① 总线型拓扑结构，是用一条公共的通信线路作为所有节点计算机的传输介质。其

拓扑结构如图 6.1 所示。每台节点计算机发送数据，都必须通过总线进行发送，而且是以广播方式发送数据，并且能被总线上所有其他节点计算机接收。其他节点计算机只能以收听方式进行接收数据。它的优点是结构简单、易于实现，当某一个节点计算机发生故障或脱网都不会影响其他节点计算机间的通信，可靠性高、易于扩充。缺点是总线出现故障将导致全网瘫痪。

这种结构所采用的介质一般是同轴电缆（包括粗缆和细缆），不过现在也有采用光缆作为总线型传输介质的，如 ATM 网、Cable Modem 所采用的网络就属于总线型网络结构。

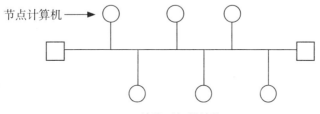

图 6.1　总线型拓扑结构

② 星型拓扑结构，是将各节点计算机按放射形连接到中心节点设备上。中心节点设备一般由交换机或集线器担当。其拓扑结构如图 6.2 所示。通过中心节点设备每台计算机都可以与其他任意一台节点计算机建立连接，互相通信。中心节点设备执行通信控制策略。优点是任一节点计算机发生故障后，并不影响其他节点计算机之间的通信，缺点是网络的性能依赖于中心节点设备，若中心节点设备出现故障将使全网瘫痪。

这种结构是目前在局域网中应用得最为普遍的一种，在企业网络中几乎都是采用这一方式。星型网络几乎是 Ethernet（以太网）网络专用，主要应用于 IEEE 802.2、IEEE 802.3 标准的以太局域网中。这类网络目前用的最多的传输介质是双绞线，如常见的五类线、超五类双绞线等。

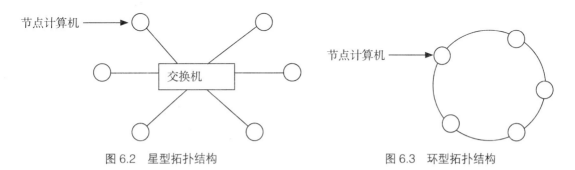

图 6.2　星型拓扑结构　　　　　　　　　图 6.3　环型拓扑结构

③ 环型拓扑结构，是将各节点计算机连成一个闭合的环，如图 6.3 所示。它是以令牌传递方式按照一定固定方向，顺时针或逆时针方向从节点计算机轮流发送数据。令牌在环中从一个节点计算机传递到下一个节点计算机。哪一个节点计算机得到令牌，它就可以传送数据，当持有令牌最大时间到或数据发送完，或无数据要发送就要交出令牌。优点是数

据每经过一个节点，就进行中继放大，因此数据传输可靠，传输控制机制简单。缺点是环中一个节点发生故障后就可以导致全网瘫痪，诊断故障困难，不易重新配置网络。这种结构的网络形式主要应用于令牌网中，一般仅适用于 IEEE 802.5 的令牌网（Token ring network）。

④ 树型拓扑结构，是由星型拓扑结构变形产生的。如图 6.4 所示。优点是易于扩充。当某一台计算机发生故障时，易于隔离、检测和维护。缺点是对于根节点设备依赖性很强。

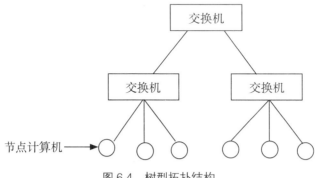

图 6.4   树型拓扑结构

⑤网状型拓扑结构，又称为无规则型拓扑结构。节点之间连线是任意的、没有规律的。如图 6.5 所示。优点是系统可靠。缺点是结构复杂，建网不易。必须采用路由选择算法与控制流量方法，一般应用于广域网的建网中。

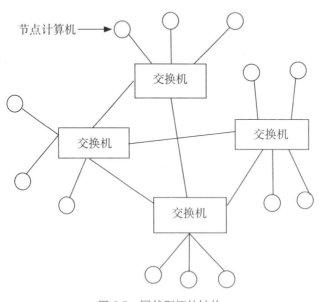

图 6.5   网状型拓扑结构

6.1.3 网络协议与网络体系结构

1. 网络协议

协议是用来描述进程之间信息交换数据时的规则术语。在计算机网络中，两个相互通信的实体处在不同的地理位置，其上的两个进程相互通信，需要通过交换信息来协调它们的动作达到同步，而信息的交换必须按照预先共同约定好的规则进行。网络协议是指网络通信双方必须遵守的控制信息交换的规则或标准。只有它的存在才能使网上计算机有条不紊的通信，而不会出现传输的信息无法理解的现象。

网络协议是由三个要素组成：

（1）语义

语义是解释控制信息每个部分的意义。它规定了需要发出何种控制信息，以及完成的动作与做出什么样的响应。

（2）语法

语法是用户数据与控制信息的结构与格式，以及数据出现的顺序。

（3）时序

时序是对事件发生顺序的详细说明。

常用的网络协议有 TCP/IP 协议、NETBEUI 和 IPX/SPX。

（1）TCP/IP 协议

TCP/IP 是目前最流行的网络协议，是互联网的基础协议，没有它就根本不可能上网，任何和互联网有关的操作都离不开 TCP/IP 协议。

（2）NetBEUI 协议

NetBEUI 协议是一种短小精悍、通信效率高的广播型协议，安装后不需要进行设置，特别适合于在"网络邻居"传送数据。

（3）IPX/SPX 协议

开发的专用于 NetWare 网络中的协议，但是现在也非常常用——大部分可以联机的游戏都支持 IPX/SPX 协议，比如星际争霸，反恐精英等等。虽然这些游戏通过 TCP/IP 协议也能联机，但显然还是通过 IPX/SPX 协议更省事，因为根本不需要任何设置。

2. OSI 参考模型

随着网络的普及和应用，网络互联标准已成为必须解决的问题。处理计算机网络这样复杂的大系统须把复杂系统分层处理，每一层完成特定功能，各层协调起来完成整个网络系统。作为近代网络体系结构发展的里程碑，20 世纪 70 年代诞生的 ARPNET 网络采用了分层结构方式实现，随后世界上几个大型计算机厂商相继制定了基于本公司的软硬件产品的计算机体系结构。为了适应网络向标准化发展的要求，1974 年 ISO（国际标准化组织 ISO，International Standards Organization）发布了 ISO/IEC7498 标准，制定了开放系统互

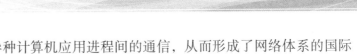

联参考模型（OSI/RM）用于异种计算机应用进程间的通信，从而形成了网络体系的国际标准。OSI/RM 定义了网络互联的物理层、数据链路层、网络层、传输层、会话层、表示层、应用层的 7 层网络体系结构。

（1）物理层

它是 OSI 模型中的第 1 层也是最低层。它的功能是利用传输介质为数据链路层提供物理连接，实现了二进制比特流的透明传输。它定义了电缆的类型、传输的电信号或光电信号，电缆如何接到网卡、数据编码方案与同步等。

（2）数据链路层

它为 OSI 模型中的第 2 层。在物理层提供服务的基础上，该层在通信实体间建立数据链路连接。传输以帧为单位的数据包，并进行差错控制与流量控制。并使有差错的物理线路变成无差错的数据线路。

（3）网络层

它是 OSI 模型中的第 3 层。它为在节点间传输创造逻辑链路，通过路由选择算法为分组通过通信子网选择最佳、最适当的路径，以实现拥塞控制、网络互连等功能。

（4）传输层

它是 OSI 模型中的第 4 层。向用户提供可靠的端到端服务，传送报文。它提供数据流量控制和错误处理。

（5）会话层

它是 OSI 模型中的第 5 层。负责维护节点间会话，进程间的通信。管理数据交换等功能。

（6）表示层

它是 OSI 模型中的第 6 层。用于处理在两个通信系统中交换信息的表示方式，包括负责协议转换、数据格式交换、数据加密和解密、数据压缩与恢复等功能。

（7）应用层

它是 OSI 模型中的第 7 层。为应用软件提供服务。如文件传输、电子邮件等。

3 .TCP/IP 协议

TCP/IP 协议是 Internet 采用的标准协议，它是一系列协议，用来将各种计算机和数据通讯设备组成计算机网络。TCP 和 IP 是最重要的两个协议。因此通常用来 TCP/IP 代替整个 Internet 协议系列，其中有些协议是为很多应用需求而提供的底层功能，包括 TCP（TCP，Transfer Contral Protocol）传输控制协议，IP（IP，Internet Protocol）网际协议，Telnet（Remote Login）远程登录协议，FTP（File Transfer Protocol）文件传输协议，SMTP（Simple Mail Transfer Protocol）简单邮件协议，NFS（Network File Server）网络文件服务协议，（UDP，User Datagram Protocol）用户数据报协议等。

TCP/IP 协议定义了 Internet 网络体系结构模型（TCP\IP 参考模型）为 4 层，它们为链路层、互联层、传输层、应用层。

（1）链路层

它是 TCP/IP 模型中的第 1 层。它负责通过网络发送和接收 IP 数据报及硬件设备驱动。

（2）互联层

它是 TCP/IP 模型中的第 2 层。它负责将源主机的报文分组发送到目的主机。

（3）传输层

它是 TCP/IP 模型中的第 3 层。它负责应用程序间的端对端之间的通信。

（4）应用层

它是 TCP/IP 模型中的第 4 层。它负责为用户调用访问网络应用程序，应用程序与传输层协议相配合，发送或接收数据。它包括所有高层协议，并不断有新的协议加入。

4. OSI 参考模型与 TCP/IP 参考模型之间的关系

OSI 参考模型与 TCP/IP 参考模型之间的关系、各层功能及包含的协议名称，如表 6.2 所示。

表 6.2　OSI 参考模型与 TCP\IP 参考模型的关系

各层功能		OSI 参考模型	TCP/IP 参考模型	各层协议	
数据处理	为应用选择适当的服务	应用层	应用层	NFS	FTP、Telnet、SMTP、SNMP
	提供编码转换、数据重新格式化	表示层		XDR	
	协调应用程序之间的互动性	会话层		RFC	
数据传输	提供端到端数据传输的完整性	传输层	传输层	TCP/UDP	
	提供交换功能和路由选择功能	网络层	互联层	IP、ICMP	
	建立点到点链路、构成帧	数据链路层	链路层	ARP、RARP	
	为链路层提供物理连接、传送比特流	物理层		未指定	

6.2　局域网

6.2.1　局域网的建立

现在家里、办公室或者寝室等场所，把几台电脑组成局域网，共享文件、联机游戏或者多台电脑上 Internet 是非常常见的，现介绍三种常见的基于局域网的组网方案。

1. 局域网的连接及配置

方案一：双机直联方案

如果家里只有两台计算机，想要组建局域网，那么从节约和易用的角度考虑，可以选择双机直联方案，即使用一根双绞线将两台计算机的网卡直接连接在一起，从而搭建一个最简单的点到点的局域网，所需硬件设备如表6.3所示，连接示意图如图6.6所示。

表6.3　双机直联方案硬件设备列表

设备名称	型号规格	数量
网卡	10/100Kbps	1
双绞线	交叉线（制作方法详见本节小知识）	1

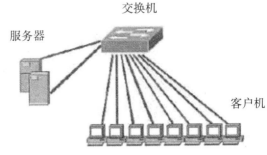

图6.7　交换机方案连接

图6.6　双机直联方案连接

方案二：交换机方案

多台计算机构成一个局域网，与两台不同的是需要一个中间互联设备，采用星型拓扑结构，每台计算机安装一块网卡，然后利用双绞线连接至交换机从而实现计算机之间的通信，所需硬件设备如表6.4所示，连接示意图如图6.7所示。

表6.4　方案二硬件设备列表

设备名称	型号规格	数量
网卡	10/100Kbps	每台计算机1块
双绞线	直通线（制作方法详见本节小知识）	每台计算机1根
交换机	多口的交换机（端口数大于连接的计算机数）	1

方案三：宽带路由器方案

方案二中可以实现多台计算机之间的连接和局域网络的共享，但是不能实现Internet连接共享。家庭中如果拥有一条Internet链路，无论是ADSL还是小区宽带，欲实现Internet的共享，可以选择方案三（宽带路由器方案），所需硬件设备见表6.5。因为一台宽带路由器相当于一台交换机＋一台路由器，既可以实现计算机之间的连接，又可以实现Internet的连接共享。宽带路由器的WAN端口接宽带线，直通线一端接LAN端口另一端接计算机网卡。该方案连接示意图如图6.8所示。

表 6.5　方案三硬件设备列表

设备名称	型号规格	数量	单价（元）
宽带路由器	4LAN+1WAN 10/100 Kbps	1	150 ~ 200
网卡	10/100Kbps	每台计算机 1 块	30 ~ 50
双绞线	直通线	每台计算机 1 条	10 ~ 15

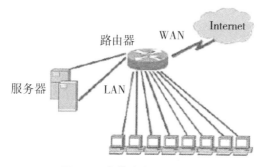

图 6.8　宽带路由器方案连接

2. 网络配置

（1）安装网卡

一般购买计算机时都已经配备了网卡。通过以下方法查看计算机网卡是否安装正确。

方法一：打开"控制面板"→"设备管理器"，"网络适配器"无显示一个黄色的问号或者感叹号就表示计算机正确安装了网卡，如图 6.9、图 6.10 所示。

图 6.9　控制面板

图 6.10　设备管理器

方法二：右击桌面"计算机"图标，选择"管理"，在"计算机管理"对话框左侧列表中选择"设备管理器"后，也可查看"网络适配器"，如图 6.11、图 6.12 所示。

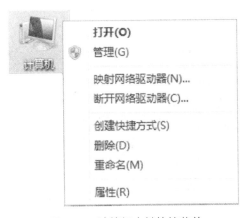

图 6.11　计算机右键快捷菜单

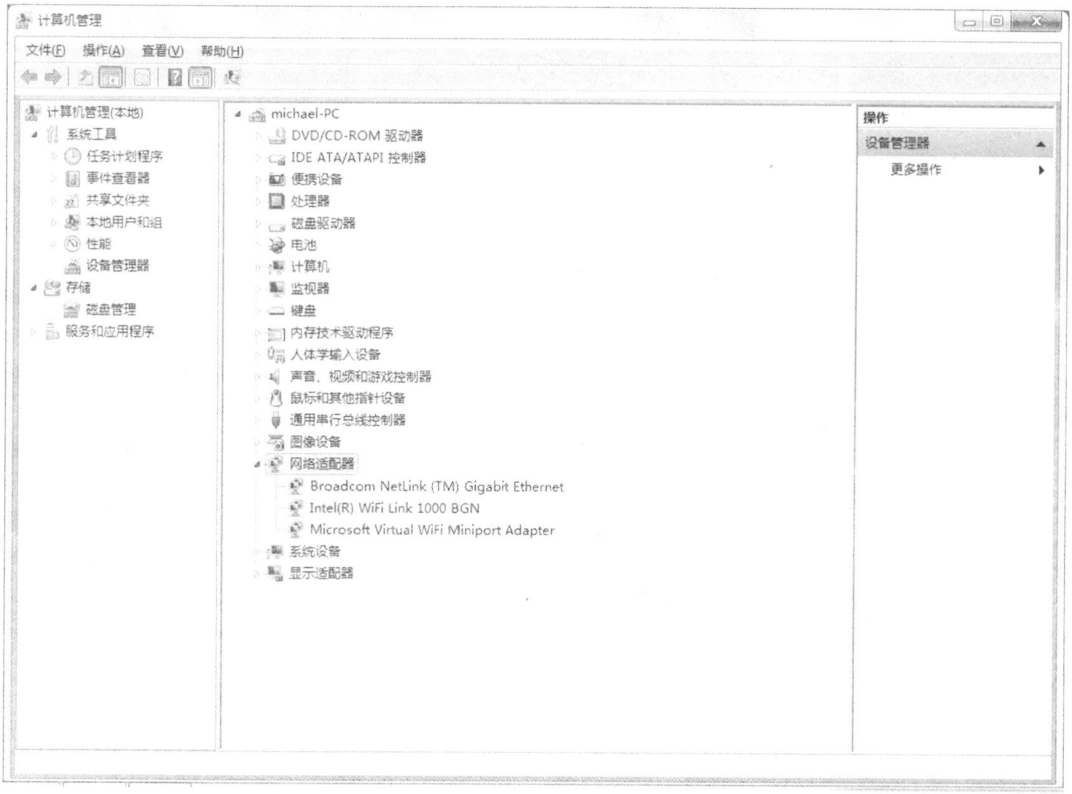

图 6.12　计算机管理——设备管理器窗口

（2）设置相同的工作组和不同的计算机名

鼠标右击“计算机”，在图 6.11 的快捷菜单中选择“属性”，再在弹出窗口的“计算机名称、域、工作组设置”区域中单击更改设置链接，如图 6.13 所示，弹出“系统属性”对话框，单击“更改”按钮，如图 6.14 所示，在“计算机名 / 域更改”对话框中修改计算机所在工作机组及计算机名即可，如图 6.15 所示。

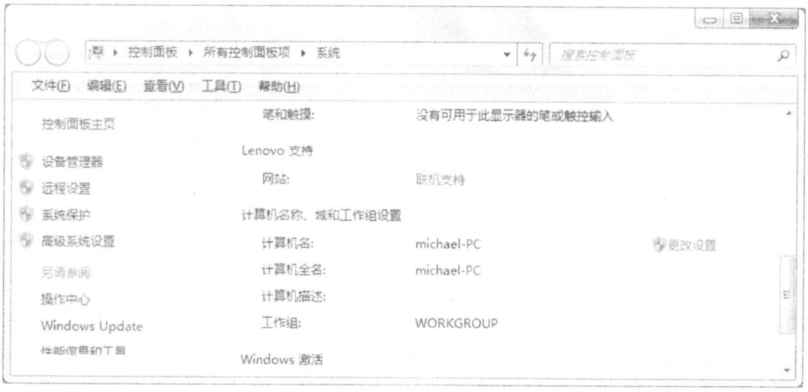

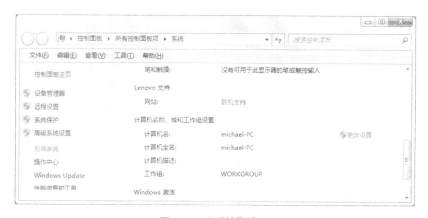

图 6.13　“系统”窗口

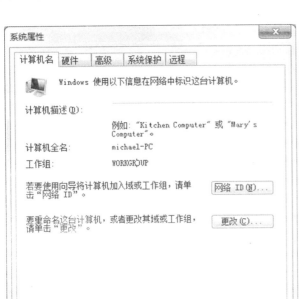

图 6.14　"系统属性"对话框　　　　　　　　图 6.15　"计算机名 / 域更改"对话框

（3）配置 IP 地址

右击"网络"图标，选择"属性"，如图 6.16 所示，弹出"网络和共享中心"窗口，选择左侧的"更改适配器设置"，如图 6.17 所示，弹出"网络连接"窗口，在"本地连接"图标上右击选择"属性"，如图 6.18 所示，弹出"本地连接"对话框，双击"Internet 协议 IPv4"，在弹出的"Internet 协议 IPv4"对话框中选择"使用下面的 IP 地址"，如图 6.19 所示，将不同机器的 IP 设置在同一个网段。即填写局域网内每台计算机的不同 IP 地址，相同的子网掩码。IP 地址设置详见 6.3.3 节 IP 地址，简单来说就是在 IP 地址中的 4 个段中分别填写 0 ~ 255 之间的数，同一个局域网内的不同的计算机 IP 地址的前 3 段一样，第 4 段不同就可。子网掩码一般为 255.255.255.0。

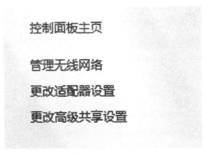

图 6.16　"网络"右键菜单　　　　　　　　　图 6.17　"网络和共享中心"左侧列表

图 6.18 "本地连接"右键菜单

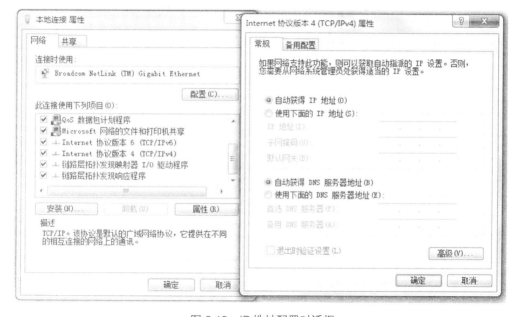

图 6.19 IP 地址配置对话框

（4）使用 ping 命令测试网络中两台计算机之间的连接

在"开始"菜单的"运行"中键入 cmd，回车后进入 DOS 命令窗口，键入 ping x.x.x.x（其中 x.x.x.x 是另一台计算机的 IP 地址），然后按回车键。应该可以看到来自另一台计算机的答复，例如测试与 IP 地址为 192.168.1.1 的计算机是否连接，如出现图 6.20 所示则表示正确连接。如没有看到这些答复，而是看到 Reply from x.x.x.x:bytes=32 time<1ms TTL=128，或"Request timed out"等答复说明本地计算机连接可能有问题。

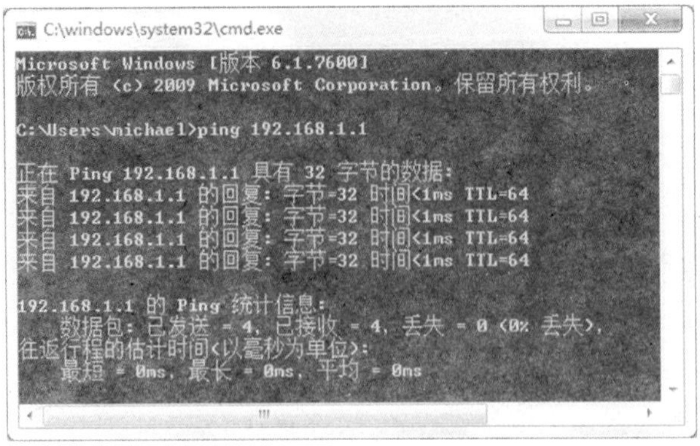

图 6.20　ping 测试连接成功

小知识

交叉线用于连接同种设备，如计算机和计算机连接、交换机和交换机连接等。直通线用于连接不同种设备，如交换机和计算机连接、路由器和计算机连接等。交叉线的线序是白绿、绿、白橙、蓝、白蓝、橙、白棕、棕，直通线序是白橙、橙、白绿、蓝、白蓝、绿、白棕、棕。

6.2.2　局域网的文件和打印共享

局域网创建完成后，就可以创建不同的文件夹共享，以实现不同电脑间的文件资源共享，也可以共享打印机、发送信息和互连打游戏等通信。下面给出最常用的局域网文件夹和打印机共享设置的详细步骤。

1. 使用公用文件夹共享文件

公用文件夹是一种共享计算机上的文件的便捷方法。同一台计算机的其他用户或局域网上使用其他计算机的用户可以使用共享公用文件夹中的文件。在安装 Windows 7 时，系统会自动为我们创建一个名为"公用"的用户，放入公用文件夹的任何文件或文件夹都将自动与具有公用文件夹访问权限的用户共享。公用文件夹位于文档库中。打开公用文件夹的步骤如下：

（1）通过单击"开始"→"文档"，打开"文档库"，如图 6.21 所示。

（2）在左窗格中，在"库"下单击某个库（"文档"、"音乐"、"图片"或"视频"）旁边的箭头。您将看到每个库对应的公用文件夹。

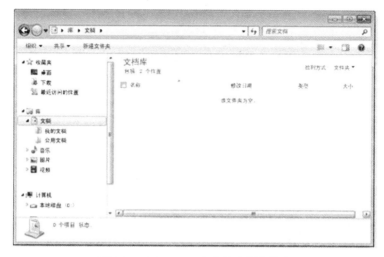

图 6.21　Windows 库中的公用文件夹

2. 基本共享设置

普通的文件共享，只要将需要共享的文件拷贝到"公用"文件夹中即可完成。而更灵活的应用，就需要手动设置了。

首先鼠标右击文件夹，选择快捷菜单中的"共享"→"特定用户"，如图 6.22 所示。在弹出的对话框中选择用户名为 Everyone，再单击"添加"，让它出现在下面的列表框中。接下来在"权限级别"下，单击下拉箭头，为其设置权限，比如："读 / 写"或"读取"，如图 6.23、图 6.24 所示。

> 🖥 **小知识**
>
> 取消共享，可以采取同样的方法，选择"共享"→"不共享"，在弹出的对话框中选择"停止共享"即可。

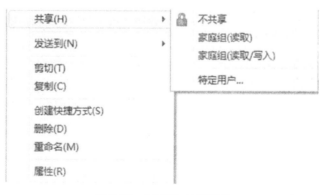

图 6.22　"共享"快捷菜单

图 6.23 "文件共享"对话框

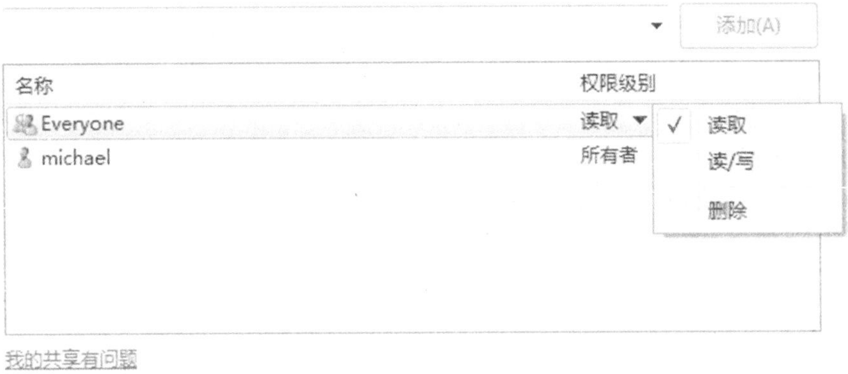

图 6.24 权限设置

3. 高级文件共享

权限为"Everyone"是每个用户都有完全控制的权限。基本的共享设置可能无法满足更多用户的需求,那么针对不同用户设置不同的共享权限。

(1)创建登录账号

首先,鼠标右击桌面上的"计算机",选择"管理",在弹出的管理窗口中展开左侧的"本地用户和组"→"用户",右击"名称"区域的"用户",在弹出的快捷菜单选择"新用户",如图 6.25 所示。在"新用户"对话框的"用户名"后输入登录的用户名,并设置好密码。然后取消对"用户下次登录时必须更改密码"的勾选,同时选择"密码永不过期"。最后单击"创建",即可生成一个"标准用户"级别的系统账号,如图 6.26 所示。

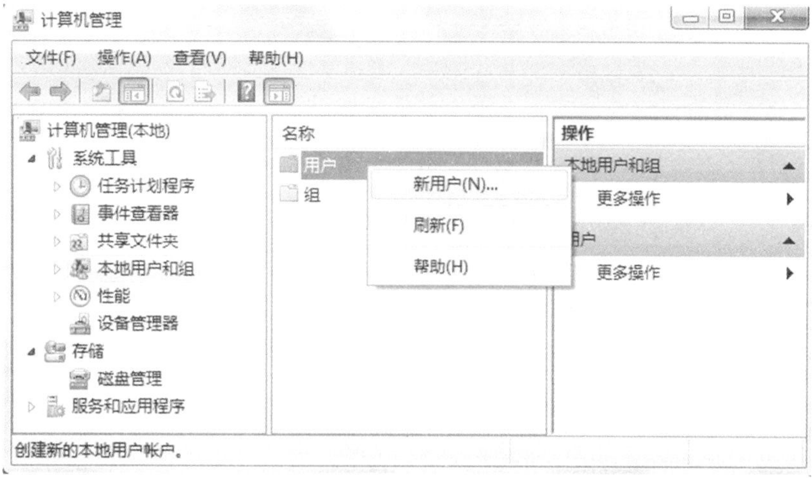

图 6.25　创建用户窗口

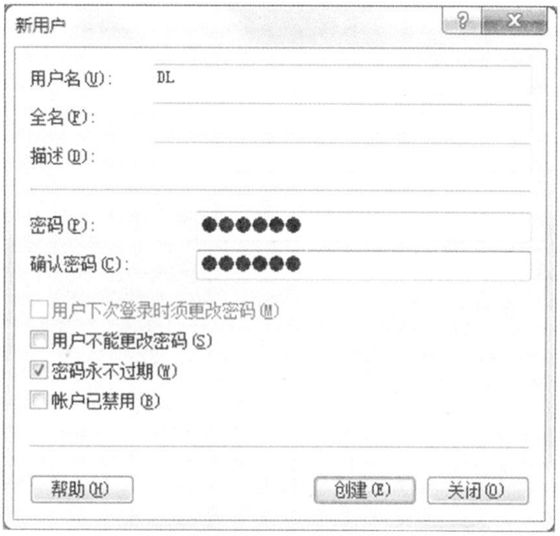

图 6.26　新用户对话框

（2）选择权限用户

在文件夹的"共享"选项中选择"高级共享"→"共享此文件夹"，在"共享名"下输入共享文件夹的名称，如图 6.27 所示。再单击"权限"→"添加"→"高级"→"立即查找"，找到刚才创建的账号，并单击即可将其添加进来，如图 6.28 所示。最后勾选"允许"下的"完全控制"（此外，还可以观察到名为 Everyone 的用户，而且具备完全控制权限，单击"删除"按钮删除）。设置完成后，以设置的账户登录并访问该文件夹时将拥有读写权限。类似的，如果设置用户的权限为"读取"，则账户登录访问该文件夹时将只拥有读取权限。

356
 大学计算机应用基础

图 6.27 高级共享设置对话框

图 6.28 选择权限用户对话框

（3）权限分配

单击"开始"→"控制面板"→"管理工具"→"本地安全策略"，在打开的对话框中展开左侧的"安全设置"→"本地策略"→"用户权利指派"，在右侧找到"从网络访问此计算机"并双击。接着，单击"添加用户和组"，将创建的用户添加进来。然后再展开"安全设置"→"本地策略"→"安全选项"，找到右侧的"网络访问：本地帐户的共享和安全模式"，双击并选择"经典 – 本地用户以自己的身份验证"。

4. 家庭组共享

为了更方便快捷地进行局域网内资源的共享，Windows 7 有一种共享的新方法——家庭组。家庭组是一组可共享图片、音乐、视频、文档甚至打印机的计算机，使用家庭组是一种共享家庭网络上的文件和打印机的最简便的方法，但计算机必须是 Windows 7 系统才能加入家庭组。

（1）创建家庭组

进入控制面板的"网络和共享中心"，单击选择家庭组和共享选项。单击"选择家庭组和共享选项"→"更改高级共享设置"即可对局域网环境进行设置，必须选择的项目如表 6.6 所示。单击"保存修改"按钮后家庭组已经建好了。

表 6.6　家庭组网络参数设置

项目	选择
网络发现	启用
文件共享和打印机	启用
公用文件夹	启用
密码保护的链接	关闭
家庭组链接	允许

（2）加入家庭组

进入控制面板的家庭组选项，会自动查询到创建的家庭组，选择立即加入。

（3）在家庭组中共享文件

家庭组的文件共享是默认建立在库的基础上的，一般来说把需要共享的文件发送到相应的库中即可。另一种方法，右击需要共享的文件或者文件夹，可以看到一个共享的选项，按照需求选取即可。

5. 打印机共享

打印机共享分为两部分，一是提供共享打印机的计算机的设置，二是使用共享打印机的计算机设置。

（1）提供共享打印机的计算机设置

① 使打印机正确连接，驱动安装后，单击"开始"按钮，选择"设备和打印机"。

② 在弹出的窗口中找到想共享的打印机，在该打印机上右击，选择"打印机属性"，如图 6.29 所示。

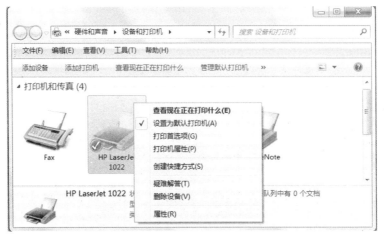

图 6.29　打印机属性

③ 切换到"共享"选项卡，勾选"共享这台打印机"复选框，并且设置一个共享名，如图 6.30 所示。

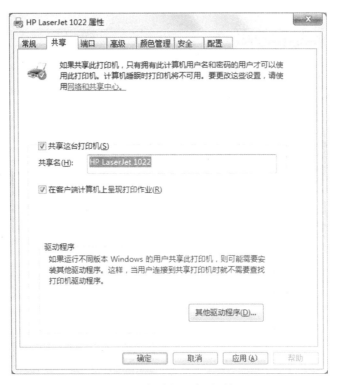

图 6.30　打印机共享对话框

（2）使用共享打印机的计算机设置

① 进入"控制面板"→"设备和打印机"窗口，并单击"添加打印机"。

② 选择"添加网络、无线或 Bluetooth 打印机"，单击"下一步"，如图 6.31 所示。单击了"下一步"之后，系统会自动搜索可用的打印机。

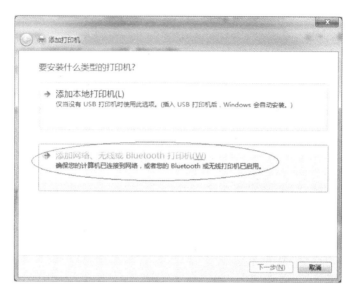

图 6.31　选择添加打印机类型对话框

③ 如果找不到所需要的打印机，单击"我需要的打印机不在列表中"，然后单击"下一步"，如图 6.32 所示。

图 6.32　搜索打印机对话框

④ 添加打印机的对话框内有三个单选按钮，如图 6.33 所示，一般采用浏览打印机和按名称选择共享打印机方法。

图 6.33　按姓名或 TCP/IP 地址查找打印机对话框

选择"浏览打印机"，单击"下一步"，会在窗口内显示局域网内有共享打印机的计算机，如图 6.34 所示。找到连接着打印机的计算机，单击"选择"按钮。

图 6.34　查找到的网络打印机显示窗口

选择"按名称选择共享打印机"，在文本框内输入"\\ 提供共享打印机的计算机名或 IP 地址\打印机名"，接着单击"下一步"。

⑤ 选择目标打印机，单击"选择"按钮，如图 6.35 所示。

图 6.35　选择目标打印机对话框

⑥ 系统自动安装打印机的驱动。接着系统会给出提示，告诉用户打印机已成功添加，直接单击"下一步"，打印机已添加完毕，如有需要用户可单击"打印测试页"，测试一下打机是否能正常工作，也可以直接单击"完成"退出此窗口。

⑦ 成功添加后，在"控制面板"的"设备和打印机"窗口中，可以看到新添加的打印机。

6.2.3　局域网常见问题及解决方案

1. 如何查找网络故障

在出现网络问题之后，不要着急，要保持头脑清醒。查清问题出在哪里，一般有以下几种情况：

（1）当整个网络都不通时，可能是交换机或集线器的问题，要看交换机或集线器是否在正常工作。

（2）只有一台电脑网络不通，即打开这台电脑的"网络邻居"时只能看到本地计算机，而看不到其他计算机，可能是网卡和交换机的连接有问题，那么我们首先要看一下 RJ-45 水晶头是不是接触不良。然后再用测线仪，测试一下线路是否断裂。最后要检查一下交换机上的端口是否正常工作。

（3）在"网络邻居"中不能看到本地计算机，或打开"开始"→"运行"，使用"ping"命令，"ping"本地计算机的 IP 地址不通时，说明你的网络设置有问题，那么首先想到的应该是网卡，我们可以打开"控制面板"→"系统"→"设备管理"→"网络适配器"设置窗口，在该窗口中检查一下有无中断号及 I/O 地址冲突，如发现网卡没有冲突，下一步就要检查驱动程序是否完好，然后重新安装网卡的驱动程序。

（4）在"网络邻居"中能看到网络中其他的计算机，但你不能对它们进行访问，那么可能是你的网络协议设置有问题。把你以前的网络协议删除后，再重新安装，并重新设置。

2. 开启 Guest 用户

单击"控制面板"→"用户账户"→"管理其他用户"→"guest 用户"，进行开启，如图 6.36 ~ 6.38 所示。

图 6.36　"用户账户"窗口

图 6.37　"管理账户"窗口

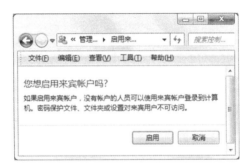

图 6.38　guest 用户启动窗口

6.3 Internet 基础及应用

6.3.1 Internet 概述

Internet 是指一个由计算机构成的交互网络，它是一个世界范围内的巨大的计算机网络体系，它把全球数万个计算机网络，数千万台主机连接起来，包含了难以计数的信息资源，向全世界提供信息服务。Internet 网起源于 1969 年美国为了军事需要建立的 ARPA 网。ARPA 网是由美国国防部高级研究规划署（ARPA，Advanced Research Project Agency）所建立的。最初它只连接 4 台计算机，后来逐渐扩大。到 1972 年此网接入了美国的大学与研究机构，同时制订 TCP/IP 协议。然后逐步扩展到商业及各行各业，到了 20 世纪 80 年代形成了 Internet 网。

我国于 1994 年正式加入 Internet，同时建立和运行自己的域名体系。并形成了我国自己的主干网。如中国公用计算机互联网（CHINANET，简称中国互联网）、中国教育科研网（CERNET）、中国科学技术网（CSTNET）、中国国家公用经济信息通信网（CHINAGBN，简称金桥网）。它们不断地发展壮大，特别是进入 21 世纪以来快速发展，使得网络的应用从大学科研机构、企事业等单位进入了寻常百姓之家。Internet 的丰富资源与高速发展改变了人们学习、工作、生活方式，使人们的视野更为广阔，工作、学习、生活更为便利与多样化。

6.3.2 Internet 的接入方式

无论是单位和个人接入 Internet 网都必须经过 ISP（Internet Service Provider，Internet 服务提供商）所提供的有偿收费上网服务。

1. 拨号上网

用 Modem 调制解调器与电话线连接上网。此方式上网速度慢、通信质量差、易中断，现在基本上不采用此方法。

2. DDN 方式上网

由 DDN（Date Digital Network）数据数字网上网，速度快、线路质量好，但收费高，一般面向集团企业使用。

3. ISDN 上网

由 ISDN（Integrated Services Digital Network）综合业务数字网上网，网速在拨号上网与 DDN 方式上网之间，收费较高。

4. 宽带 ADSL 方式上网

ADSL（非对称数字用户环路）是利用电话线实现高速宽带上网，为目前社区用户采用的一种接入技术。

5. 局域网上网

用户可通过网卡连接到某个与 Internet 连接的局域网上进行上网。如校园网等。

6. 无源光网络接入（光纤入户）

PON（无源光网络）技术是一种点对多点的光纤传输和接入技术，下行采用广播方式，上行采用时分多址方式，具有节省光缆资源、带宽资源共享、节省机房投资、设备安全性高、建网速度快、综合建网成本低等优点，是目前极具发展前景的一种接入技术。

除此以外，还有无线上网、用有线电视网上网等方法，用户可根据实际需要选择这些上网方式。

6.3.3　Internet 的 IP 地址及域名系统

Internet 由许多小网络构成，要传输的数据通过共同的 TCP/IP 协议进行传输。传输的一个重要的问题就是传输路径的选择，即路由问题，简单来说，我们需要知道由谁发送的数据及要传输给谁，网际协议地址就解决了这个问题。

1. IP 地址

IP(Internet Protocol)地址用于标识网上的每台计算机唯一地址。目前有两个版本——IPv4 和 IPv6。IPv4 只有有限的地址空间，而持续增长的因特网需要更大的地址空间来适应，出自新的因特网的应用和用于实时传递音频和视频的服务类型的原因，由 IETF 设计了一种新的 IP 协议——IPv6，用来替代现行的 IPv4 协议。

IPv6 是 "Internet Protocol Version 6" 的缩写，也被称作下一代互联网协议。IPv6 地址长度为 128 位，具有灵活的 IP 报文头部格式，加快报文转发，提高了吞吐量、提高安全性、支持更多的服务类型、允许协议继续演变、增加新的功能，使之适应未来技术的发展。但现在的互联网大多数应用的还是 IPv4 协议，本节主要介绍 IPv4，以下简称 IP。

由 TCP/IP 协议规定，IPv4 为 4 个字节即 32 个二进制位，一般为 4 个用小数点 "·" 分开的十进制数。形式为两部分：网络地址和主机地址。网络地址确定该主机所在的物理网络；主机地址确定主机在该网络中的编号。

IP 地址通常分为 5 类，其形式如表 6.7 所示。

表 6.7 IP 地址 5 类形式

类别	开头位	网络地址占位	主机地址占位	主机地址范围	用途及含主机数
A	0	8	24	0.0.0.0~127.255.255.255	大型网络，2^{24}
B	10	16	16	128.0.0.0~191.255.255.255	国际性大公司与政府机构，2^{16}
C	110	24	8	192.0.0.0~223.255.255.255	小型公司与单位，2^8
D	1110			224.0.0.0~239.255.255.255	用于其他用途如多目的广播地址
E	11110			240.0.0.0~247.255.255.255	实验用

2. 子网掩码

为了便于对网络的管理，在将 IP 分为 5 类的基础上，又将网络划分为子网。子网掩码的形式也为 4 个字节，即 32 个二进制位，每字节间用点"·"分隔。A、B、C 类地址子网掩码为 255.0.0.0，255.255.0.0，255.255.255.0。用子网掩码与 IP 地址进行与运算来标识子网号与主机号。

如有 IP 地址为 11000001.00000001.00000001.01000001=193.1.1.65，子网掩码为 11111111.11111111.11111111.11000000=255.255.255.192，经过 IP 地址和子网掩码按位与运算网络地址为 193.1.1.0，子网为 2 号子网，主机号为 1 号主机，且为 C 类地址。

3. 网关

按照不同的分类标准，网关也有很多种。TCP/IP 协议里的网关是最常用的，在这里我们所讲的"网关"均指 TCP/IP 协议下的网关。网关实质上是一个网络通向其他网络的 IP 地址。比如有网络 A 和网络 B，网络 A 的 IP 地址范围为"192.168.1.1~192.168.1.254"，子网掩码为 255.255.255.0；网络 B 的 IP 地址范围为"192.168.2.1~192.168.2.254"，子网掩码为 255.255.255.0。在没有路由器的情况下，两个网络之间是不能进行 TCP/IP 通信的，即使是两个网络连接在同一台交换机（或集线器）上，TCP/IP 协议也会根据子网掩码（255.255.255.0）判定两个网络中的主机处在不同的网络里。而要实现这两个网络之间的通信，则必须通过网关。

4. 域名

因特网中，如果要从一台计算机访问网上另一台计算机，就必须知道对方的网址。由于 IP 地址是由数字来表示的，不便于记忆，并且从 IP 地址中也看不出主机属于哪一个机构等信息。因此，目前 Internet 采用域名系统。域名是 IP 地址的名称化，它是用名称来代替数字表示的 IP 地址。人们可以通过该地址在网络上找到所需的详细资料，这个域名再由 DNS（Domain Name System）域名服务器系统将它翻译成用数字表示的 IP 地址。IP 地址真正标识计算机的网络身份；域名通过域名解析 DNS 实现对站点的访问。

所谓域名服务器（Domain Name Server，简称 Name Server），实际上就是装有域名系统的主机，它是一种能够实现名字解析（name resolution）的分层结构数据库。把域名翻译成 IP 地址的软件称为域名系统，即 DNS，它是一种管理名字的方法。这种方法是分不同的组来负责各子系统的名字，系统中的每一层叫做一个域，每个域用一个点分开。例如，搜狐为 www.sohu.com，百度为 www.baidu.com。

6.3.4 Internet 提供服务与功能

1. WWW 服务

WWW（World Wide Web）也称万维网、Web，是由超文本标识语言（HTML）写成的查询工具。它将位于全球 Internet 上不同网址的相关数据信息有机的组织在一起，通过 IE 等浏览器为用户提供一个友好的查询界面。在浏览器中，所看到的画面称为 Web 页或网页，多个网页用超链接就组成一个网站。进入网站第一个看到的网页称为主页（Home Page），主页文件名一般为 Index.htm。为了在 Internet 中找到某一个网站或网页，WWW 采用了统一资源定位器 URL 规则。

URL 规则为：资源类型：// 存放资源的主机域名 / 资源文件名

如 http://www.skycn.com/soft/14094.html

http://www.pc173.com/soft/118—1.html

资源类型是指 WWW 客户程序用来操作的一些协议等，如 http 为超文本传输协议。有时根据需要也用 ftp 文件传输协议。

存放资源的主机域名是指服务器的地址，指出网页所在服务器的域名。

资源文件名是指服务器上某资源的位置。

2. FTP 文件传输服务

它是基于 FTP 文件传输协议的功能，可以为用户提供上传和下载服务。

3. E-Mail 电子邮件服务

它为用户提供在网上收发信息的服务，是基于 SMTP 简单邮件传输协议的功能。它是应用最广泛的网络服务功能之一，现已成为用户廉价快速的通信手段。

4. News 新闻

它为用户提供了最新最快的新闻。让用户在网上相互交流服务，这种服务方式是基于（NNTP）网络新闻传输协议。Usenet 和 BBS 是它的应用。

5. 浏览网页

用户能方便地访问 Web 站点，查询相关内容，用户可以建立自己的网站，发布信息等。

6. Telnet 远程登录

它是基于 Telnet 远程登录协议的功能，用户可以方便地将自己的计算机与远程服务器建立连接，用户计算机就像远程服务器终端一样执行远程命令等。

7. Gopher（信息查询服务）

它是一种菜单驱动 Internet 网络信息查询工具。Internet 共有三代查询工具：第一代为 Achie，第二代为 Gopher，第三代为 WWW。

6.3.5　Internet 应用

1. 浏览器

浏览器是 Internet 中最常用的软件，通过浏览器软件可以完成网页浏览、上传下载等很多功能，常用的浏览器有 IE、遨游、Tencent 和 Green 浏览器等。这里我们详细介绍最常见的 IE 浏览器。IE 浏览器的基本功能包括 IE 的设置、搜索 Internet 信息、保存 Internet 信息、收藏夹的使用、邮件收发和下载等。

（1）IE 设置

为了方便用户的使用，IE 提供了设置的功能。这包括对主页、安全等方面的设置。

具体方法为在 IE 图标上右击，在打开的快捷菜单中单击属性选项，打开如图 6.39 所示的"Internet 属性"对话框。

一般进入 IE 后在工作区中就会显示默认主页，若对此默认主页不满意，可重新设置。在图 6.40 所示"常规"选项卡的主页栏的地址文本框中，输入一个待设为默认主页的地址，如 http://www.163.com，同时也可以对其他选项进行设置。

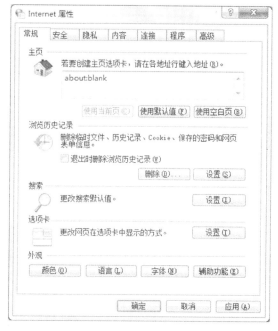

图 6.39　"Internet 属性"对话框

图 6.40　常规选项卡中默认主页设置

若要对安全、隐私、内容、连接、程序、高级方面进行设置，可在"Internet 属性"对话框中，单击相应的选项卡，使对话框切换到对应的选项卡中，然后进行设置。

（2）访问 Internet 信息

在 IE 地址栏中直接输入相关网站的地址，就可以进入其网站，访问该网站的信息。

（3）搜索 Internet 信息

若要在网上查找一些需要的资料，可进入相关网站，一般网站中都有搜索按钮与输入查找关键字的文本框，按提示操作就可以轻松查到资料。如百度网站，在 IE 地址栏中输入百度网站地址 www.baidu.com，进入百度网站主页。在文本框中输入待查资料的关键字，如 kv 杀毒升级，单击"百度搜索"按钮，在搜索后的结果列表框中，单击待查找资料相关超链接即可。

（4）保存 Internet 信息

在 IE 窗口中单击菜单中的"文件"→"另存为"选项，打开如图 6.41 所示的"另存为"对话框，在"保存范围"下拉表框中与"文件夹"列表框中找到待保存的当前网页的位置，在"文件名"下拉列表框中输入文件名，在"保存类型"列表框中选择"网页，仅 HTML 选项"，单击"保存"按钮。

图 6.41 "另存为"对话框

（5）收藏夹的使用

① 将网页作为收藏保存。在待保存的网页上右击，在打开的快捷菜单中，单击"添加到收藏夹"选项，打开"添加到收藏夹"对话框，单击"确定"按钮，此时已将网页收藏到默认文件夹中。若要察看刚建的收藏夹与收藏的网页，单击"收藏"菜单，在收藏夹列表就可以看到。

　　② 新建收藏夹。单击收藏夹菜单中的"整理收藏夹"选项，打开如图 6.42 所示的"整理收藏夹"对话框。单击"新建"按钮，在弹出的菜单中选择"文件夹"，打开如图 6.43 所示的"新建文件夹"对话框，在文件夹列表框中创建一个新文件夹，然后输入文件夹名，选定创建位置，单击"确定"按钮即可。

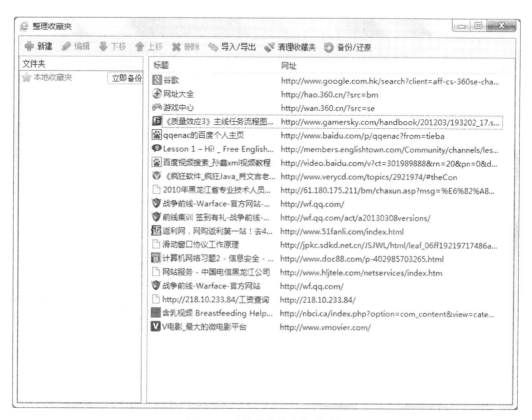

图 6.42　"整理收藏夹"对话框

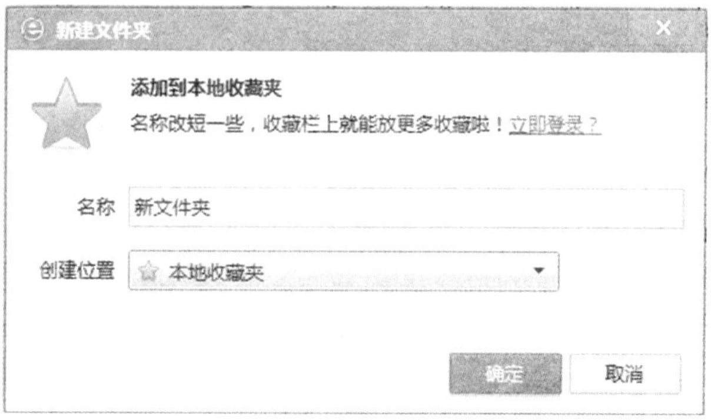

图 6.43　"浏览文件夹"对话框

2. 邮件收发

邮件是网上用户使用频率最高的功能之一。它使用方法很多，但不管用什么方法，首先都要建邮箱，然后才能开始收发邮件。

（1）建立免费邮箱

有很多网站都可以建立免费邮箱，现以 www.163.com 网络为例来介绍建立邮件的方法。邮箱地址的形式为：用户名 @ 主机地址。

① 在 IE 的地址栏中输入 www.163.com，打开如图 6.44 所示的 163 网站主页。

图 6.44　163 网站主页

② 单击"注册免费邮箱"超链接，打开如图 6.45 所示的 163 免费邮箱注册登录窗口。

图 6.45　163 免费邮箱注册登录窗口

③输入相应的内容单击注册，会提示注册成功，如图6.46所示。

图 6.46　注册成功

（2）进入邮箱

①在 IE 地址栏中输入 mail.163.com。

②进入 163 免费邮箱注册登录窗口，如图 6.47 所示。在登录区域输入注册的邮箱用户名，在密码文本框中输入密码，单击登录邮箱。进入如图 6.48 所示的邮箱窗口。

图 6.47　邮箱注册登录窗口

图 6.48　邮箱窗口

（3）写信

① 在邮箱窗口中，单击"写信"按钮，打开如图 6.49 所示的写信窗口。在"收件人"文本框中输入收信人的邮箱地址，如 jsjwl_lmr@163.com。

图 6.49　写信窗口

② 在"主题"文本框中输入主题，如同学祝你成功。

③ 在内容框中输入信的具体内容，如加油，考出好成绩！

④ 单击"发送"按钮，打开如图 6.50 所示的发送成功窗口。若要再写一封信，就单击"再写一封信"按钮，再次进入写信窗口，否则单击"返回收件箱"按钮。

图 6.50　发送成功窗口

需要说明的是若要发送大邮件，在"收件人"文本框中输入收信人邮箱地址，如 jsjwl_lmr@163.com。在"主题"文本框中输入主题，如照片，单击"添加附件"，如图 6.51 所示。打开"选择文件"对话框，如图 6.52 所示。浏览路径，选择需要的文件，单击"打开"按钮，上传附件，如图 6.53 所示。

图 6.51　添加附件

图 6.52　选择文件对话框

图 6.53　上传附件

（4）收信

在如图 6.48 所示的邮箱窗口中，单击"收信"按钮，进入如图 6.54 所示的收信箱窗口，按提示读邮件。

图 6.54　收件箱窗口

3. 下载

有时需要将网上的一些资料下载下来，在下载时首先要在网上查阅下载的资料，这有多种途径，然后再开始下载。现以下载 QQ 软件为例介绍下载方法。

（1）在 IE 窗口地址栏中，输入 www.qq.com，进入腾讯网站，如图 6.55 所示。

图 6.55　QQ.com 腾讯网站窗口

（2）在该网站中单击右侧的 QQ 超链接，进入 IM.QQ.com 网页，如图 6.56 所示。

（3）单击"立即下载"超链接，打开如图 6.57 所示的下载网页窗口。

图 6.56　IM.QQ.com 网页

图 6.57　下载网页窗口

（4）单击"普通下载"超链接，打开如图 6.58 所示的"文件下载"对话框。浏览文件存放地址后单击"立即下载"按钮。当下载完成后自动结束。

图 6.58 "文件下载"对话框

6.4 网络安全

6.4.1 常用杀毒软件

随着网络时代的到来，计算机病毒越来越猖獗，病毒在感染性、流行性、欺骗性、危害性、潜伏性和顽固性等几个方面也越来越强，选择必要的杀毒软件越来越重要。目前，常用杀毒软件有 360 杀毒、瑞星、金山毒霸和卡巴斯基等。

1. 360 杀毒软件

360 杀毒软件完全免费，无须激活码，使用很方便，目前用户使用较多。它无缝整合了国际知名的 BitDefender 病毒查杀引擎，以及 360 安全中心潜心研发的木马云查杀引擎。双引擎的机制拥有完善的病毒防护体系，不但查杀能力出色，而且对于新产生的病毒木马能够第一时间进行防御。360 杀毒轻巧、快速、不卡机，误杀率远远低于其他杀毒软件，能为你的电脑提供全面保护。

2. 瑞星杀毒软件

瑞星杀毒软件基于瑞星"智能云安全"系统设计，借助瑞星全新研发的虚拟化引擎，能够对木马、后门、蠕虫等恶意程序进行极速智能查杀，对病毒有坚韧的防御能力，更注重保护软件本身的安全。

3. avast 杀毒软件

avast 全功能杀毒软件适用于网上冲浪，能够提供更有效的防护，但网络安全软件中不包含防火墙和反垃圾邮件。

4. 卡巴斯基杀毒软件

卡巴斯基是俄罗斯民用最多的杀毒软件。卡巴斯基在防毒杀毒方面具有三重保护，预防已知和未知的威胁，自动更新数据库，卡巴斯基病毒实验室 24 小时检测所有新类型的恶意程序，每小时都会升级病毒特征库来防御这些新威胁，因此卡巴斯基需占用较大的内存。

6.4.2　使用 360 安全卫士保护电脑

360 安全卫士是奇虎自主研发的一款电脑安全辅助软件。360 安全卫士拥有查杀木马、清理插件、修复漏洞、电脑体检等多种功能，并独创了"木马防火墙"功能，依靠抢先侦测和云端鉴别，可全面、智能地拦截各类木马，保护用户的账号、隐私等重要信息。目前，木马威胁之大已远超病毒，360 安全卫士运用云安全技术，在拦截和查杀木马的效果、速度以及专业性上表现出色，能有效防止个人数据和隐私被木马窃取，被誉为"防范木马的第一选择"。360 安全卫士自身非常轻巧，同时还具备开机加速、垃圾清理等多种系统优化功能，可大大加快电脑运行速度，内含的 360 软件管家还可帮助用户轻松下载、升级和强力卸载各种应用软件。360 安全卫士使用方便，用户口碑好，是当前最受用户欢迎的上网必备安全软件。

1. 下载

在浏览器中输入 www.360.cn，进入 360 官网，即可下载 360 安全卫士安装程序，如图 6.59 所示。安装过程与其他应用程序的安装一样就不介绍了。

图 6.59　360 安全卫士下载页面

2. 360 安全卫士的使用

安装完成之后，就可以使用 360 安装程序了。打开 360 安全卫士会提示已有多少天没有进行体检了，主界面如图 6.60 所示。

图 6.60   360 安全卫士的主界面

360 安全卫士的版本不同，界面和功能模块略有不同，本章以 9.6 版为例讲解 360 安全卫士的使用。

（1）电脑体检

电脑体检功能通过木马查杀、垃圾清理、漏洞修复等功能对电脑进行全面的检查，体检完成后会提交一份优化电脑的意见，可以让用户快速全面地了解自己电脑的各项状况，提醒用户对电脑做一些必要的维护。

用户点开 360 安全卫士的界面，体检会自动开始，单击立即体检后进入体检界面，如图 6.61 所示。体检需要稍等几分钟，当体检完了之后就会出现电脑的体检得分，如为 100% 就不要修复，反之则要修复。

图 6.61   体检界面

需要修复时，用户可以根据个人的需要对优化项目自己一步步修复，也可以使用360安全卫士提供的"一键优化"功能，如图6.62所示。

图6.62 体检修复项列表界面

（2）查杀木马

利用计算机程序漏洞侵入后窃取文件的程序被称为木马。木马可能导致包括支付宝、网络银行在内的重要账户密码丢失，木马的存在还可能导致您的隐私文件被拷贝或删除。定期进行木马查杀可以有效保护各种系统账户安全。木马查杀功能可以找出您电脑中疑似木马的程序，并在取得您允许的情况下删除这些程序。您可以全盘完整扫描、自定义区域扫描。

单击主页面的木马查杀后进入木马查杀界面，如图6.63所示。可以选择"快速扫描"、"全盘扫描"和"自定义扫描"来进行系统区域位置扫描，检查电脑里是否存在木马程序。扫描结束后若出现疑似木马，用户可以选择删除或加入信任区。

图6.63 木马查杀界面

为了保证能够有效地查杀木马，应及时升级木马库。木马库在 360 安全卫士界面的右下方，单击向上的蓝色小箭头，系统会自动对木马库进行检测，如图 6.60 所示。如果发现新版本，360 安全卫士会弹出对话框，单击"立即升级"即可，如图 6.64 所示。如果木马库已经是最新版本，那么系统会提醒你已是最新版本，无须更新。

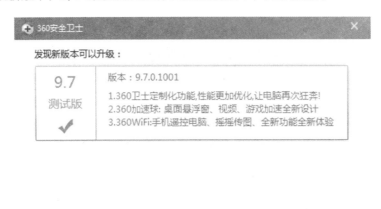

图 6.64　"木马库版本升级"对话框

在检测文件过程中出现误删的情况时，可以在木马查杀功能界面下方的"恢复区"，将误删的文件找回来，如图 6.63 所示。单击"恢复区"之后。选择需要恢复的文件，选中后单击"恢复"按钮，如图 6.65 所示。

图 6.65　选择恢复的文件

设定文件的恢复位置，可以将其恢复到原先的位置，也可以进行自定义。也可以设定文件不再查杀。设置完成后，单击"恢复"即可。

（3）系统修复

　　系统修复可以检查电脑中多个关键位置是否处于正常的状态。当你遇到浏览器主页、开始菜单、桌面图标、文件夹、系统设置等出现异常时，可以使用系统修复找出问题出现的原因，并修复问题。单击"系统修复"进入修复界面，可以看到两种修复方式，如图 6.66 所示。常规修复主要是扫描插件、修复常见的上网设置，系统设置等；漏洞修复主要是修复系统漏洞和更新补丁。扫描完成后根据自身的需求选择修复项，单击"立即修复"即可，如图 6.67 所示。

图 6.66　系统修复界面

图 6.67　修复项目

（4）电脑清理

　　电脑清理可以清理电脑的 cookei、垃圾文件、使用痕迹、注册表多余项和插件等，从而提升系统速度、节省磁盘空间。电脑被清理后，扫描结束会告诉你有哪些需要清理的文件，同时提示能帮你节省多少空间，再根据自己的需求选择清理，按"一键修复"按钮完成清理，如图6.68所示。用户也可以在界面的右侧区域进行清理时间和内容的设置。

图 6.68　电脑清理界面

（5）优化加速

优化加速是360安全卫士中能够帮助全面优化你的系统、提升电脑速度的一个重要功能。优化加速可以进行开机速度、系统速度和网速优化。可直接在360安全卫士软件界面上方找到，单击"优化加速"软件会自动检测电脑中的可优化项目，单击"立即优化"即可进行电脑优化，如图6.69所示。

图 6.69　优化加速界面

如果很多软件开机自动运行的话，会影响我们电脑的开机时间和电脑的运行速度。可以使用"优化加速"功能下的"启动项"把不必要软件的开机自动运行禁止掉，如图6.70所示。

图 6.70　启动项设置界面

　　查看开机启动项中的软件，对于不必要的软件可以在开机时禁止启动，如图 6.71 所示，你可以直接点击"禁止启动"按钮，也可以右击选择"删除此启动项"。

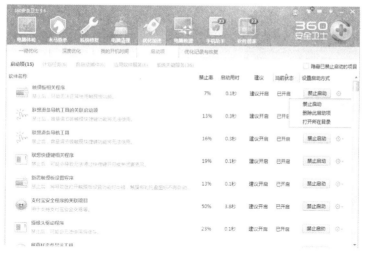

图 6.71　禁止开机启动设置

（6）电脑救援

　　电脑用久了难免会出现一些小故障，比如上不了网、没有声音、软件报错、乱弹广告等现象。当用户自己无法解决这些问题时，可以尝试使用 360 安全卫士免费为广大网民提供的维修服务"电脑救援"。"电脑救援"集成了"上网异常"、"电脑卡慢"、"I视频声音"、"游戏环境"、"软件问题"、"其他问题"等六大常见系统故障的解决方法，采用"自动方案救援"、"人工在线客服"、"网友互助救援"和"附近商家救援"四种办法，为用户提供帮助，如图 6.72 所示。用户可以根据您遇到的问题，进行选择修复，也可以通过一键智能解决您的电脑故障。

图 6.72   电脑救援界面

（7）软件管理

软件管理可以进行软件的下载、升级和软件卸载。在 360 安全卫士主界面，选择"软件管理"，弹出"软件管理"的窗口，如图 6.73 所示。

图 6.73   "软件管理"的窗口

联网的情况下，用户可以在"软件大全"的界面中搜索应用程序，进行下载安装。360 安全卫士会自动搜索显示计算机中哪些软件需要更新，用户可以一次性升级全部软件，也可以根据需要单击对应软件的"升级"按钮进行升级，如图 6.74 所示。

进入软件卸载页面，选择要卸载的软件，单击"卸载"按钮，弹出"卸载提示"对话框，如图 6.75 所示，选择"是"按钮进行自动卸载。卸载后 360 安全卫士会显示卸载完成。

图 6.74　软件升级界面

图 6.75　软件卸载界面

同时，360 附带的手机助手、网盾等功能都是比较不错的，在这里就不一一介绍了，用户可以自己慢慢去试用这些功能。

6.5　几种常用工具软件

本章将对 WinRAR 文件压缩软件、多媒体播放器的使用、相应的常用处理工具及系统性能检测软件进行介绍。

6.5.1 压缩 / 解压缩软件——WinRAR

在网络技术发达与多媒体数据普及的今天，文件压缩软件是日常使用最为频繁、被用户最为熟知的一款常用装机软件。WinRAR 是由微软开发的，目前最为流行的一款压缩解压缩工具。它功能强大，完全支持 RAR 、ZIP 格式文件，并且支持 ARJ、CAB、LZH、ACE、TAR、GZ、UUE、BZ2、JAR、ISO 等多种类型文件。WinRAR 压缩率高、速度快、界面友好、使用方便，具有分片压缩、资料恢复、资料加密等功能。

1. WinRAR 压缩文件

下面以压缩 D 盘下四个音频文件为例，介绍 WinRAR 压缩文件的使用。

① 在 D 盘窗口中，右击选中的文件，在打开的快捷菜单中选择"添加到压缩文件"菜单项，如图 6.76 所示。

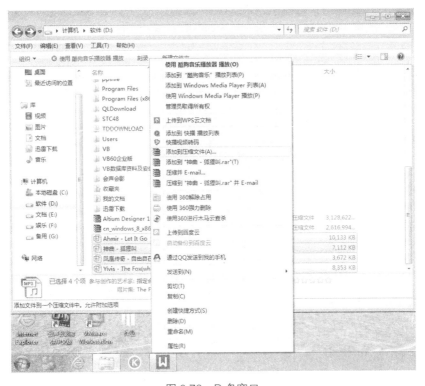

图 6.76　D 盘窗口

② 打开"压缩文件名和参数"对话框，在"常规"选项卡的"压缩文件名"文本框中输入压缩文件名，例如"歌曲"，根据需要在压缩选项中选择相应的选项。单击"确定"按钮，如图 6.77 所示。

③ 打开"正在创建压缩"窗口，开始压缩文件夹，并显示压缩进度。

④ 压缩完成后，在 D 盘创建一个名为"歌曲"的压缩文件，如图 6.78 所示。

图 6.77 压缩文件名和参数对话框

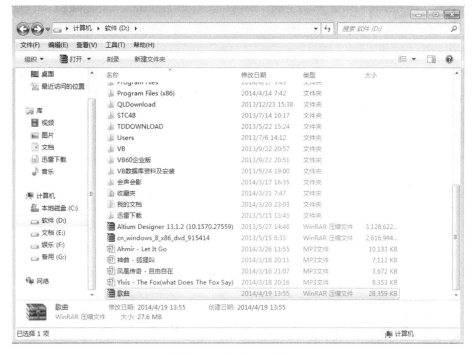

图 6.78 创建的压缩文件

2. WinRAR 分卷压缩

在发送邮件时经常要发送附件，或在网上论坛中也常常要上传一些附件，而上传的附件大小都有不同的限制。当需要上传的附件超出其最大限定值时，用 WinRAR 的分卷压缩功能就可以轻松解决，而不需要人工将文件夹进行分割压缩或用专用的分割软件去分割文件。例如将 D 盘中的"歌曲"文件夹进行分卷压缩，压缩分卷的大小为 5MB。具体过程如下。

① 右击"歌曲"文件夹，在打开的快捷菜单中选择"添加到压缩文件"菜单项。

② 在"压缩文件名和参数"对话框的"常规"选项卡中设置压缩分卷的大小为5MB，如图 6.79 所示。单击"确定"按钮，开始分卷压缩。

③ 分卷压缩后的压缩包以数字为后缀名，如 .part1，结果如图 6.80 所示。

图 6.79　设置压缩分卷的大小

图 6.80　分卷压缩结果

 小知识

　　下载的分卷压缩包，把它们放到同一个文件夹里，只要选择其中任何一个压缩包进行解压，WinRAR 都会自动解出所有分卷压缩包中的内容，并把它合并成一个。

3. WinRAR 加密压缩

WinRAR 在压缩文件时可以对压缩文件进行加密。此功能实现很简单，就是在压缩时进行密码设置。

右击要压缩的文件或文件夹，在打开的快捷菜单中选择"添加到压缩文件"，在"压缩文件名和参数"对话框中选择"常规"选项卡，如图 6.81 所示。单击"设置密码"按钮，在打开的"带密码压缩"对话框中输入密码，单击"确定"即可，如图 6.82 所示。

图 6.81　常规选项卡　　　　　　　　　图 6.82　设置压缩密码

4. WinRAR 解压缩文件

① 双击要解压缩文件，例如"歌曲 .RAR"，打开如图 6.83 所示的"歌曲 .RAR—WinRAR"窗口（在此窗口双击压缩文件包可以浏览压缩包中的具体内容），单击工具栏中的"解压到"按钮，将打开"解压路径和选项"对话框。或者右击要解压缩的文件，在打开的快捷菜单中选择"解压文件（A）…"菜单项，也将打开"解压路径和选项"对话框，如图 6.84 所示。

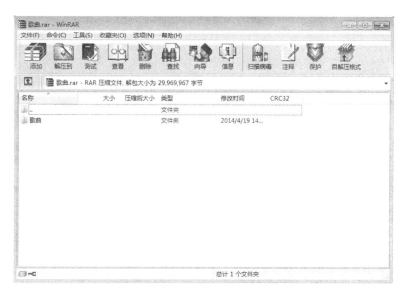

图 6.83　"歌曲 .RAR—WinRAR"窗口

②在"解压路径和选项"对话框中，选择"常规"选项卡，在目标路径下拉框中选择（或者直接输入）解压缩后文件的存放路径，如图 6.84 所示。单击"确定"按钮。

图 6.84　"解压路径和选项"对话框

③打开"正在从歌曲 .RAR 中解压"窗口，开始解压文件并显示压缩进度。

④解压缩完成后，在 E 盘看到"歌曲"文件夹，如图 6.85 所示。

图 6.85　解压结果

6.5.2　视频处理软件

1. 视频播放软件

目前流行的视频的播放软件主要有暴风影音、Windows Media Player、百度影音、RealOne Player 等。暴风影音依靠其支持格式多、占用资源少、易于使用等特点迅速普及，成为互联网上最流行的播放器。

暴风影音播放器是由暴风网际公司精心制造的一款万能媒体播放软件。它诞生于 2003 年，经过十余年的发展，暴风影音能够支持 429 种格式，支持高清硬件加速，全高清文件 CPU 占 10% 以下，可进行多音频、多字幕的自由切换，支持最多数量的手持硬件设备视频文件。

（1）暴风影音播放器的启动

在计算机中安装暴风影音之后，可以通过单击"开始"→"程序"→"暴风影音"菜单项，或双击桌面上暴风影音快捷图标的方式启动暴风影音，进入"暴风影音"主窗口，如图6.86所示。

图 6.86 "暴风影音"主窗口

（2）影音文件的播放

① 播放影音文件：

· 选择"暴风影音"→"文件"→"打开文件"菜单项，如图6.87所示；或单击屏幕中间的"打开文件"按钮，如图6.88所示；或按"Ctrl"+"O"组合键。

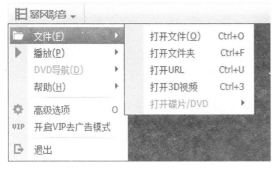

图 6.87 "文件"菜单项

图 6.88 "打开文件"按钮

· 进入"打开"对话框，找到要播放的影音文件，单击"打开"按钮，如图6.89所示。

· 暴风影音开始播放影音文件。

图 6.89 "打开"对话框

② 设置播放界面：

暴风影音的"播放"子菜单可用来进行播放界面的各种设置，如图 6.90 所示。

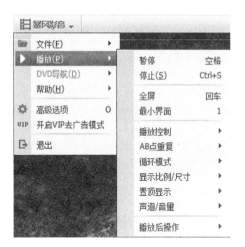

图 6.90 显示菜单

· "全屏"：使屏幕全屏播放。可以按"Ctrl"＋"Enter"组合键完成。双击播放界面可在全屏播放与比例播放间进行转换。

· "显示比例"：指定播放界面按一定比例显示。

· "最小界面"：按最小设置显示播放界面，且标题栏、菜单栏、播放列表、播放进度条及播放按钮区均不显示。要退出最小界面状态，只需右击播放界面，在打开的快捷菜单中选择"标准界面"即可。

· "前端显示"：根据需要设置播放界面是否置于前端显示。

③暂停播放与还原播放：

影音文件在播放过程中，要暂停播放或还原播放，可通过三种方式实现。

·单击播放按钮区的"暂停"按钮，暂停播放，此时"暂停"按钮变为"播放"按钮，要想还原播放，单击"播放"按钮即可。

·在播放界面单击鼠标左键进行暂停播放与还原播放间的转换。

·按 Space（空格）键进行暂停播放与还原播放间的转换。

3. 在播放列表中添加影音文件

当需要同时欣赏多个影音文件时，不必看完一个再打开另一个，暴风影音播放器中可以打开多个影音文件。方法是单击播放器右侧播放列表中的"✚添加"按钮来添加影音文件，在"打开"对话框中找到要添加的影音文件，并打开，所有打开的影音文件都将显示在播放列表的列表框中，如图 6.91 所示。

通过选择"播放"菜单中的"循环模式"级联菜单中的各项，如图 6.92 所示，可以设定播放列表中的各影音文件的播放方式。

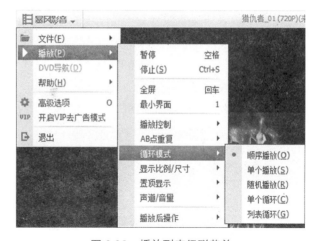

图 6.91　播放列表　　　　　　　图 6.92　播放列表级联菜单

2. 常用的视频编辑软件

对于数字化的视频信息需要专门的工具软件进行编辑处理。视频处理主要包括视频剪辑、视频叠加、视频和声音同步、添加特殊效果等等。数字视频编辑技术发展迅速，现在流行的视频编辑软件很多，较常用的有下面几种。

（1）Adobe Premiere

可对视频文件进行多种编辑和处理，适用于专业的数字视频编辑软件。

（2）Ulead 会声会影

支持输出 MPG、AVI、WMV、RMVB 等视频格式，适用于家用 DV 视频的导出、转换与编辑的工具。

（3）Sony Vegas Movie Studio

著名的索尼公司推出的 Vegas 系列最新的专业视频编辑工具的简化版本，是一款不错的入门级视频编辑软件。

6.5.3　音频处理软件

1. 音频播放器

播放音乐文件的多媒体播放器很多，如酷狗音乐、酷我音乐盒、QQ 音乐、ITUNES 等。而在互联网盛行的今天，最受欢迎的音乐播放软件还得是酷狗音乐。它集播放、音效、转换、歌词等众多功能于一身，支持几乎所有常见的音频格式，其小巧精致、操作简捷、功能强大的特点，深得用户喜爱。

（1）播放列表的建立与使用

① 打开音乐文件。

首先单击播放列表中"+"→"打开本地歌曲"菜单项，如图 6.93 所示。在"打开"对话框中，选中要打开的一个或多个音乐文件，单击"打开"按钮。打开的音乐文件将添加到播放列表的列表框中，如图 6.94 所示。

② 播放音乐文件。

要播放音乐文件，可在播放列表中直接双击此文件，或在播放列表中单击选中，再单击主窗口的"播放"按钮，如图 6.95 所示。

图 6.93　酷狗音乐添加歌曲

图 6.94　在播放列表中添加文件

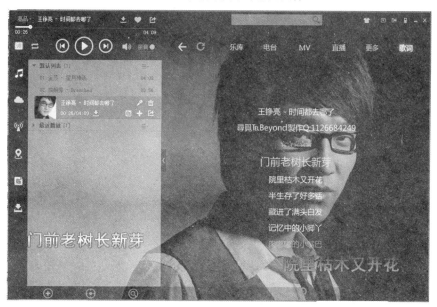

图 6.95　播放列表中显示打开的文件

（2）网上搜索音乐文件

酷狗音乐还可实现在线搜索喜欢的音乐。

单击右侧菜单的乐库菜单项，打开"酷狗音乐乐库"窗口，如图 6.96 所示，输入要搜索的歌曲名称或歌词，例如，在"歌曲"选项卡中输入歌曲名"黄种人"，单击右侧的"搜索"连接。即可进行在线搜索，实现歌曲的试听与下载。

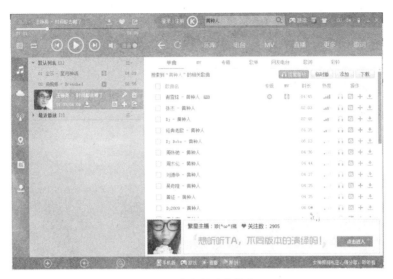

图 6.96　酷狗音乐在线窗口

（3）同步歌词

酷狗音乐倍受用户喜爱和推崇的一个主要原因是它包括强大而完善的同步歌词功能。在播放歌曲的同时，可以自动连接到酷狗音乐庞大的歌词库服务器，下载相匹配的歌词，并且以卡拉 OK 式效果同步滚动显示，并支持鼠标拖动定位播放，见图 6.97 中右侧的"歌词写真"窗口。

图 6.97　酷狗音乐"歌词同步"

2. 常用的声音处理软件

声音处理主要包括剪辑音乐片段、合成多段声音、连接声音、生成淡入淡出效果、响度控制、调整音频特性等。声音的处理需要借助于专门的处理软件，常用的音频处理软件有以下几种。

（1）GoldWave

是一个单音轨的数字音乐编辑器，可以对音乐进行播放、录制、编辑以及转换格式等处理。支持 WAV、OGG、VOC、IFF、AIF、AFC、AU、SND、MP3、MAT、DWD、SMP、VOX、SDS、AVI、MOV 等多种音频文件格式，还可以从 CD、VCD、DVD 或其他视频文件中提取声音。具有以不同的采样频率录制声音信号、声音剪辑、增加特殊效果、改变声音频率等功能。

（2）CoolEdit

可以进行声音的录制、编辑、混合及各种效果处理，支持多音轨，可以同时打开多个文件，方便地进行声音的合成。CoolEdit 支持的特效包括放大、降低噪声、压缩、扩展、回声、失真、延迟等。多个文件的同时处理，可以轻松地在几十个文件中进行剪辑、粘贴、合并、重叠声音的操作。

（3）Audio Editor Gold

是一款可视化的声音编辑和录制工具，支持许多先进和强大的音频处理操作。利用它，可以录制并编辑音乐、声音或其他音频文件，与其他的音频文件混音，添加例如回声、和声等效果。

（4）Windows 录音机

是 Windows 操作系统附带的一个声音处理软件。它可以录制、混合、播放和编辑声音，但只能打开和保存 WAV 格式的声音文件，编辑和处理效果功能也比较简单。

6.5.4 图像处理软件

1. 图片浏览器

目前常用的图片浏览器有 Windows 图片和传真查看器、ACDSee 及 FR-Photostudio、GraphicConverter、GBroswerWindows 等。

Windows 图片和传真查看器是 Windows 系统自带的一款图片浏览器，不用另行安装。它功能简单，专门用于图片浏览，可以实现对图片的快速浏览、大小缩放、方向旋转及复制、打印与删除操作。

Windows 图片查看器使用非常方便。打开图片所在的窗口，若没有安装其他图片浏览器，直接双击要浏览的图片，否则右击图片，在快捷菜单中选择"打开放式"→"Windows 图片和传真查看器"，进入图片浏览窗口，如图 6.98 所示。点击窗口下侧按钮区的相应按钮实现对图片向前、向后浏览，以及图片的缩放、旋转、复制、打印与删除等操作。

图 6.98　Windows 图片查看器浏览图片

2. 常用的图像处理软件

不同领域对图像处理的要求不尽相同，目前在各应用领域软件都有很多著名产品，下面介绍几种常用的。

（1）ACDSee

是目前最流行的数字图像处理软件，广泛应用于图片的获取、浏览、管理、优化及编辑。使用 ACDSee，可以从数码相机和扫描仪高效获取图片，并进行便捷地查找、组织和预览，支持 50 余种常用多媒体格式。作为最重量级的看图软件，它能快速、高质量、并以多种方式显示图片，再配以内置的音频播放器，能够播放和处理动画文件、音频文件及如 Mpeg 之类的常用视频文件。ACDSee 图片编辑功能主要有除红眼、剪切图像、锐化、浮雕特效、曝光调整、旋转、镜像等。利用 ACDSee，可以轻松处理数码影像，制作桌面墙纸、屏幕保护程序，制作 HTML 相册，并进行图片格式的转换以及文件批量更名等多种操作。

（2）Photoshop

是一款世界顶尖级的位图图像设计与制作工具软件。Photoshop 在对位图图像进行编辑、处理、加工以及设置特殊效果等方面是非常强大的。在表现图像中的阴影和色彩的细微变化方面或者进行一些特殊效果处理时，使用位图形式是最佳的选择，它在这方面的优点是矢量图无法比拟的。

（3）CorelDRAW

是一款功能强大的矢量绘图工具，集平面设计与电脑绘画功能于一体的专业设计软件。被广泛应用于平面广告设计、商标设计、写意与艺术图形创作、建筑平面图绘制、包装设计、漫画创作等各个领域。

（4）Fireworks

是一个将矢量图形处理和位图图像处理合二为一的专业化 Web 图像设计软件。它综合了矢量图或位图处理双方的某些特性，拥有两种图形编辑模式：位图编辑模式和矢量图编辑模式。它可以导入各种图像文件，可以直接在点阵图像状态和矢量图形状态之间进行切换，编辑后生成 PNG 图像文件，也可以生成其他格式的文件。还可以直接生成包含 HTML 和 JavaScript 代码的动态图像，甚至可以编辑整幅的网页，使图形以最简洁的方式在网上淋漓尽致地体现其魅力。

6.5.5 检测系统信息

在计算机行业发展如日中天的当代，用户在使用计算机的过程中必然会通过一些软件来检测系统的信息，以便对系统做出一些优化，例如，鲁大师、360 安全卫士、金山安全卫士、腾讯电脑管家、百度安全卫士。其中鲁大师作为一个非常权威的系统检测软件，操作简单、实用性强，深受广大用户的支持和喜爱，下面，就以鲁大师为例，来介绍一下如何检测系统信息。

1. 专业易用的硬件检测功能

鲁大师拥有专业而易用的硬件检测功能，不仅超级准确，而且向你提供中文厂商信息，让你的电脑配置一目了然，拒绝奸商蒙蔽。它适合于各种品牌台式机、笔记本电脑、DIY 兼容机、手机、平板的硬件测试，提供实时的关键性部件的监控预警、全面的电脑硬件信息，可有效预防硬件故障，让你的电脑免受困扰，如图 6.99 所示。

图 6.99 硬件检测窗口

在电脑概览，鲁大师显示你的计算机的硬件配置的简洁报告，报告包含以下内容：计算机生产厂商（品牌机）、操作系统、处理器型号、主板型号、芯片组、内存品牌及容量、主硬盘品牌及型号、显卡品牌及显存容量、显示器品牌及尺寸、声卡型号和网卡型号。

2. 驱动安装、备份和升级

当鲁大师检测到电脑硬件有新的驱动时，"驱动安装"栏目将会显示硬件名称、设备类型、驱动大小、已安装的驱动版本、可升级的驱动版本。

"驱动备份"可以备份所选的驱动程序。当电脑的驱动出现问题或者你想将驱动恢复至上一个版本的时候，"驱动恢复"就派上用场了，当然前提是你先前已经备份了该驱动程序，如图6.100所示。

图6.100　驱动安装、备份和升级窗口

当鲁大师检测到电脑硬件有新的驱动时，"驱动安装"栏目将会显示硬件名称、设备类型、驱动大小、已安装的驱动版本、可升级的驱动版本。

可以使用鲁大师默认的"升级"以及"一键修复"功能，也可以手动设置驱动的下载目录。

3. 各类硬件温度实时检测

在硬件温度监测内，鲁大师显示计算机各类硬件温度的变化曲线图表。硬件温度监测包含以下内容（视当前系统的传感器而定）：CPU温度、显卡温度（GPU温度）、主硬盘温度、主板温度和风扇转速。如图6.101为温度监测窗口。

 小知识

你可以在运行硬件温度监测时，最小化鲁大师，然后运行3D游戏，待游戏结束后，观察各硬件温度的变化。

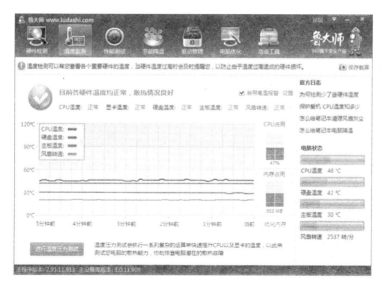

图 6.101　温度监测窗口

　　勾选设备图标左上方的选择框可以在曲线图表中显示该设备的温度，温度曲线与该设备图标中心区域颜色一致。

　　单击右侧快捷操作中的"保存监测结果"可以将监测结果保存到文件。

习题与实验

一、选择题

1. WWW 是（　　）的缩写，它是近年来迅速崛起的一种服务方式。
   A. World Wide Wait
   B. Websito of World Wide
   C. World wide Web
   D. World Wais Web

2. HTTP 是一种（　　）
   A. 高级程序设计语言
   B. 域名
   C. 超文本传输协议
   D. 网址

3. 请说出网址 http://www.ndjsj.com 中的 com 表示（　　）
   A. 表示该站点属于商业机构
   B. 该站点所在国家缩写 com
   C. 表示该站点属于网络资源
   D. 以上说法都不对

4. 下列地址中（　　）是符合标准的 IP 地址。
   A. 257. 160. 170. 68.
   B. 180. 188. 81. 11
   C. 25. 32. 10. 256
   D. F0. 25. A3. G

5. 用户要想在网上查询 WWW 信息，必须安装并运行一个被称为（　　）的软件。
   A.Http
   B.Yahoo
   C. 浏览器
   D. 万维网

6. 在电子邮件中用户（　　）
   A. 只可以传送文本信息
   B. 可以传送任意大小的多媒体文件
   C. 可以同时传送文本和多媒体信息
   D. 不能附加任何文件

7. 192.168.0.1 是（　　）IP 地址。
   A. A 类
   B. B 类
   C. C 类
   D. D 类

8. 用户在 Outlook Express 电子邮件软件包中可以设置多个 SMTP 和 POP3 服务器对
   应的账号，其中只有一个默认账号，所谓默认账号是指电子邮件软件包（　　）
   A. 指定下载其电子邮件的 POP3 服务器
   B. 指定用于发送电子邮件的 SMTP 服务器
   C. 最先使用的 SMTP 和 POP3 服务器
   D. 发送或回复电子邮件时将自动选取该账号中设置的参数

9. 下列关于电子邮件的说法不正确的是（　　）
   A. 电子邮件是用户或用户组之间通过计算机网络收发信息的服务
   B. 向对方发送电子邮件时，对方不一定要开机
   C. 电子邮件由邮件头和邮件体两部分组成
   D. 发送电子邮件时，一次只能发给一个接收者

10. 浏览网站需要在（　　　）栏写入网址。

A. File　　　　　　　　B. HTML　　　　　　　C. URL　　　　　　　　D. FTP

11. Internet 采用的通信协议是（　　　）

A. SMTP　　　　　　　B.FTP　　　　　　　　C.POP3　　　　　　　　D.TCP/IP

12. 计算机网络是计算机技术与（　　　）技术相结合的产物。

A. 网络　　　　　　　B. 通信　　　　　　　C. 软件　　　　　　　D. 信息

13. OSI 参考模型的最底层为（　　　）

A. 表示层　　　　　　B. 会话层　　　　　　C. 物理层　　　　　　D. 应用层

14. 下列四项内容中，不属于 Internet（因特网）基本功能的是（　　　）

A. 电子邮件　　　　　B. 文件传输　　　　　C. 远程登录　　　　　D. 实时监测控制

15. 某办公室有多台计算机需要连入 Internet，目前仅有电话线而无网线，则需购置（　　　）

A. 路由器　　　　　　B. 网卡　　　　　　　C. 调制解调器　　　　D. 集线器

16. 计算机网络的主要功能有资源共享、（　　　）

A. 数据传送　　　　　B. 软件下载　　　　　C. 电子邮件　　　　　D. 电子商务

17. 进入 IE 浏览器需要双击（　　　）图标。

A. 网上邻居　　　　　B. 网络　　　　　　　C.Internet　　　　　　D.Internet Explorer

18. 计算机网络能够不受地理上的约束实现共享，下列不属于共享资源的是（　　　）

A. 数据　　　　　　　B. 办公人员　　　　　C. 软件　　　　　　　D. 硬件

19. 合法的 E-Mail 地址是（　　　）

A. shi@ online.sh.cn　　　　　　　　　　B.shj.online.sh.cn

C. online.sh.cn @ shj　　　　　　　　　　D.cn.sh.online.shj

20. 局部地区通信网络简称局域网，英文缩写为（　　　）

A. WAN　　　　　　　B.MAN　　　　　　　C.SAN　　　　　　　　D.LAN

二、填空题

1. 计算机网络开放系统互连参考模型（ISO/OSI）将计算机网络体系结构分为 7 层，从低到高分别为_____、_____、_____、_____、_____、_____、_____。

2. 计算机网络按照地理分布范围，可分为_____、_____和_____ 3 种类型。

3. 计算机网络是由负责信息处理并向全网提供可用资源的_____子网和负责信息传输的_____子网组成。

4. 在计算机网络中，通信双方必须共同遵守的规则或约定，称为_____。

5. Internet 实现了全世界范围内的各类网络的互联，其通信协议是_____。

6．因特网服务提供商的英文缩写为_____，国际标准化组织的英文缩写为_____。

7．局域网覆盖的地理范围较小，速度较快，大量采用_____、_____或_____拓扑结构，可使用_____、_____和_____等作为传输介质。

三、简答题

1．什么是网络协议？

2．网络模型 OSI 模型，包括几层，各层的特点是什么？

3．创建小型局域网络都包括那几种方案（至少说出两种），并叙述每种方案的相关内容。

4．接入 Internet 的方式主要有哪些？

5．Internet 提供了哪几种常用的服务。

6．如何使用 WinRAR 进行文件的分卷压缩？

7．简述 360 的防御功能。

8．如何用酷狗音乐播放音乐？

四、上机实验题

1．实验目的

（1）掌握标识计算机的操作。

（2）掌握设置共享网络资源的操作，并会使用。

（3）熟悉 IE 浏览器的使用。

（4）熟悉保存网页信息的操作和网络资源的下载方法。

（5）掌握申请免费电子信箱的方法。

（6）学会收发电子邮件。

2．实验内容

（1）创建"家庭或小型办公网络"，设置计算机名和工作组，启动文件和打印共享。

（2）把 D：\ 班级文件夹设置为共享网络资源。

（3）通过网上邻居使用共享资源，在不同的机器上查看此资源。

（4）在任意网站上，练习查找 MP3 歌曲和图片。

（5）将"搜狐"的主页放入收藏夹。

（注：单击工具栏上的"收藏"图标，在弹出的收藏夹浏览栏中选择"添加"。）

（6）在记事本中创建文件"welcome.txt"，并保存在"D：\ 班级"文件夹中，内容如下：

> 圣诞节晚会邀请函
>
> 时间：2008 年 12 月 25 日晚 7 点
>
> 地点：学校礼堂

（7）将"http：//www. baidu . com"的网页设置为 IE 默认打开的起始主页。

（8）申请一个免费邮件信箱，名字自定。

可提供的常见网站有：

网易：http：//www. 126. com 或 http：//www. 163. com

雅虎：http：//www. Yahoo . com

新浪：http：//www. sina . com

（9）给自己发送一个邮件，要求如下：

a. 抄送：自定，可写任何人的邮件地址。

b. 主题："圣诞节晚会"。

c. 内容："你好，欢迎参加圣诞节晚会！"

d. 附件："D：\ 班级 \welcome.txt"文件。

（10）接收新邮件。

（11）回复主题为"圣诞节晚会"的邮件，回复信件的正文为"圣诞节快乐！准时参加"。

参考文献

[1] 崔然 . 大学计算机应用基础（第 2 版）. 北京：清华大学出版社，2012.

[2] 刘美茹 . 计算机信息技术基础教程 . 黑龙江：哈尔滨工业大学出版社，2008.

[3] 杨殿生 . 计算机文化基础教程（Windows 7+Office 2010）. 北京：电子工业出版社 ,2013

[4] 张光亚 . 计算机文化基础实训教程 (Windows7+Office2010) 第 3 版 . 北京：电子工业出版社，2013.

[5] 李淑华 . 计算机文化基础实训 . 北京：高等教育出版社，2013.

[6] 姚万生 . 计算机网络原理与技术 . 哈尔滨：哈尔滨工业大学出版社 ,2007.

[7] 韩莜清，王建锋，钟伟 . 计算机病毒分析与防范大全 . 北京：人民出版社，2009 年

[8] 焦胜男 . 浅谈多媒体技术的特点和发展前景 . 电子技术与软件工程，2013.

[9] Brian Knittel，李军 . Windows 7 脚本编程和命令行工具指南 . 北京：机械工业出版社，2011.

[10] 苏风华 . 中文版 Windows 7 从入门到精通 . 北京：航空工业出版社，2010.

[11] 九州书源 . Windows 7 操作详解 . 北京：清华大学出版社，2011.

[12] 骆剑锋 . 完全掌握 Windows 7 使用与维护超级手册 . 北京：机械工业出版社，2011.